Stefan Gössner

Getriebelehre

Vektorielle Analyse ebener Mechanismen

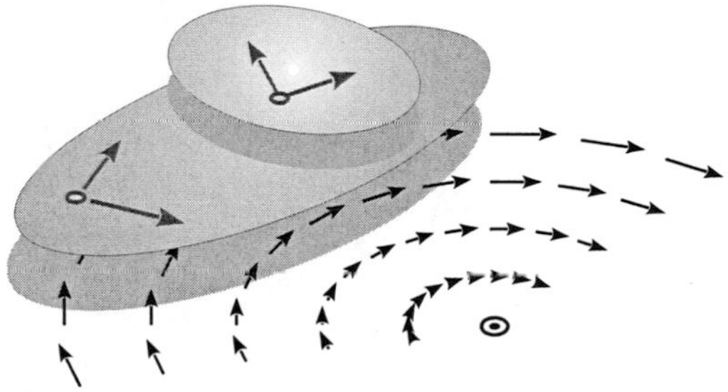

Bibliografische Information der Deutschen Nationalbibliothek

Die Deutsche Nationalbibliothek verzeichnet diese Publikation in der Deutschen Nationalbibliografie; detaillierte bibliografische Daten sind im Internet über http://dnb.d-nb.de abrufbar.

ISBN 978-3-8325-3082-2

Logos Verlag Berlin GmbH
Comeniushof, Gubener Str. 47,
10243 Berlin
Tel.: +49 (0)30 42 85 10 90
Fax: +49 (0)30 42 85 10 92
INTERNET: http://www.logos-verlag.de

Vorwort

Ein wesentliches Unterscheidungsmerkmal zwischen den Gewerken von Maschinenbauern und Bauingenieuren ist, dass Erstere sich tunlichst bewegen mögen. Nun ist aber die Gewährleistung einer gewünschten Bewegung gewissermaßen Hauptanliegen der *Getriebelehre*. Und damit sei auch schon hinreichend auf die Bedeutung dieses Lehrgebiets für den Maschinenbau und verwandte Fachrichtungen hingewiesen.

Mit *Getriebe* werden häufig primär *Rädergetriebe* assoziiert. Diese in der Praxis zweifellos bedeutsame Getriebeform ist aus Sicht der Bewegungsanalyse allerdings weniger interessant; besteht die Bewegung doch aus einer einfachen Drehbewegung um eine meist raumfeste Achse. Die grundlegenden Prinzipien dieser gleichförmig übersetzenden Getriebe werden üblicherweise im Themenbereich der *Maschinenelemente* behandelt und hier somit ausgeklammert.

In diesem Lehrbuch liegt der Schwerpunkt auf der Betrachtung ebener, ungleichmäßig übersetzender Getriebe. Seine Themenbereiche orientieren sich an den Lerninhalten einer einsemestrigen Vorlesung und behandeln die wichtigen Grundlagen gestrafft und hoffentlich dennoch in hinreichendem Umfang. Bei deren Zusammenstellung wurde besonderes Augenmerk gelegt auf eine Anknüpfung an die *Kinematik* und *Kinetik,* wie sie in der technischen Mechanik üblicherweise an Hochschulen gelehrt wird.

Traditionell haben die grafischen Verfahren in der Getriebelehre einen hohen Stellenwert. Diese werden auch in dieser Publikation vor allem dort eingesetzt, wo sie besonders anschaulich sind und übersichtlich zum Ziel führen. Dennoch bleibt es mein Hauptanliegen, die ebene Vektorrechnung konsequent zur Problemlösung getriebetechnischer Aufgabenstellungen einzusetzen. Diese Vorgehensweise wird gerechtfertigt durch den intensiven Umgang von Studierenden und Ingenieuren in der Praxis mit aktuellen geometrieverarbeitenden Systemen und der dadurch gegebenen vertrauten Nähe zu Koordinaten und Vektoren.

Die Erkenntnisse, die man beim Durcharbeiten der einzelnen Kapitelinhalte zwangsläufig gewinnt, werden unmittelbar durch zahlreiche, im Buch eingestreute Lehrbeispiele gefestigt. Zusätzliche Übungsbeispiele im letzten Hauptabschnitt bieten Gelegenheit, das Gelernte selbst anzuwenden. Auch hierbei dient das Konzept moderner Lehrbücher der technischen Mechanik als Vorbild.

Dank gebührt Mitarbeitern und Kollegen auch an anderen Hochschulen für hilfreiche Diskussionen, meinen Studierenden für wertvolle Rückmeldungen hinsichtlich Stoffauswahl und -darstellung, Lisa für die Unterstützung bei der redaktionellen Ausarbeitung und letztlich Birgit für die souveräne Mitwirkung beim Einsatz nicht-technischer Gestaltungsmerkmale.

Dortmund, März 2012 Stefan Gössner

Inhalt

1 Einleitung

Die Getriebelehre[1] ist eine Zweig der Ingenieurwissenschaften mit weit in die Vergangenheit zurückreichenden Wurzeln. So hat beispielsweise *Archimedes*, den wir in erster Linie als Mathematiker einordnen, im zweiten punischen Krieg 200 vor Christus zur Verteidigung seiner Heimatstadt Syrakus gegen die Römer wirkungsvolle Kriegsmaschinen entworfen. Darunter waren der Überlieferung nach Katapulte, Seilwinden und große Parabolspiegel, um die feindlichen Schiffe bewegungsunfähig zu machen. In unserem heutigen Verständnis war Archimedes also eher ein Ingenieur.

Bild 1.1: Kupferstich auf dem Titelblatt der lateinischen Ausgabe des Thesaurus opticus

Als Väter der Getriebelehre können auf theoretischer Seite *Leonhard Euler*[2] mit seinem Werk *Mechanica sive motus scientia analytice exposita* von 1736 und auf maschinenbaulicher Anwendungsseite *Franz Reuleaux*[3] mit seinem Buch *Theoretische Mechanik: Grundzüge einer Theorie des Maschinenwesens* angesehen werden.

Reuleaux diskutiert in diesem Werk unterschiedliche Definitionen für eine Maschine und formuliert schließlich selbst [Reu75]:

> *"Eine* Maschine *ist eine Verbindung widerstandsförmiger Körper, welche so eingerichtet ist, dass mittelst ihrer Naturkräfte genöthigt werden können, unter bestimmten Bewegungen zu wirken."*

Bild 1.2: Franz Reuleaux 1877

Sein Bestreben ist es gewesen, die Problemstellungen des *Maschinenwesens* von denen der *allgemeinen Mechanik* als übergeordnete Disziplin abzuspalten und als gesonderte Wissenschaft zu etablieren – gewissermaßen leitete er damit die Geburtsstunde der *Getriebelehre* ein.

Die Getriebelehre findet ihre Anwendung in vielfältigen Teilbereichen des Ingenieurwesens. Als Querschnittswissenschaft hilft sie grundsätzlich bei der Lösung von Aufgaben der Bewegungs- und Kraftübertragung. Solche Problemstellungen treten etwa in der Produktionstechnik, Fördertechnik, Handhabungstechnik und Feinwerktechnik, bei Textilmaschinen, Baumaschinen, Landmaschinen, im Geräte- und Fahrzeugbau auf.

Die Gesetzmäßigkeiten des Zusammenwirkens miteinander verbundener Bauteile bei gleichzeitiger Funktionserfüllung während ihrer Bewegung bereitzustellen und weiter zu er-

1 oder *Getriebetechnik, Mechanismentechnik.*
2 Leonhard Euler (1707-1783), schweizerischer Mathematiker.
3 Franz Reuleaux (1829-1905), deutscher Maschinenbauer und Getriebesystematiker.

forschen ist die Hauptaufgabe der Getriebelehre. Damit ist die Getriebelehre inhaltlich in die Nähe der *Technischen Mechanik* und die *Konstruktionslehre* zu platzieren. Sie ist traditionell unterteilt in die Hauptgebiete

- Getriebesystematik
- Getriebeanalyse
- Getriebesynthese

Auch dieses Buch folgt jener Aufteilung, obwohl die Kapitel anhand ihrer Überschriften vielleicht zunächst eine andere Struktur vermuten lassen.

Die *Getriebesystematik* bedient sich primär der *kinematischen Kette* als abstraktes Getriebemodell zur Klassifikation theoretisch möglicher sowie zur Einordnung in der Praxis existierender Getriebevarianten. Die *Getriebeanalyse* wird üblicherweise in Anlehnung an die technische Mechanik nochmals unterteilt in die *Getriebekinematik* und die *Getriebedynamik*. Dabei nutzt die Getriebekinematik die Gesetzmäßigkeiten der Bewegungslehre, um Geschwindigkeiten, Beschleunigung, Punktbahnen und weitere Bewegungsgrößen eines Getriebes zu untersuchen. Die *Getriebesynthese* dient schließlich bei einer vorgegebenen Bewegungsaufgabe im Rahmen der *Struktursynthese* der Auswahl eines geeigneten Getriebetyps, sowie dann im Verlauf der *Maßsynthese* der Festlegung der notwendigen Gliedabmessungen.

Bild 1.3: Klappbrücke

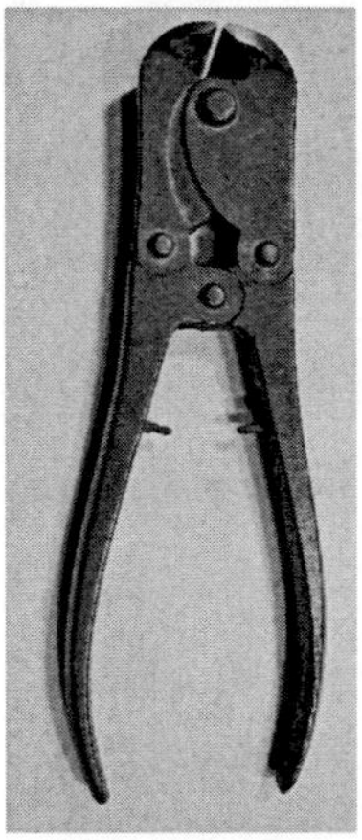

Bild 1.4: Zange

Eine mögliche Unterteilung der Mannigfaltigkeit von Getrieben erfolgt anhand deren Übertragungsverhaltens. Entsprechend unterscheidet man zwischen *gleichmäßig* und *ungleichmäßig übersetzenden* Getrieben. Ebenso ist parallel die Unterteilung in *räumliche, sphärische* und *ebene* Getriebe gebräuchlich.

In dieser Publikation werden ausschließlich *ebene Getriebe* behandelt. Sie basiert auf der thematischen Arbeit des Verfassers im Umfeld der *ebenen, ungleichmäßig übersetzenden Mechanismen*[4] und den entsprechenden Inhalten seiner Vorlesungen und Übungen im Kontext des Maschinenbau-Studiums.

Zur Analyse des kinematische Verhalten von Getrieben stehen grundsätzlich verschiedene Verfahren zur Auswahl. Traditionell dominierten in der Vergangenheit die heute immer noch etablierten grafischen Verfahren. Die grafo-analytische Vorgehensweise setzt unmittelbar darauf auf und formuliert den jeweiligen konstruktiven Sachverhalt mit den Hilfsmitteln der analytischen Geometrie. Rein analytische Verfahren gewinnen zunehmend an Bedeutung, denn sie eignen sich besonders gut zur Umsetzung in Algorithmen und damit zur rechnerinternen Formulierung von Mechanismenmodellen.

4 Die Begriffe *Getriebe* und *Mechanismus* werden im Folgenden als Synonyme verwendet.

Zur formal analytischen Beschreibung ebener Mechanismen werden teilweise komplexe Zahlen verwendet [Har64, Mod95]. Diese erweisen sich nach gewisser Zeit der Eingewöhnung als mächtiges Werkzeug. Zur Analyse ebener und räumlicher Problemstellungen gleichermaßen zeichnet sich vor allem die Vektoralgebra aus.

Vor diesem Hintergrund wird in diesem Buch die zeichnerische Vorgehensweise vor allem dann gewählt, wenn sie hinsichtlich der Anschaulichkeit hervorsticht und dann meist einfach mittels CAD umgesetzt werden kann. Dennoch bleibt die Verwendung der Vektorrechnung als Hilfsmittel zur Analyse ebener Getriebe hier gewissermaßen Hauptanliegen. Die langjährigen positiven Erfahrungen des Autors im Umgang mit jenen mathematischen Objekten zeigen, dass Studierende des Maschinenbaus und Ingenieure in der Praxis mit Vektoren und Matrizen weit mehr vertraut sind als etwa mit komplexen Zahlen. Dies mag einerseits an der Anschaulichkeit eines "Pfeils" liegen und andererseits an der Vertrautheit im Umgang mit Koordinaten beim häufigen rechnerunterstützten Konstruieren.

Bild 1.5: Wippkran

Als Notation für Vektoren erhält dabei die *Matrixschreibweise* den Vorzug [Nik88,VDI2120]. Auf der Grundlage der Koordinatendarstellung eignet sich diese insbesondere für den Gebrauch in numerischen Berechnungen und deren Umsetzung in Algorithmen. Besondere Erwähnung bedarf in diesem Zusammenhang der Einsatz der schiefsymmetrischen, orthogonalen Matrix $\tilde{\boldsymbol{I}}$ in ihrer Eigenschaft als *Drehoperator*[5]. Damit lassen sich einerseits die bei der grafischen Methode unerlässlichen *gedrehten Vektoren* einfach formulieren. Andererseits bietet der konsequente Gebrauch dieses Operators eine elegante Alternative zum Kreuzprodukt und damit die vollständige Vermeidung der sonst unweigerlich auftretenden räumlicher Vektoren.

Insgesamt ist es das Anliegen dieses Lehrbuchs, einen hinreichenden Überblick über die Thematik der ebenen, ungleichförmigen Gelenkgetriebe zu geben. Der Umfang orientiert sich dabei am Lerninhalt einer einsemestrigen Vorlesung. So sind einige Themenbereiche lediglich in gebotener Kürze beschrieben, andere – wie die Kurvenscheibengetriebe – fehlen ganz.

Bild 1.6: Korkenzieher

Großer Wert wird allerdings auf die Anwendung der beschriebenen Gesetzmäßigkeiten gelegt. In Anlehnung an Lehrbücher der Technischen Mechanik sind deshalb in die einzelnen Kapitel regelmäßig Beispiele eingestreut, um die Vorgehensweise bei einer Lösung der jeweiligen Problemstellungen zu verdeutlichen. Im letzten Kapitel findet sich zudem eine Sammlung themenartig zusammengefasster Übungsaufgaben.

5 *Werner Pelzer* hat diesen bereits 1959 in seiner Diskussion der Sätze von *Burmester* verwendet [Pes59].

Alles in allem gibt dieses Buch eine Einführung in die Getriebelehre für Studierende des Maschinenbaus und verwandter Fachrichtungen, mit dem Ziel, das Interesse an dieser Thematik zu verstärken und darüber hinaus das Gelernte in praxisbezogenen Problemstellungen nutzbringend anwenden zu können.

2 Kinematische Kette

Um die Vielzahl der existierenden Getriebe klassifizieren zu können, muss man sich auf wenige strukturelle Merkmale beschränken. Dieser Ansatz der Struktursystematik unter Verwendung der Begriffe *Glied*, *Gelenk*, *Freiheitsgrad* führt nahezu zwanglos zur Definition der *kinematischen Kette.*

In diesem Kapitel werden also die grundlegenden, topologischen Merkmale von Mechanismen diskutiert, die verwendeten Begrifflichkeiten gegeneinander abgegrenzt und schließlich die Regeln zur Systematisierung hergeleitet. Anschauliche Beispiele sollen zeigen, wie man vorhandene Getriebe auf ihre zugehörigen kinematische Ketten reduzieren und so besser vergleichen kann. Auch die hierzu inverse Problemstellung wird behandelt – die Erzeugung unterschiedlicher Mechanismen aus einer vorgegebenen kinematischen Kette.

2.1 Glieder

Die zunächst als starr angenommenen Körper eines Getriebes bezeichnen wir als *Glieder.* Diese Glieder sind untereinander gelenkig verbunden und beschränken so gegenseitig ihre relative Beweglichkeit. Die Form der Körper ist anfänglich nicht relevant. Es interessiert uns vor allem die Anzahl der Verbindungsstellen zwischen den einzelnen beteiligten Gliedern.

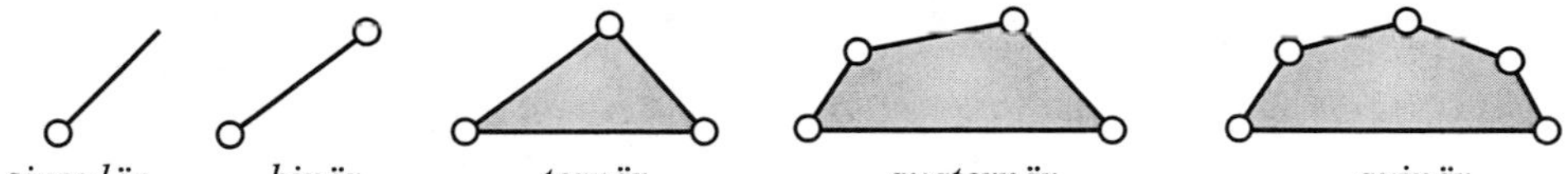

Bild 2.1: Glieder und ihre Anzahl an Verbindungen

Je nach Anzahl der vorliegenden gelenkigen Anschlüsse an benachbarte Glieder wird das betreffende Glied als *singulär, binär, ternär, usw.* bezeichnet.

2.2 Gelenke

Die mechanische Verbindung zweier – und nur zweier – Getriebeglieder heißt *Gelenk.* Zur Gewährleistung einer Beweglichkeit an jener Verbindungsstelle müssen die Glieder dort jeweils eine zueinander passende Form besitzen. Nach *Reuleaux* werden diese Stellen auch als

Elemente und das Gelenk als *Elementepaar* bezeichnet. Diese Paarung wird als mögliches Ordnungskriterium für Gelenke herangezogen. Zum einen zur Unterscheidung hinsichtlich *formschlüssiger* oder *kraftschlüssiger* Verbindung und zum anderen bezüglich der *Art der Berührung*, nämlich *Punkt-, Linien-* oder *Flächenberührung*.

Gelenk	**Wertigkeit**	**Symbole**
Drehgelenk	g_2	
Schubgelenk	g_2	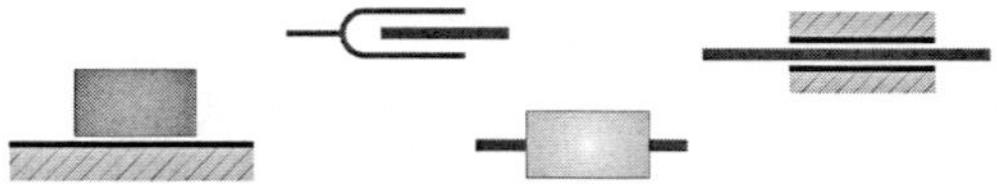
Drehschubgelenk	g_1	
Kurvengleitgelenk	g_1	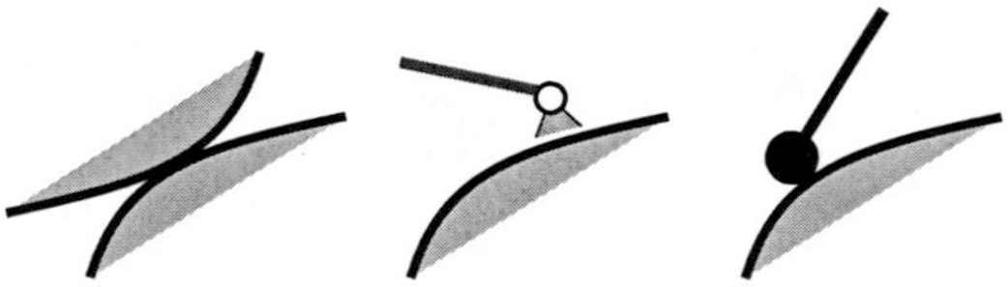
Wälzgelenk	g_2	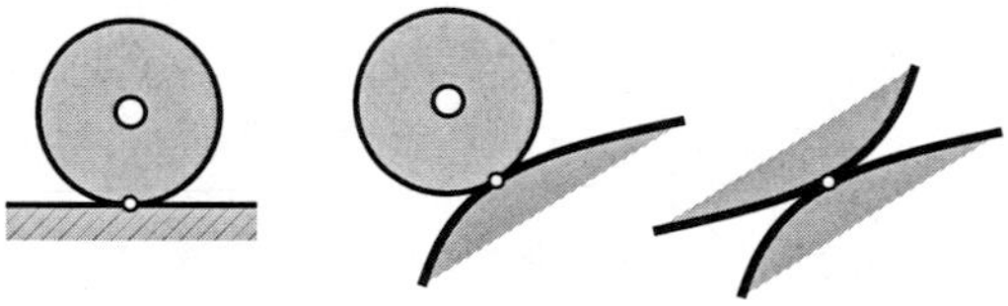
Seilgelenk	g_1	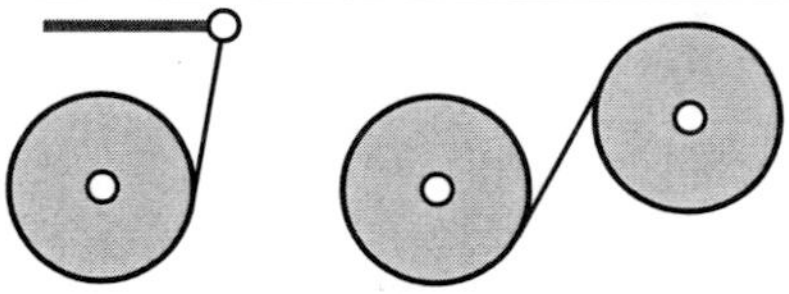

Bild 2.2: Gelenke, deren Wertigkeit und Sinnbilder

Weitere Eigenschaften des Gelenks betreffen die relativen Bewegungsmöglichkeiten der beteiligten Glieder und dienen ebenfalls als Ordnungsgesichtspunkte. Neben der *Art der Relativbewegung* (Drehen, Schieben, ...) und deren *Dimension* (ebenes oder räumliches Gelenk) wird hier vor allem die Anzahl der voneinander unabhängigen, relativen Einzelbewegungen betrachtet.

Die konstruktive Ausprägung der Gelenke ist anfänglich nicht wichtig. Daher arbeitet der Getriebekonstrukteur mit mehr oder weniger abstrakten Gelenksinnbildern. Diese sollen die Bewegungsform und -möglichkeiten eines Gelenks eindeutig wiedergeben.

2.3 Kinematische Ketten

Betrachten wir nun das Zusammenspiel mehrerer Glieder, die untereinander durch Gelenke verbunden sind, so können hinsichtlich der Geschlossenheit verschiedene Arten von Ketten gebildet werden.

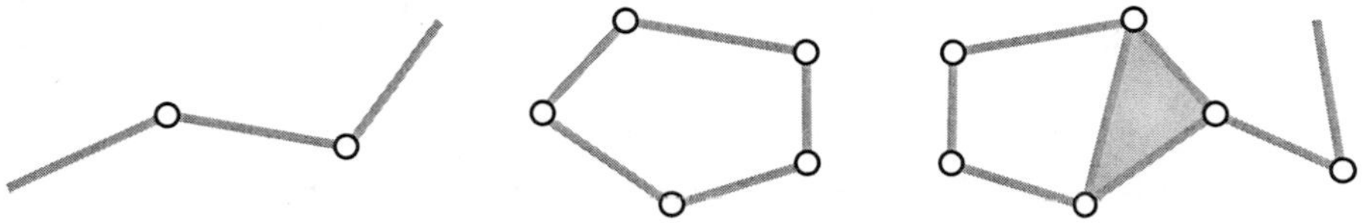

offen *geschlossen* *offen*

Bild 2.3: Geschlossenheit kinematischer Ketten

Das Vorhandensein eines singulären Glieds ist Charakteristikum einer offenen kinematischen Kette. Weiterhin bestimmt neben der Dimension der beteiligten Gelenke auch deren gegenseitige Anordnung die Dimension der kinematischen Kette als *ebene* oder *räumliche* Kette. Zur Beurteilung der Beweglichkeit der gesamten Kette genügt die Betrachtung der relativen Bewegungsmöglichkeiten der beteiligten Gelenke.

Definition

Die kinematische Kette *ist das vereinfachte Strukturmodel eines Getriebes. Es wird reduziert auf die Anzahl der beteiligten Glieder und die Anzahl der Gelenke mit ihren relativen Gelenkfreiheitsgraden. Gliedgeometrie und Gelenkart ist nicht relevant.*

2.4 Freiheitsgrad

Der resultierende Freiheitsgrad einer kinematischen Kette ergibt sich aus den Freiheitsgraden aller beteiligten Glieder und Gelenke.

Ein ungebundener Körper im Raum besitzt sechs Freiheitsgrade. Diese lassen sich hinsichtlich eines festen kartesischen Koordinatensystems sechs unabhängigen Elementarbewegungen *(drei Translationen, drei Rotationen)* zuordnen. Demgegenüber hat ein Körper in der Ebene nur drei Freiheitsgrade *(zwei Translationen, eine Rotation).* Dies entspricht jeweils dem Freiheitsgrad eines freien, zunächst ungebundenen Gliedes.

Der Freiheitsgrad eines Gelenks wird recht anschaulich ermittelt, indem ein Glied gedanklich festgehalten wird und nun das Andere hinsichtlich seiner Anzahl verbliebener, unabhängiger, relativer Bewegungsmöglichkeiten untersucht wird.

Wir betrachten also zwei ebene Körper mit einem zwischen ihnen angeordneten Gelenk. Dabei gibt es offensichtlich einen Zusammenhang zwischen der Anzahl an Bindungen und relativen Freiheitsgraden. Als *Bindung* fassen wir einen geraubten elementaren Freiheitsgrad auf.

$$\textit{Bindungen}\quad \begin{matrix} 0 \rightarrow 3 \\ 1 \rightarrow 2 \\ 2 \rightarrow 1 \\ 3 \rightarrow 0 \end{matrix} \quad \textit{Freiheitsgrade}$$

Die Summe der Anzahl der Bindungen und der relativen Freiheitsgrade ist immer *drei* bei einem ebenen Gelenk. Zwei nicht verbundene Körper besitzen *keine* Bindung und den relativen Freiheitsgrad *drei.* Diese Konstellation gilt nicht als *Gelenk*, genauso wenig, wie die zweier starr verbundener Körper mit *drei* Bindungen und dem Freiheitsgrad *null* – man kann diese beiden ja zu *einem* Körper zusammenfassen. Es verbleiben also zwei sinnvolle ebene Gelenktypen.

g_1	⊖	*einwertiges* Gelenk (eine Bindung, zwei Freiheitsgrade)
g_2	○	*zweiwertiges* Gelenk (zwei Bindungen, ein Freiheitsgrad)

Die *Wertigkeit* eines Gelenks wird nach der Anzahl seiner Bindungen bzw. *Unfreiheiten* benannt und bezieht sich auf die Kräfte, die ein Gelenk in Richtung seiner Bindungen übertragen kann.

Nun lässt sich hiermit die Bestimmung des *Gesamtfreiheitsgrades F* von ebenen kinematischen Ketten und Mechanismen nach *Grübler*[6] herleiten.

$$F = 3(n-1) - g_1 - 2g_2 \tag{2.1}$$

mit F = Gesamtfreiheitsgrad
n = Gliederzahl
g_1 = Anzahl einwertiger Gelenke
g_2 = Anzahl zweiwertiger Gelenke

Von den $3n$ Freiheitsgraden, die n Glieder untereinander besitzen, werden zunächst die *drei* Freiheitsgrade eines Bezugsgliedes (*Gestellglied*) abgezogen und schließlich noch die Bindungszahl der beteiligten einwertigen und zweiwertigen Gelenke subtrahiert, um zum verbleibenden Gesamtfreiheitsgrad F zu gelangen. In Abhängigkeit von F kommen dabei unterschiedliche Begriffe zum Tragen:

$F > 1$ Mechanismus
$F = 1$ zwangläufiger Mechanismus
$F = 0$ statisch bestimmte Struktur
$F < 0$ statisch überbestimmte Struktur / übergeschlossener Mechanismus

Es gilt die

Definition

Der Freiheitsgrad *oder* Laufgrad *F einer kinematischen Kette legt fest, wie viele Antriebsparameter bei einem entsprechenden Getriebe einzuleiten sind, damit alle Glieder eindeutige Bewegungen durchführen.*

6 Grübler, Martin Fürchtegott (1851-1935); deutscher Maschinenbauer.

Damit können insbesondere für einen *zwangläufigen Mechanismus* mit dem Freiheitsgrad $F=1$ jeder Stellung des Antriebsgliedes die Lagen der übrigen Glieder eindeutig zugeordnet werden.

Neben der Grüblerschen Formel können noch weitere topologische Beziehungen aufgestellt werden. Die Anzahl m der Maschen einer kinematischen Kette – als geschlossener Polygonzug von Verbindungslinien benachbarter Gelenke – gehorcht der Beziehung [Drsg89]

$$m = g_1 + g_2 - n + 1 \tag{2.2}$$

Weiterhin kann die Anzahl der Glieder hinsichtlich ihrer Zahl angeschlossener Gelenke aufgeteilt werden.

$$n = n_1 + n_2 + n_3 + n_4 + \ldots = \sum_{i=1}^{k} n_i \tag{2.3}$$

Wir zerlegen also die Gliederzahl n in *unäre, binäre, ternäre, quaternäre, usw.* Anteile. Da zudem definitionsgemäß *ein* Gelenk genau *zwei* Glieder verbindet, wird also beim "Ablaufen" aller Glieder jedes Gelenk genau zweimal "gesichtet". Es gilt damit der Zusammenhang zwischen Glieder- und Gelenkanzahl

$$2g_1 + 2g_2 = n_1 + 2n_2 + 3n_3 + 4n_4 + \ldots = \sum_{i=1}^{k} i\, n_i \tag{2.4}$$

Betrachten wir nun erst einmal kinematische Ketten mit ausschließlich zweiwertigen Gelenken. Hieraus erstellte Getriebe erweisen sich, besonders wenn sie nur Drehgelenke besitzen, als robust, zuverlässig und kostengünstig.

2.5 Kinematische Ketten mit zweiwertigen Gelenken

Wir stellen die *Grüblersche Formel* (2.1) nach der Gelenkzahl um.

$$g_2 = \frac{3n - 3 - F}{2} \tag{2.5}$$

Für *zwangläufige* Mechanismen erhalten wir demnach ganzzahlige Werte für g_2 nur bei einer geraden Gliederzahl n. Allgemein gilt der

Satz
Ein Mechanismus mit ausschließlich zweiwertigen Gelenken benötigt bei einem ungeradzahligen Freiheitsgrad eine gerade Gliederzahl und umgekehrt.

Wir verweilen zunächst bei dem in der Praxis wichtigen Fall der zwangläufigen kinematischen Kette, also $F = 1$. Für *zwei* Glieder ($n = 2$) resultiert aus Gleichung (2.5) die Anzahl $g_2 = 1$, also genau *ein* Gelenk. Diese uninteressante Konstellation bildet kein Getriebe, welches ja mindestens *drei* Glieder und *drei* Gelenke vorzuweisen hat. Die Bildung einer Masche ist so nicht möglich.

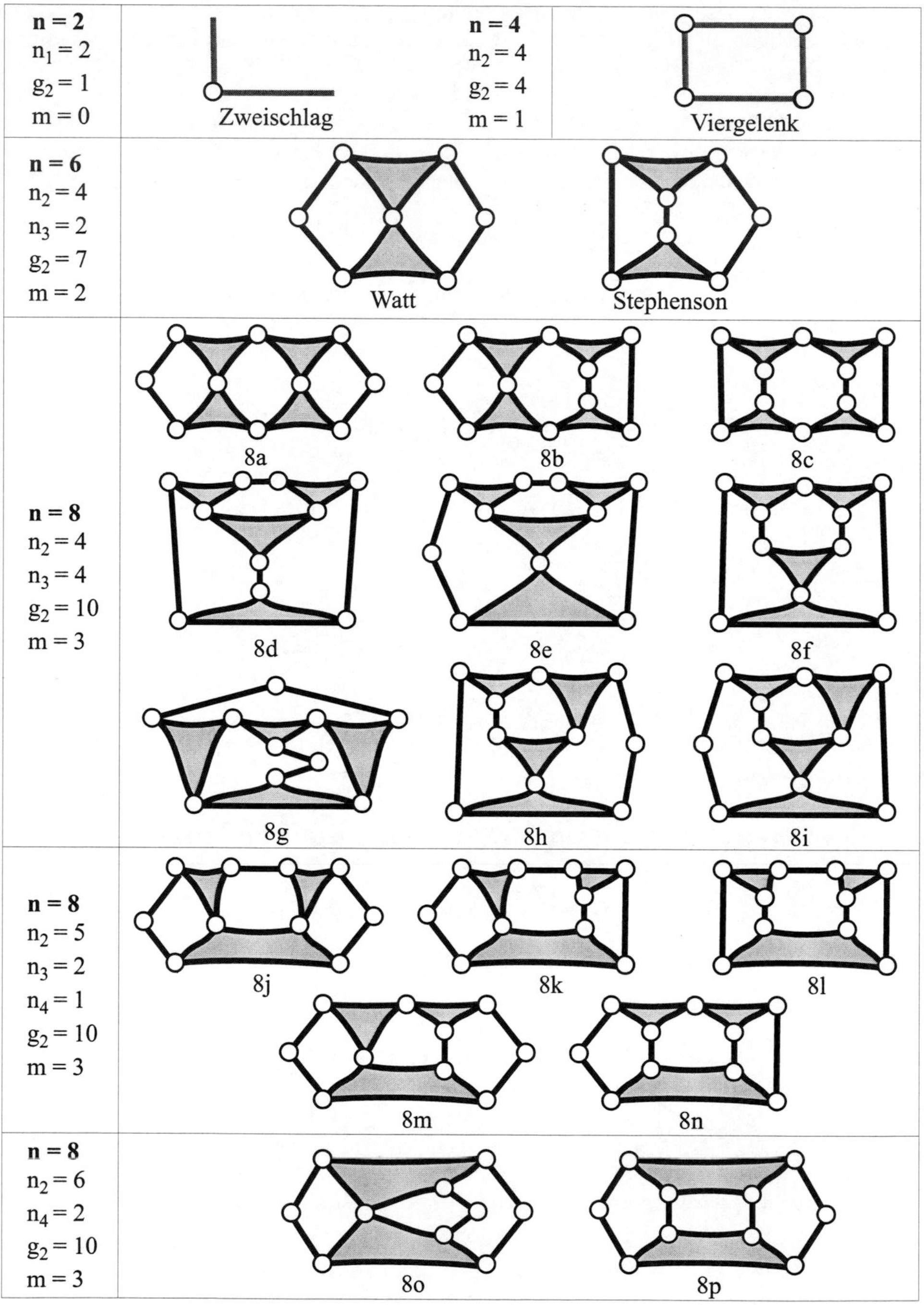

Bild 2.4: Zwangläufige kinematische Ketten mit zweiwertigen Gelenken

Bei *vier* Gliedern erhalten wir *vier* Gelenke ($g_2 = 4$). Diese kinematische Kette mit *einer* Masche ist somit die Grundlage für die einfachste Getriebebauform mit zweiwertigen Gelenken. Es gibt genau eine Möglichkeit, um Gleichung (2.5) zu genügen – mittels vier binärer Glieder. Diese wichtige, minimalistische Kette wird nachfolgend *viergliedrige Kette* oder *Viergelenkkette* genannt.

Die Betrachtung der *sechsgliedrigen* kinematischen Kette führt zu *sieben* Gelenken. Sie besteht aus zwei ternären und vier binären Gliedern. Ihre Maschenzahl ist zwei. Es gibt genau *zwei* mögliche Bauformen, die nach ihren Erfindern *Wattsche*[7] und *Stephensonsche*[8] Kette genannt werden.

Kinematische Ketten mit *acht* Gliedern besitzen 10 zweiwertige Gelenke nach Gleichung (2.5) und drei Maschen. Die Gleichungen (2.3) und (2.4) lauten hier

$$* \quad \begin{aligned} n_2 + n_3 + n_4 &= 8 \\ 2n_2 + 3n_3 + 4n_4 &= 20 \end{aligned}$$

mit den möglichen Lösungen

n_2	n_3	n_4
4	4	0
5	2	1
6	0	2

Hieraus lassen sich 16 verschiedene Bauformen konfigurieren. Diese Konstellationen sind in Bild 2.4 dargestellt.

Von kinematische Ketten mit 10 bzw. 12 Gliedern wurden empirisch 230 bzw. 6856 unterschiedliche Zusammenbaumöglichkeiten gefunden. Bislang ist noch kein mathematischer Formalismus für den Zusammenhang Gliederzahl – Glieder / Gelenke-Konstellationen bekannt.

2.6 Kinematische Ketten mit ein- und zweiwertigen Gelenken

Wir berücksichtigen hier nur *binäre, ternäre* und *quaternäre* Glieder unter Zwanglauf und überführen Gleichung (2.4) zusammen mit der *Grüblerschen Formel* (2.1) in die spezielle Form

$$\begin{aligned} 2g_1 + 2g_2 &= 2n_2 + 3n_3 + 4n_4 \\ g_1 + 2g_2 &= 3(n_2 + n_3 + n_4) - 4 \end{aligned}$$

und erhalten bei Vorgabe der Zahl *binärer, ternärer* und *quaternärer* Glieder die Anzahl ein– und zweiwertiger Gelenke.

$$\begin{aligned} g_1 &= -n_2 + n_4 + 4 \\ g_2 &= 2n_2 + \frac{3}{2}n_3 + n_4 - 4 \end{aligned}$$

7 James Watt (1736-1819), schottischer Erfinder.
8 Robert Stephenson (1803-1859), britischer Ingenieur.

n = 2 $n_2 = 2$ $g_1 = 2$ m = 1	 Kreuzschieber
n = 3 $n_2 = 2$ $g_1 = 2$ m = 1	3a 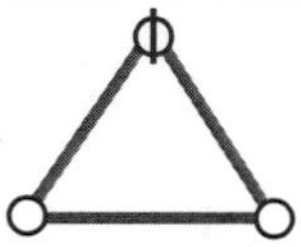 **n = 3** $n_2 = 1$, $n_3 = 2$ $g_1 = 3$, $g_2 = 1$ m = 2 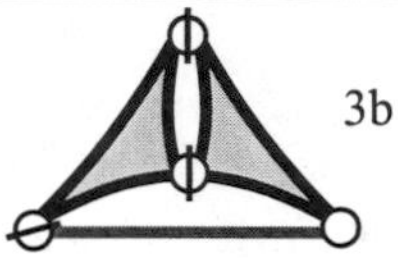 3b
n = 4 $n_2 = 2$, $n_3 = 2$ $g_1 = 2$, $g_2 = 3$ m = 2	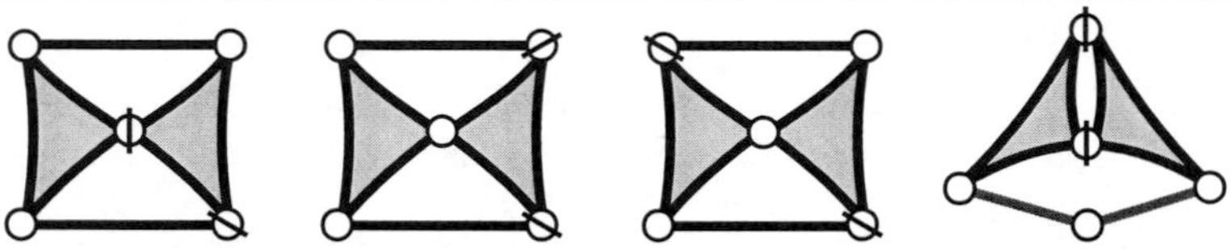 4a 4b 4c 4d
n = 4 $n_3 = 2$ $g_1 = 4$, $g_2 = 2$ m = 3	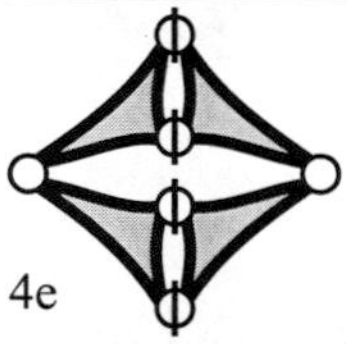 4e **n = 4** $n_2 = 1$, $n_3 = 2$, $n_4 = 1$ $g_1 = 4$, $g_2 = 2$ m = 3 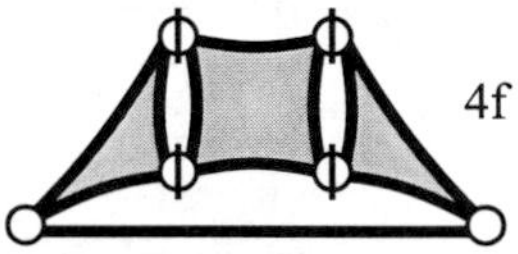 4f
n = 4 $n_2 = 2$, $n_4 = 2$ $g_1 = 4$, $g_2 = 2$ m = 3	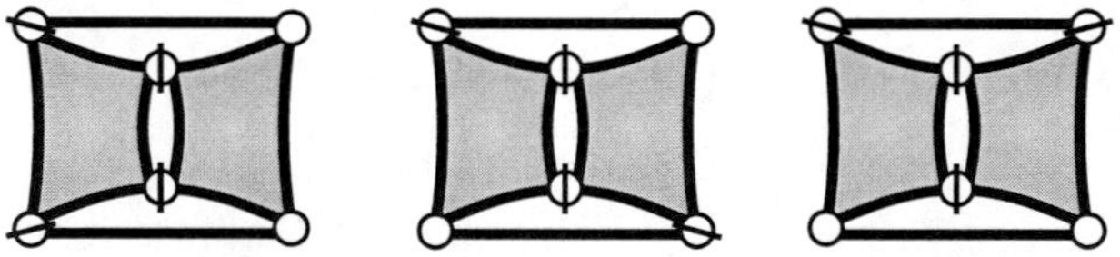 4g 4h 4i
n = 4 $n_3 = 2$, $n_4 = 2$ $g_1 = 6$, $g_2 = 1$ m = 4	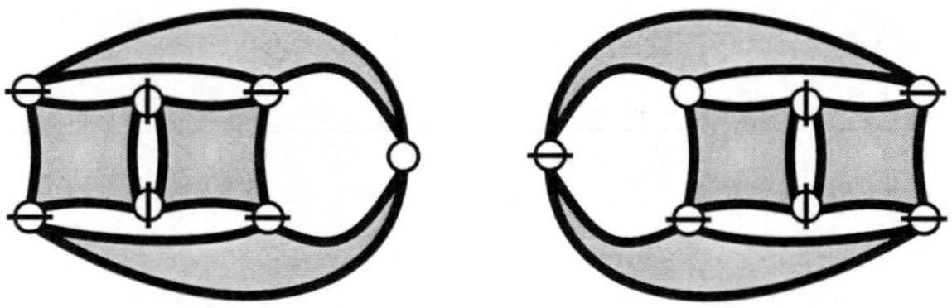 4j 4k
n = 4 $n_2 = 1$, $n_3 = 2$ $n_4 = 1$ $g_1 = 6$, $g_2 = 1$ m = 4	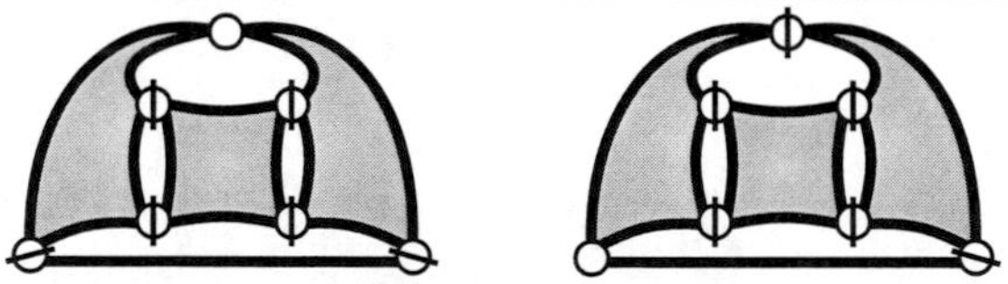 4l 4m
n = 4 $n_4 = 4$ $g_1 = 8$ m = 5	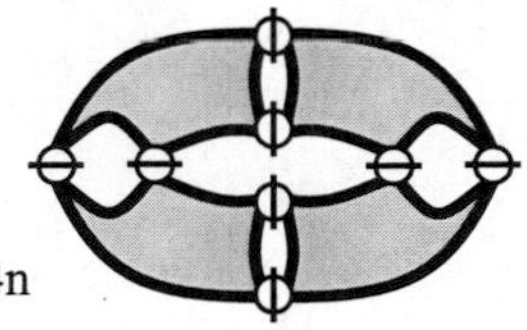 4n

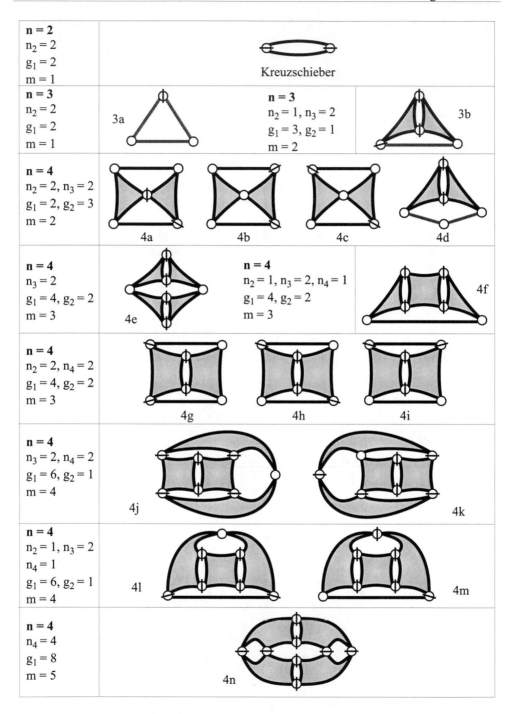

Bild 2.5: Zwangläufige kinematische Ketten mit ein- und zweiwertigen Gelenken

Bild 2.5 zeigt eine Zusammenstellung bis zu viergliedriger Ketten mit ein- und zweiwertigen Gelenken.

2.7 Bilden beliebiger kinematische Ketten

Der Entwurf mehrgliedriger Mechanismen kann durch eine Erweiterung existierender kinematischer Ketten erfolgen. Die Vorgehensweise ist dabei zwar empirisch – wegen Fehlens eines geeigneten Algorithmus. Dennoch gibt es hierzu ein paar wenige Regeln.

Die einfachste Art und Weise, reine zweiwertige Ketten zu erweitern, geschieht durch Hinzufügen eines Zweischlags (Bild 2.6). Wenn wir dies exemplarisch bei der Viergelenkkette tun wollen, müssen zunächst die binären Glieder unserer Wahl zu ternären Gliedern gemacht werden. Anschließend können wir den Zweischlag einbinden[9].

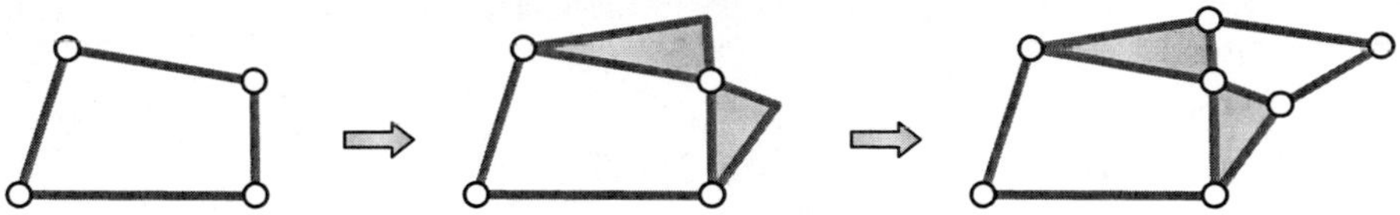

Bild 2.6: Erweiterung der Viergelenkkette durch Zweischlag zur Wattschen Kette

Als Ergebnis erhalten wir die Wattsche Kette, wie wir es in Bild 2.4 kontrollieren können. Bei der Anbindung des Zweischlags an nicht benachbarte Glieder des Viergelenks wäre das Ergebnis die Stephensonsche Kette.

Eine wichtige Regel lautet, den Zweischlag keinesfalls an einem einzigen Glied anzubringen, da hierdurch eine unbewegliche Teilkette entsteht.

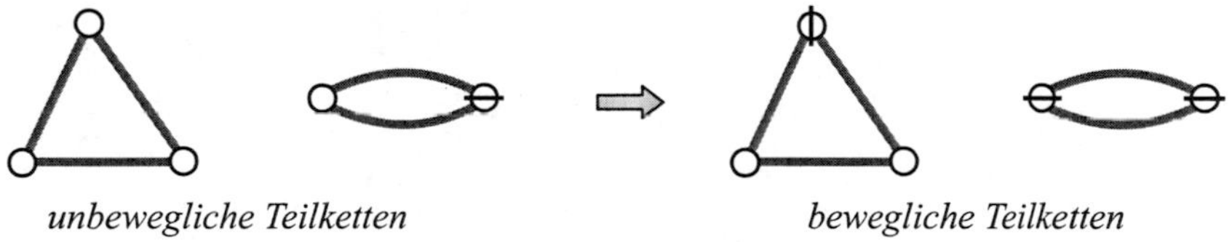

Bild 2.7: Vermeidung unbeweglicher Teilketten

Zwei Glieder dürfen untereinander durch höchstens *ein zweiwertiges* Gelenk oder durch *zwei einwertige* Gelenke verbunden werden. Andernfalls entstehen unbewegliche oder gar statisch überbestimmte Teilketten.

2.8 Gelenkwechsel

Gelegentlich ist es in einem kinematischen Schema möglich und sinnvoll, ein Gelenk zu ersetzen, und gleichzeitig die kinematische Äquivalenz zu bewahren. Ein mögliches Ziel ist hier, ausschließlich zweiwertige Gelenke zu verwenden oder etwa eine anschließende kinematische Analyse zu vereinfachen.

9 Es wird dringend davon abgeraten, den Zweischlag direkt an bereits existierende Gelenke der kinematischen Kette anzutragen und sich damit Mehrfachgelenke einzuhandeln.

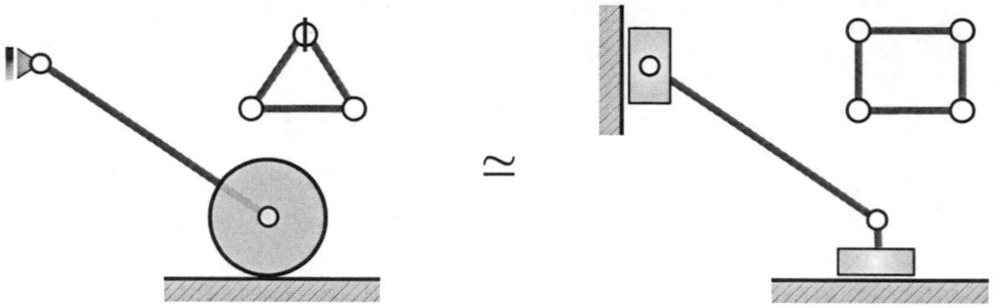

Bild 2.8: Äquivalente Mechanismen – verschiedene kinematische Ketten

Dieser Vorgang kann möglicherweise zu einer anderen zugehörigen kinematischen Kette führen, wie Bild 2.8 zeigt. In jedem Fall verlangt die kinematische Äquivalenz die Beibehaltung des Laufgrads F.

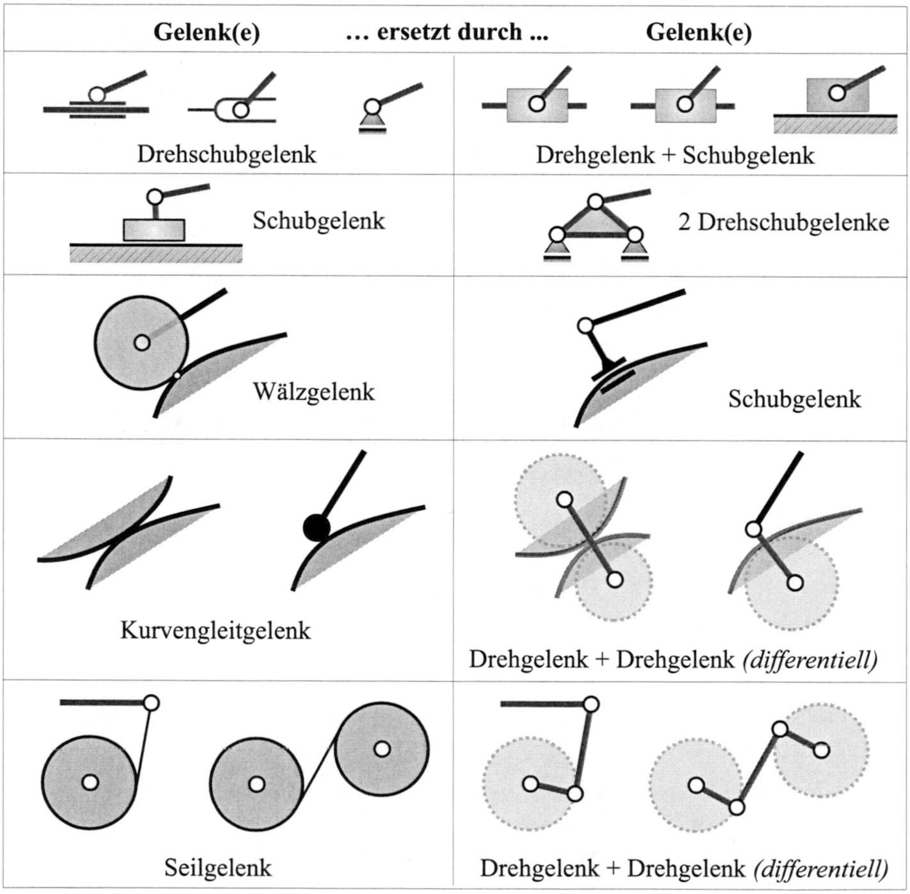

Bild 2.9: Beispiele der Gelenksubstitution

Grundsätzlich ist es zulässig, *ein zweiwertiges Gelenk* durch *zwei einwertige Gelenke* zu ersetzen ($g_2 = 2\, g_1$). Es ist jedoch auch möglich, *ein einwertiges Gelenk* durch *zwei zweiwertige Gelenke* zu ersetzen, wenn ein weiteres Glied hinzugefügt wird. Bild 2.9 zeigt einige solcher erlaubten Substitutionen.

2.9 Vom Mechanismus zur kinematischen Kette

Die Aufgabe, ein existierendes Getriebe zu analysieren, um etwa eine Modifikation vorzunehmen, lässt es ratsam erscheinen, zunächst die zugehörige kinematische Kette zu finden. Hierzu werden wir als Erstes die Begriffe *kinematische Kette*, *Mechanismus* und *Getriebe* gegeneinander abgrenzen.

Definition
Ein Mechanismus *entsteht aus einer* kinematischen Kette *durch Konkretisierung der verwendeten Gelenke, durch Festlegung der Gliedmaße sowie durch Feststellung eines Gliedes (Gestell).*

Damit lassen sich also aus einer kinematischen Kette mit *n* Gliedern ebenso viele Mechanismen bilden – je nachdem, welches der Glieder zum Gestell gemacht wird. Dieses *Prinzip des Gestellwechsels* ist eine hervorragende Möglichkeit, ein vollständiges Bild über alternative Getriebeformen derselben kinematischen Kette zu gewinnen.

Definition
Ein Getriebe *entsteht aus einem* Mechanismus*, wenn dem Freiheitsgrad F entsprechend viele Glieder angetrieben werden.*

Grundsätzlich gibt es auch hier mehrere Möglichkeiten, Antriebsglieder festzulegen. Aus einem Mechanismus können demnach wiederum mehrere Getriebe hervorgehen.

Wenn wir jetzt wissen, wie aus einer kinematischen Kette Mechanismen und daraus Getriebe entstehen, können wir auch den umgekehrten Weg gehen. Die Vorgehensweise sei beispielhaft an einem Hafenkran erläutert.

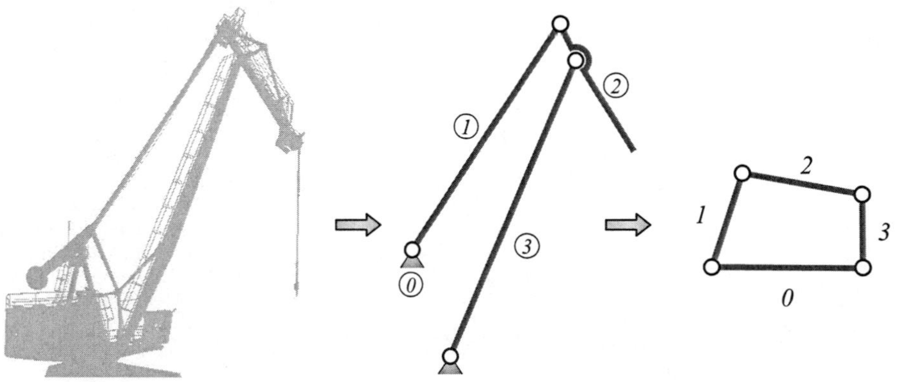

mechanisches Modell *mechanisches Schema* *kinematische Kette*

Bild 2.10: kinematische Kette eines Hafenkrans

Wir identifizieren zunächst die relativ zueinander beweglichen Bauteile als Getriebeglieder und nummerieren sie, beginnend mit "0" für das Gestell – die unbewegliche Umgebung[10]. Hiernach suchen wir die Gelenke und skizzieren möglicherweise das mechanische Schema. Schließlich klassifizieren wir nach Bild 2.2 die Gelenke hinsichtlich ihrer Wertigkeit und beginnen dann – ohne Rücksicht auf die ursprünglichen Gliedlängen – die kinematische Kette zusammen zu bauen.

Die Schritte sind demzufolge im Detail:

1. Ignorieren von Antrieben.
2. Ignorieren von Kräften und Kraftelementen, wie Seile, Federn oder Dämpfer[11].
3. Identifizieren der verbleibenden beweglichen Bauteile als Glieder.
4. Suche des Gestellglieds und Zuweisung des Index "0".
5. Beliebige Nummerierung der restlichen Glieder.
6. Suche der Gelenke zwischen den Gliedern und Identifizierung der Gelenkart nach Bild 2.2.
7. Skizzieren des mechanischen Schemas als möglicher Zwischenschritt.
8. Klassifizieren der gefundenen Gelenke als einwertige oder zweiwertige Gelenke.
9. Ermitteln des Freiheitsgrades (Laufgrades) nach Gleichung (2.1).
10. Sortieren der Glieder in *singulär, binär, ternär,* usw.
11. Zeichnen des Gliedes mit der größten Anzahl an Gelenken zu Anderen und Ignorieren der Gliedabmessungen.
12. Anfügen der Nachbarglieder beginnend mit größter Gelenkanzahl unter Beachtung der Gelenkwertigkeit.
13. Weiteres Anfügen von Nachbargliedern möglichst ohne gegenseitiges Überschneiden.
14. Entsprechendes Indizieren der Glieder in der kinematischen Kette.
15. Identifizieren der gefundenen kinematischen Kette in Bild 2.4 / 2.5 – falls vorhanden.

Diese Vorgehensweise kann recht gut anhand des folgenden Beispiels nachvollzogen werden.

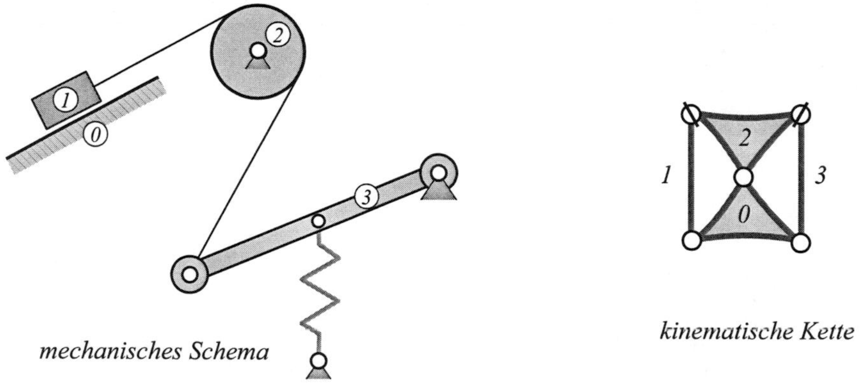

Bild 2.11: kinematische Kette eines Hebel/Rolle/Masse/Seil-Mechanismus

10 Obwohl das Gestell üblicherweise nur fragmentarisch dargestellt wird, gilt: *Es kann nur Eines geben.*

11 Dämpfer können alternativ als Zweischläge berücksichtigt werden.

Dabei ist zu beachten, dass Feder und Seile nicht als Glieder, die Seilverbindungen jedoch als einwertige Gelenke zu berücksichtigen sind. Die gefundene kinematische Kette entspricht der Kette "4b" in Bild 2.5.

2.10 Besonderheiten in Mechanismen

Bei der Ableitung einer kinematischen Kette von einem gegebenen Mechanismus sowie bei der Bestimmung des Laufgrades F ist auf mögliche Besonderheiten zu achten.

Eine Besonderheit ist das Auftreten von *Mehrfachgelenken* – scheinbar einzelne Gelenke, die mehr als zwei Glieder verbinden. Bild 2.12 zeigt einen Mechanismus mit drei Doppelgelenken.

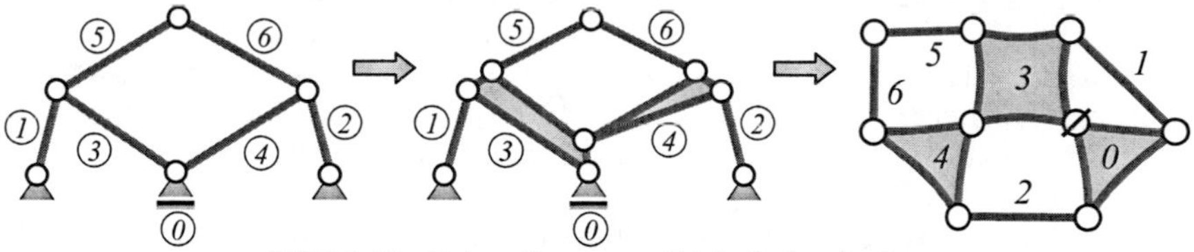

Bild 2.12: Behandlung von Mehrfachgelenken

Eine naive Ermittlung der Anzahl an Drehgelenken würde zum Ergebnis 5 oder 6 gelangen. Tatsächlich sind jedoch 8 Drehgelenke vorhanden und nur diese Anzahl führt zum richtigen Gesamtfreiheitsgrad $F = 1$ und zur korrekten zugehörigen kinematischen Kette[12].

Eine sichere Vorgehensweise nach einer Erkennung von Mehrfachgelenken ist das *Separieren zu Einzelgelenken*. Hierzu werden die "überzähligen" Gelenke in die unmittelbare Nachbarschaft des Ursprungsgelenks platziert und einem Beliebigen der beteiligten Glieder zugeordnet, indem dessen Anschlusszahl um eins erhöht wird. Diese Methode wird im obigen Beispiel in Bild 2.12 durchgeführt.

Eine weitere Besonderheit kann in den Bindungen des Mechanismus selbst auftreten. Eine Bindung ist ja als geraubter, elementarer Freiheitsgrad aufzufassen, in dessen Richtung die beteiligten Körper gegenseitig Kräfte übertragen können.

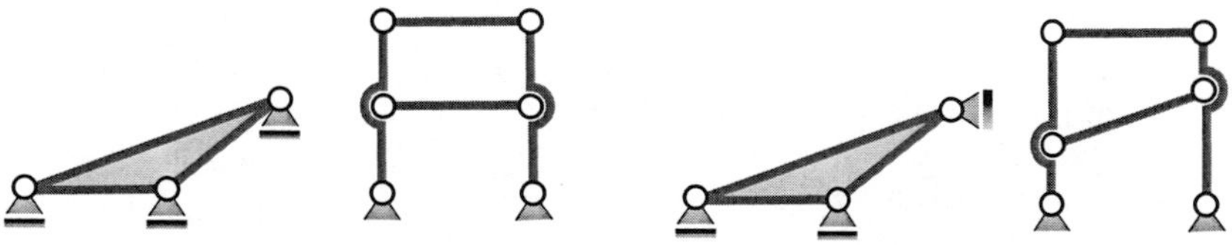

beweglicher Mechanismus *unbewegliche Struktur*

Bild 2.13: Überzählige Bindungen und Gesamtfreiheitsgrad

12 Im vorliegenden Beispiel könnte man die spezielle Freiheitsgradformel für Fachwerke anwenden. Diese taugt zwar zur Laufgradbestimmung, nicht aber zur Ermittlung der kinematischen Kette.

Nun kann es sein, dass in einer ausgezeichneten Richtung überzählige Bindungen vorhanden sind (statische Überbestimmtheit), während in einer anderen Richtung Bindungen fehlen (Beweglichkeit). Damit trifft die Gesamtbilanz an Bindungen und Freiheitsgraden eine andere Aussage, als die technische Realität offenbart (Bild 2.13 links).

Hierdurch wird somit eine gewisse Unzulänglichkeit der *Grüblerschen Formel* insofern deutlich, dass sie nämlich als reine *Abzählbedingung* keine geometrischen Verhältnisse zu berücksichtigen imstande ist.

Und genau solche geometrischen Besonderheiten haben wir hier vorliegen. Die Anwendung der Grüblerschen Bedingung auf die Strukturen in Bild 2.11 wird in allen Fällen F=0 liefern. Dennoch zeigt Anschauung und Erfahrung, dass die beiden linken mechanischen Strukturen wegen der auffälligen Parallelitäten beweglich sind, während die beiden Rechten statisch bestimmt sind und sich auch so verhalten. Die mathematische Erfassung solcher Besonderheiten geht ausschließlich über den Weg der Formulierung aller Bindungsgleichungen, wie wir es implizit in der technischen Mechanik beim Aufstellen der Summe aller Kräfte und Momente tun. Wenn wir dabei eine lineare Abhängigkeit der – in den Kräften linearen – Gleichungen feststellen, dann sind wir einer solchen Besonderheit auf die Spur gekommen[13].

Jener beschwerliche Weg wird üblicherweise bei der Laufgradbestimmung nicht beschritten. Glücklicherweise sind die geometrischen Besonderheiten häufig in Form von achsen- oder punktsymmetrischen Anordnungen leicht zu erkennen. Dann kann sie der Getriebekonstrukteur berücksichtigen oder gar bewusst einsetzen, um etwa die Steifigkeit der Getriebestruktur zu erhöhen oder um damit vielleicht kritische Verzweigungslagen zu überwinden.

2.11 Zusammenfassung

Die kinematische Kette ist ein stark vereinfachtes Modell eines Getriebes. Auf dieser abstrakten Ebene lassen sich getriebesystematische Untersuchungen komfortabel durchführen. Bis zu einem gewissen Komplexitätsgrad kann so ein vollständiges Bild möglicher kinematischer Ketten erstellt und daraus zu gewinnende Mechanismen klassifiziert werden.

Die kinematische Kette reduziert ein ebenes Getriebe auf die rein topologischen Eigenschaften Gliederzahl sowie Anzahl einwertiger und zweiwertiger Gelenke und deren gegenseitige Anordnung. Aus diesen Angaben wird der Laufgrad F und die Maschenzahl m gewonnen.

Eigenschaften kinematischer Ketten lassen sich auf alle von ihnen abgeleiteten Getriebe übertragen. Damit bilden sie die Grundlage, unterschiedliche Getriebe sehr anschaulich vergleichen zu können oder durch Modifikation einer kinematischen Kette Getriebe mit veränderten Charakteristika zu erzeugen.

Kinematische Ketten beinhalten grundsätzlich keine Geometrieinformation. Daher lassen sich durch besondere Gliedmaße bedingte Ausnahmeverhältnisse mit der Grüblerschen Formel nicht erfassen. Diese führen möglicherweise zu einem abweichenden Gesamtfreiheitsgrad des Mechanismus.

---

13 Das entspricht einem Rangabfall der Koeffizientenmatrix des linearen Gleichungssystems.

3 Viergelenkkette

Das vorangegangene Kapitel identifiziert die viergliedrige kinematische Kette als Basis zur Ableitung der einfachsten zwangläufigen Getriebe mit ausschließlich zweiwertigen Gelenken. Durch Variation der Gliedmaße und Gelenktypen kann eine Vielzahl an Getrieben mit unterschiedlichen Eigenschaften generiert werden. Das Bestreben des Getriebekonstrukteurs, seine jeweilige Bewegungsaufgabe mit möglichst einfachen Mechanismen zu lösen, lässt den Viergelenkgetrieben eine hohe praktische Bedeutung zukommen.

Dieses Hauptkapitel behandelt den Einfluss der geometrischen Gliedabmessungen auf die Laufeigenschaften dieser viergliedrigen Getriebe, betrachtet deren spezielle Sonderlagen und leitet daraus einfache Auslegungsvorschriften ab.

3.1 Viergelenkgetriebe

Wir gelangen von der viergliedrigen kinematischen Kette mit vier Drehgelenken zum Mechanismus, indem wir ein Glied durch einfaches Festhalten zum *Gestell* machen.

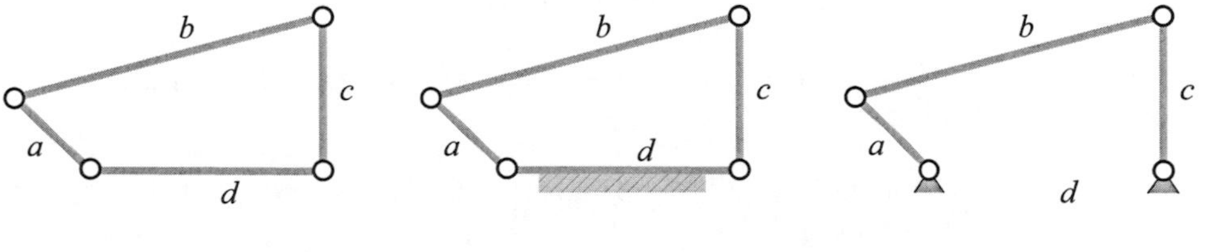

Bild 3.1: Von der Viergelenkkette zum Viergelenkgetriebe

Das dem Gestell gegenüber liegende Glied heißt *Koppel*. Die beiden mit dem Gestell verbundenen Glieder werden nach ihrer Umlauffähigkeit benannt. Kann jenes eine 360°

Drehung vollführen, wird es als *Kurbel* bezeichnet, sonst als *Schwinge*, da es sich dann zwischen zwei Grenzwinkeln hin und her bewegt.

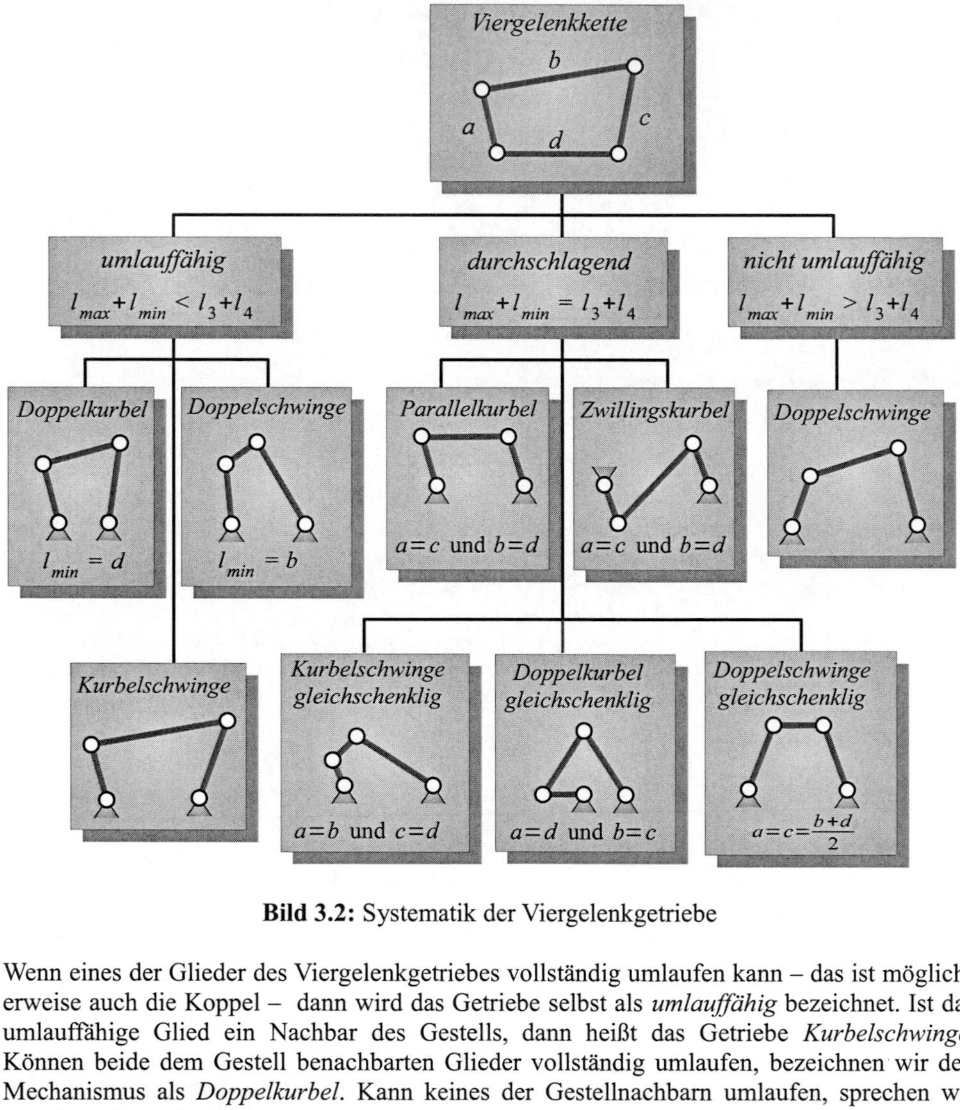

Bild 3.2: Systematik der Viergelenkgetriebe

Wenn eines der Glieder des Viergelenkgetriebes vollständig umlaufen kann – das ist möglicherweise auch die Koppel – dann wird das Getriebe selbst als *umlauffähig* bezeichnet. Ist das umlauffähige Glied ein Nachbar des Gestells, dann heißt das Getriebe *Kurbelschwinge.* Können beide dem Gestell benachbarten Glieder vollständig umlaufen, bezeichnen wir den Mechanismus als *Doppelkurbel.* Kann keines der Gestellnachbarn umlaufen, sprechen wir von einer *Doppelschwinge.*

Die Eigenschaft der *Umlauffähigkeit* lässt sich nach Grashof[14] anhand der Gliedlängen des Gelenkvierecks beurteilen. Es gilt der

14 *Franz Grashof (1826-1893),* Professor der theoretischen Maschinenlehre an der TH Karlsruhe.

Satz von Grashof
Eine Viergelenkkette ist umlauffähig, *wenn die Summe der kleinsten und größten Gliedlänge kleiner ist als die Summe der restlichen beiden Gliedlängen.*

$$l_{min}+l_{max} < l_3+l_4 \tag{3.1}$$

Hierin ist l_{min} die kleinste, l_{max} die größte Gliedlänge und l_3 sowie l_4 die restlichen Gliedlängen. Wird die Grashofsche Beziehung nicht erfüllt, d.h. $l_{min}+l_{max} > l_3+ l_4$, dann resultieren nicht umlauffähige Doppelschwingen – auch *Totalschwingen* genannt.

Der Sonderfall $l_{min}+l_{max} = l_3+ l_4$ liefert *Verzweigungsgetriebe* bzw. *durchschlagende* Getriebe, die im Verlauf ihrer Bewegung eine bemerkenswerte Stellung einnehmen, in der alle Glieder gleichgerichtet übereinander liegen[15]. Jene besondere Lage wird als *Verzweigungslage* des Getriebes bezeichnet. So kann beispielsweise die *Parallelkurbel* aus ihrer Verzweigungslage als *Antiparallelkurbel* bzw. *Zwillingskurbel* hervorgehen (Bild 3.2). Solche Änderungen im Bewegungsablauf sind im Allgemeinen unerwünscht. Bei schnell laufenden Getrieben wird die Massenträgheit der Glieder solch unerwünschtes Verhalten verhindern. Zusätzlich können konstruktive Maßnahmen – wie Hilfsverzahnungen oder ein weiteres, winkelversetztes Koppelglied – hier ebenfalls entgegenwirken und einen zuverlässigen Lauf des Getriebes gewährleisten.

3.2 Umkehrlagen des Gelenkvierecks

Die Kurbelschwinge verbindet mit dem vollständigen Umlauf der Kurbel eine Hin und Her Bewegung der Schwinge[16]. Hierbei interessieren uns die Grenzlagen dieser Schwingbewegung.

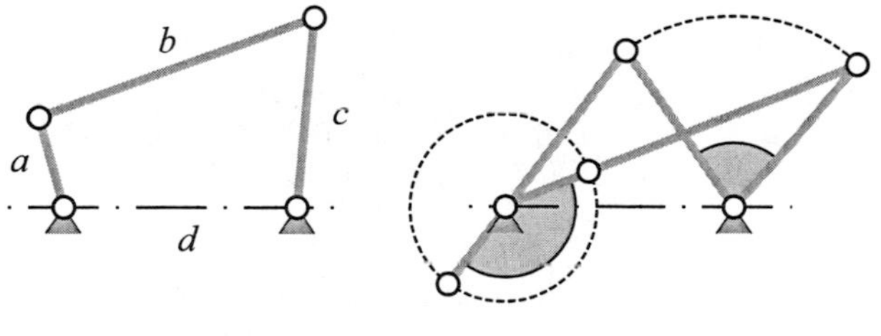

Bild 3.3: Die Umkehrlagen der Kurbelschwinge

In den Grenzlagen hat die Schwinge die Geschwindigkeit Null und ändert ihre Bewegungsrichtung, weswegen diese Lagen auch *Totlagen* oder *Umkehrlagen* genannt werden. Die Umkehrlagen lassen sich zeichnerisch ermitteln, indem die Schnittpunkte der Kreisbögen um den Gestellpunkt der Kurbel mit den Radien $a+b$ und $a-b$ mit dem Kreisbogen der Schwinge (Radius c) gesucht werden.

15 Ein durch das Getriebe gehender Kraftfluss ist in dieser *zwanglosen* Stellung nicht mehr möglich.
16 Über die Drehrichtung von Kurbel und Schwinge ist *Hin (Gleichlauf)* und *Her* oder *Zurück (Gegenlauf)* eindeutig definiert.

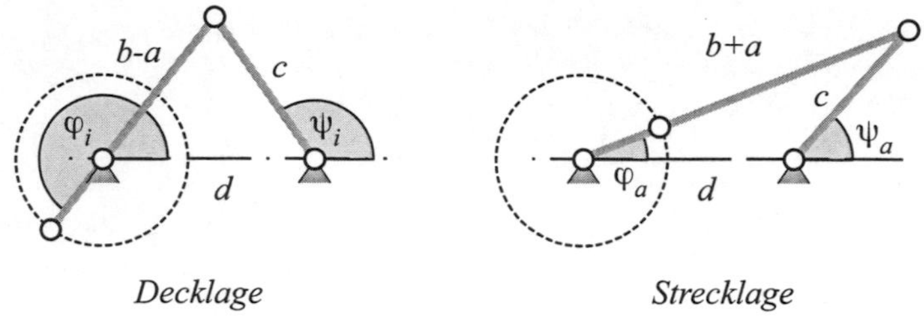

Bild 3.4: zugeordnete Winkel der Umkehrlagen

In den Umkehrlagen liegen Kurbel und Koppel auf einer gemeinsamen Geraden, wobei die *Strecklage* dieser beiden Glieder als *äußere Umkehrlage* und deren *Decklage* als *innere Umkehrlage* bezeichnet wird. Analytisch lassen sich die Umkehrlagenwinkel ψ_a und ψ_i mit den zugeordneten Kurbelwinkeln φ_a und φ_i jeweils durch Anwendung des Kosinussatzes ermitteln. Diese Winkel werden stets in *Gleichlaufrichtung* angetragen.

In den Umkehrlagen gilt für die Schwingwinkel

$$\cos\psi_a = \frac{c^2+d^2-(b+a)^2}{2cd} \quad und \quad \cos\psi_i = \frac{c^2+d^2-(b-a)^2}{2cd} \tag{3.2}$$

und für die zugehörigen Kurbelwinkel

$$\cos\varphi_a = \frac{(b+a)^2-c^2+d^2}{2(b+a)d} \quad und \quad \cos(\varphi_i-180°) = \frac{(b-a)^2-c^2+d^2}{2(b-a)d} \tag{3.3}$$

Interessant sind meist nicht die absoluten Winkel, sondern der jeweilige Winkelbereich. Im Fall des Schwingwinkels ist es der Bereich $\Delta\psi = \psi_i - \psi_a$ und bei den Kurbelwinkeln interessiert der Unterschied des Kurbelwinkelbereichs zu 180°, also $\alpha = \varphi_i - \varphi_a - 180°$. Die Bedeutung von α wird bei der zentrischen Kurbelschwinge im Abschnitt 3.4 sehr viel klarer.

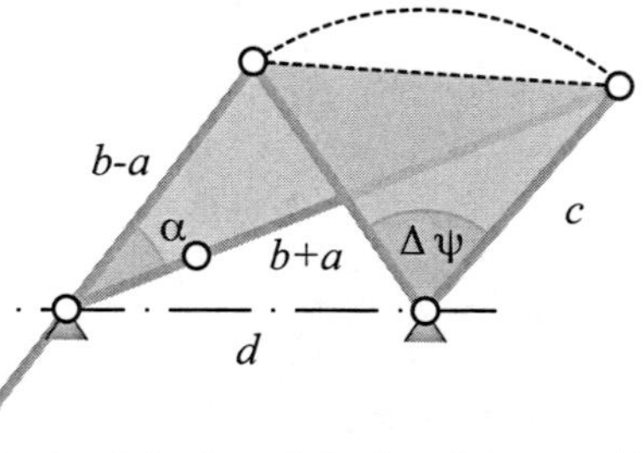

Bild 3.5: Abhängigkeit der Schwingwinkelbereiche von Kurbel und Schwinge

Bilden wir für die grauen Dreiecke in Bild 3.5 jeweils den Kosinussatz und setzen jene Beziehungen bezüglich der gestrichelten Seite gleich, erhalten wir letztlich einen Zusammenhang zwischen α und $\Delta\psi$.

$$\cos\alpha = \frac{a^2+b^2-2c^2\sin^2\frac{\Delta\psi}{2}}{b^2-a^2} \tag{3.4}$$

Während einer gesamten Umdrehung der Kurbel fallen also anteilig 180°+α für den Hinweg der Schwinge an und 180°–α für deren Rückweg – oder umgekehrt. Im Falle einer gleichmäßig angetriebenen Kurbel kann hieraus unmittelbar auf das Verhältnis der benötigten Zeiten geschlossen werden [Diz65].

$$\frac{t_H}{t_R} = \frac{180°+\alpha}{180°-\alpha} \tag{3.5}$$

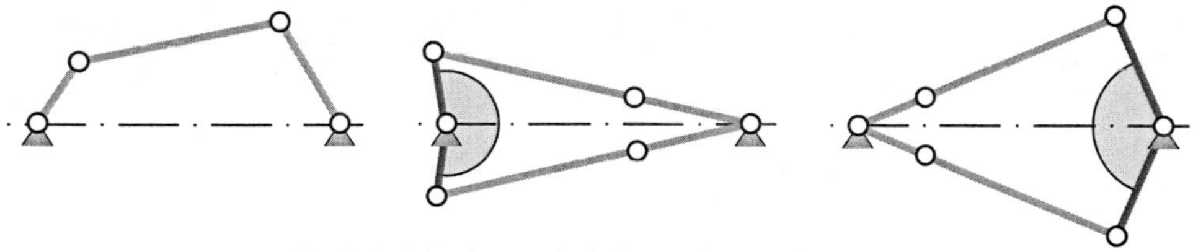

Bild 3.6: Die vier Umkehrlagen der Totalschwinge

Die Doppelschwinge weist pro Schwinge zwei Umkehrlagen auf. Die Ermittlung derer Schwingwinkel erfolgt auf analoge Art und Weise zur Kurbelschwinge nach Gleichung (3.2). Bild 3.6 zeigt die Umkehrlagen von linker und rechter Schwinge der nicht umlauffähigen Doppelschwinge. In Bild 3.7 sind die Umkehrlagen beider Schwingen einer umlauffähigen Doppelschwinge illustriert. Modler trifft in seinem Lehrbuch noch weitergehende Unterscheidungen der Doppelschwinge anhand eines Satzes von Ungleichungen [Mod95].

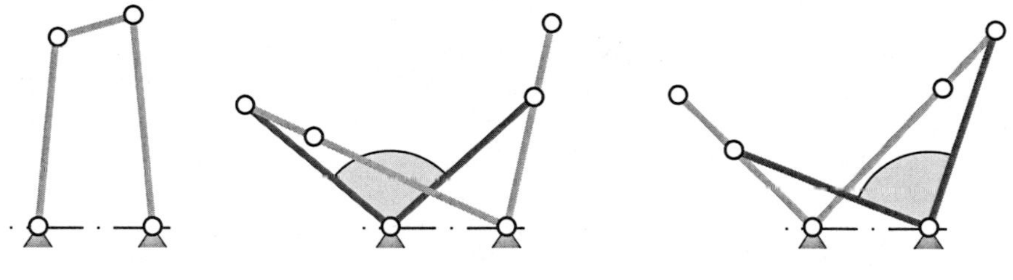

Bild 3.7: Umkehrlagen der umlaufenden Doppelschwinge

3.3 Steglagen der Kurbelschwinge

Von Alt[17] wurde der *Übertragungswinkel* μ als Maß zur Beurteilung der Laufgüte von Getrieben definiert. Relevant ist hierbei der während der Getriebebewegung kleinste auftretende Winkel. Für die Kurbelschwinge sind jene Winkel in den Steglagen zu finden (Bild 3.8).

17 Hermann Alt (1889-1954). Begründer der quantitativen Getriebelehre.

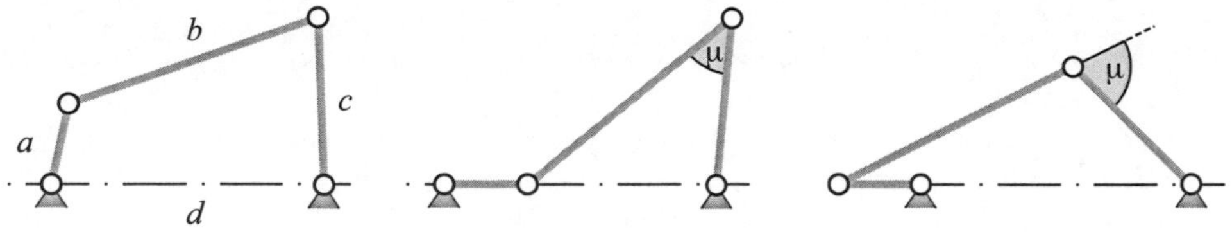

Bild 3.8: Steglagen und Übertragungswinkel der Kurbelschwinge

In den Steglagen liegen Kurbel- und Gestellgerade übereinander. Entsprechend wird die Lage als *innere Steglage* bezeichnet, wenn der Kurbelendpunkt zwischen den Gestellpunkten liegt, andernfalls als *äußere Steglage*. Der minimale Übertragungswinkel μ ist dabei stets der kleinere Winkel zwischen Schwinge und Koppelgerade. Man erhält ihn für beide Lagen wiederum mit Hilfe des Kosinussatzes.

$$\cos\mu_i = \frac{b^2+c^2-(d-a)^2}{2bc} \quad und \quad \cos\mu_a = \frac{b^2+c^2-(d+a)^2}{2bc} \tag{3.6}$$

Der Übertragungswinkel sollte nicht allein zur Beurteilung der Kraftübertragung zwischen Koppel und Schwinge herangezogen werden. Dennoch hat er sich in der Praxis bewährt und es wird daher angestrebt, ihn nicht kleiner als 40° werden zu lassen.

3.4 Die zentrische Kurbelschwinge

Häufig wird seitens der ursprünglichen Bewegungsaufgabe gefordert, dass für den Hinweg und Rückweg der Schwinge gleiche Zeitabschnitte zu belegen sind. Daraus resultiert ein kinematisch ausgewogenes Bewegungsverhalten, bei dem große Beschleunigungen vermieden werden. Hierbei werden also von einem Umlauf der Kurbel jeweils 180° für Hin- und Rückweg der Schwinge aufgewendet. Der Winkel α in Gleichung (3.5) wird somit Null. Kurbelschwingen mit dieser Eigenschaft heißen *zentrische Kurbelschwinge*.

Als geometrische Besonderheit der zentrischen Kurbelschwinge ist anzumerken, dass die Endpunkte der Schwinge in der Strecklage und Decklage des Getriebes eine Gerade bilden, die mit der Kurbel- und Koppelgeraden zusammenfällt und somit durch den Gestellpunkt der Kurbel läuft.

Aus diesen geometrischen Verhältnissen lässt sich gemäß Bild 3.9 die besondere Beziehung

$$d^2 = b^2+c^2-a^2 \tag{3.7}$$

für die zentrische Kurbelschwinge ableiten.

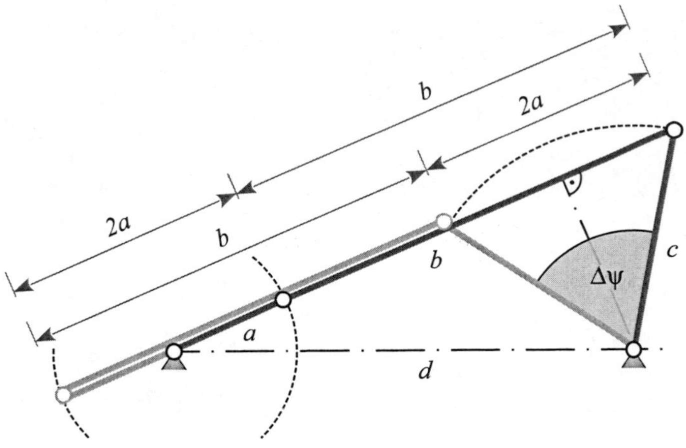

Bild 3.9: zentrische Kurbelschwinge

Zudem vereinfacht sich Gleichung (3.4) wegen α=0 zu

$$\sin\frac{\Delta\psi}{2} = \frac{a}{c} \tag{3.8}$$

was zudem leicht aus Bild 3.9 abzulesen ist.

Darüber hinaus gilt die zentrische Kurbelschwinge als besonders übertragungsgünstiges Getriebe. Dies wird deutlich, indem die Beziehung (3.7) in Gleichung (3.6) zur Ermittlung des Übertragungswinkels μ verwendet wird. Es resultieren gleiche Winkel in der inneren und äußeren Steglage.

$$\cos\mu_i = \frac{ad}{bc} \quad \textit{und} \quad \cos\mu_a = -\frac{ad}{bc} \tag{3.9}$$

Beispiel 3.1

Gesucht ist eine allgemeine Beziehung für die Koppellänge *b* einer zentrischen Schubkurbel mit den gegebenen Größen Schwingenlänge *c*, Schwingwinkelbereich Δψ und minimaler Übertragungswinkel μ.

Lösung:
Nach Gleichung (3.8) erhalten wir die Kurbellänge *a*

$$a = c\sin\frac{\Delta\psi}{2}$$

Gleichung (3.9) des Übertragungswinkels μ liefert einen Ausdruck für die Gestelllänge d

$$d = \frac{bc\cos\mu}{a} = b\frac{\cos\mu}{\sin\frac{\Delta\psi}{2}}$$

Einsetzen der bislang gefundenen Beziehungen in Gleichung (3.7) führt auf

$$b^2\left(\frac{\cos\mu}{\sin\frac{\Delta\psi}{2}}-1\right) = c^2\left(1-\sin^2\frac{\Delta\psi}{2}\right)$$

und damit zur gesuchten Koppellänge b.

$$b = \frac{c}{2}\frac{\sin\Delta\psi}{\sqrt{\cos^2\mu-\sin^2\frac{\Delta\psi}{2}}}$$

3.5 Mechanismen der Schubkurbelkette

Die Schubkurbelkette ensteht aus der Viergelenkkette, indem eines der Drehgelenke zum Schubgelenk gemacht wird.

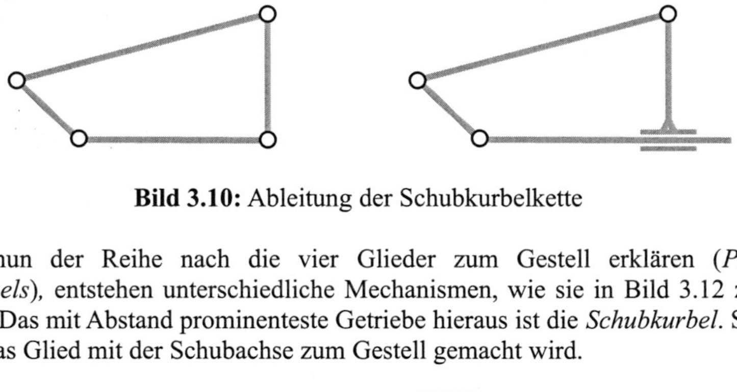

Bild 3.10: Ableitung der Schubkurbelkette

Wenn wir nun der Reihe nach die vier Glieder zum Gestell erklären (*Prinzip des Gestellwechsels*), entstehen unterschiedliche Mechanismen, wie sie in Bild 3.12 zusammengefasst sind. Das mit Abstand prominenteste Getriebe hieraus ist die *Schubkurbel*. Sie erhalten wir, indem das Glied mit der Schubachse zum Gestell gemacht wird.

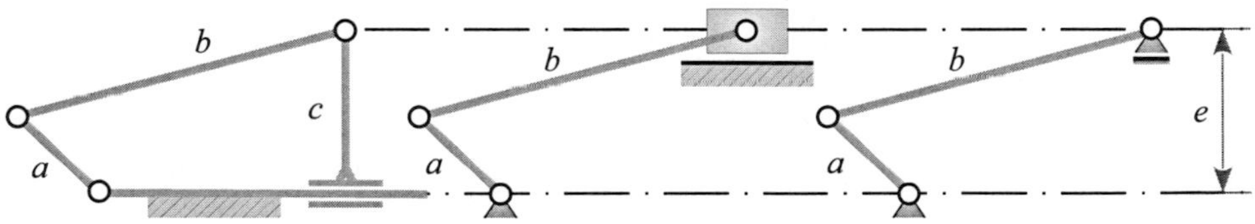

Bild 3.11: Definition des Schubkurbelgetriebes

Dadurch erhalten wir die mit dem Gestell drehgelenkig verbundene *Kurbel*, den translatorisch beweglichen *Schieber*[18] und die jene beiden verbindende *Koppel*[19]. Wenn wir auf das Schiebeglied verzichten und das betreffende Koppelende mit einem einwertigen Drehschubgelenk lagern, resultiert ein kinematisch äquivalentes dreigliedriges Getriebe.

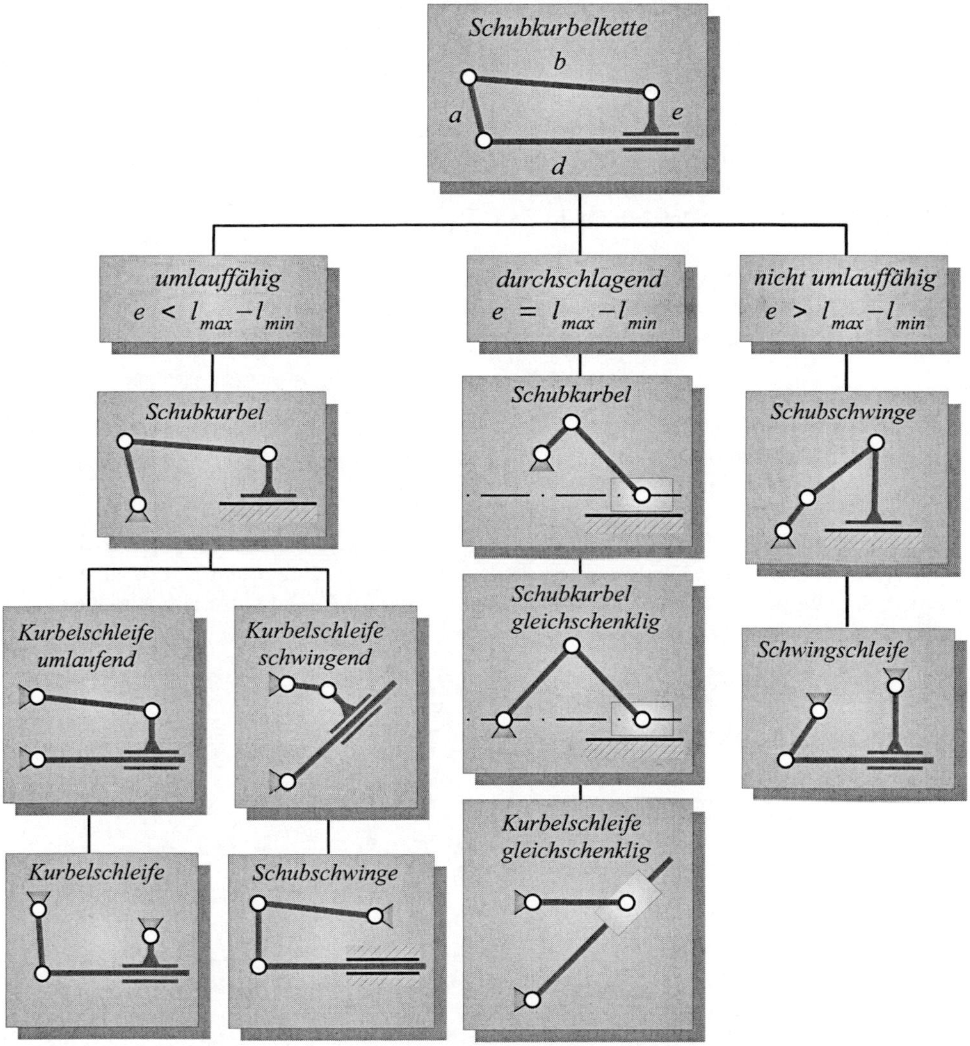

Bild 3.12: Systematik der Getriebe der Schubkurbelkette

18 auch *Gleitstein* genannt.
19 auch *Pleuel* genannt.

Der Abstand e der Schubachse zum Gestellpunkt der Kurbel heißt *Exzentrizität* oder *Versetzung*. Damit sind die drei kinematischen Abmessungen a, b und e vollständig und es kann der Satz von Grashof zur Anwendung auf Getriebe der Schubkurbelkette angepasst werden[20].

Als Bedingung der Umlauffähigkeit für Getriebe der Schubkurbelkette notieren wir:

$$e < l_{max} - l_{min} \tag{3.10}$$

Je nachdem, welches Glied der Schubkurbelkette festgesetzt wird, heißt das umlauffähige Getriebe

- *Schubkurbel* – Glied d mit der Schubachse ist Gestell.
- *Kurbelschleife* – Kurbel a oder Koppel b wird zum Gestell.
- *Schubschwinge* – Schieber c wird zum Gestell.

Wenn der Schieber seine Orientierung stets beibehält, liegt ein *Schubgelenk* vor. Ist das Glied der Schubachse beweglich, sprechen wir von einem *Schleifengelenk*. Diese Bezeichnung ist dann auch jeweils namensgebend für das entsprechende Getriebe.

Wenn $e > l_{max} - l_{min}$ ist, ergeben sich nicht umlauffähige Getriebe in Form der *Schubschwinge* oder *Schwingschleife*. Im Fall einer Gleichheit $e = l_{max} - l_{min}$ resultieren durchschlagende Getriebe der Schubkurbelkette. Sind jene Getriebe zudem *zentrisch* mit e=0, erhalten wir die *gleichschenklige* Schubkurbel oder Kurbelschleife mit a=b.

Betrachten wir weiterhin etwas eingehender die exzentrische Schubkurbel. Deren Umkehrlagen korrespondieren mit der *Strecklage* und *Decklage* von Kurbel und Koppel und bestimmen gleichzeitig den Gesamtweg Δs des Schiebers. Bild 3.13 zeigt diese Umkehrlagen sowie den Unterschied der Kurbelwinkelanteile für Hin- und Rückhub mittels α gemäß Gleichung (3.5).

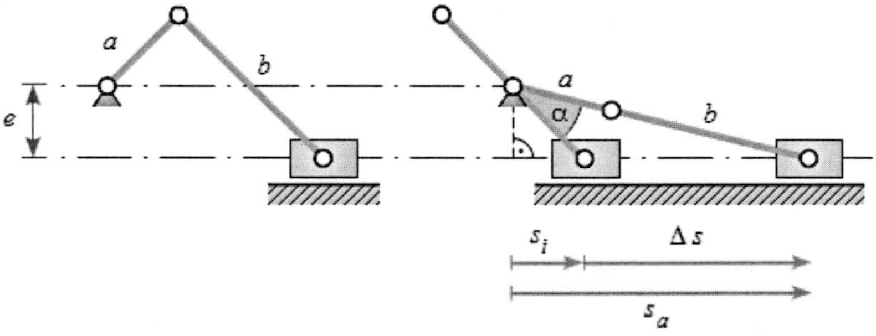

Bild 3.13: Umkehrlagen der exzentrischen Schubkurbel

Einen Zusammenhang zwischen Hubweg Δs und Winkel α liefert die Anwendung des Kosinussatzes.

$$\Delta s^2 = 2\left(a^2 + b^2 - \left(b^2 - a^2\right)\cos\alpha\right) \tag{3.11}$$

20 Hierzu lässt man das Gelenk zwischen d und c in Bild 3.10 in Richtung von c gegen Unendlich gehen.

Unter der Verwendung der Umkehrlagen des Schiebers

$$\begin{aligned} s_a^2 &= (b+a)^2 - e^2 \\ s_i^2 &= (b-a)^2 - e^2 \end{aligned} \tag{3.12}$$

erhalten wir mit Gleichung (3.11) zudem die zugehörige Exzentrizität *e*. Bei der *zentrischen Schubkurbel* verschwindet diese zusammen mit α.

$$e = \frac{(b^2 - a^2)\sin\alpha}{\Delta s} \tag{3.13}$$

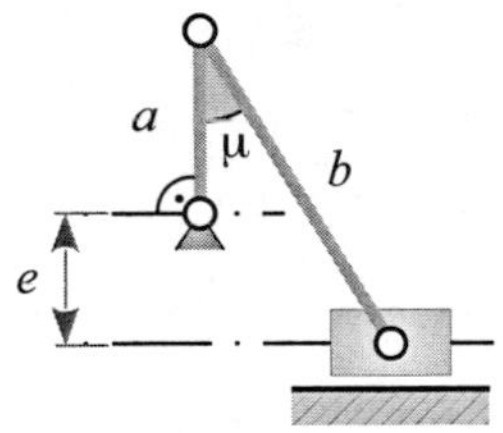

Bild 3.14: kritische Steglage der exzentrischen Schubkurbel

In den Steglagen der exzentrischen Schubkurbel ist die Kurbelgerade orthogonal zur Schubrichtung des Schiebeglieds ausgerichtet. Der minimale Übertragungswinkel μ ist dann der kleinere Winkel zwischen Kurbel- und Koppelgerade.

$$\cos\mu = \frac{a+e}{b} \tag{3.14}$$

Beispiel 3.2

Es wird eine exzentrische Schubkurbel mit der Kurbellänge *a*, dem Hubweg Δ*s* und einem gegebenen zeitlichen Verhältnis zwischen Hin- und Rückweg gesucht. Ermitteln Sie die Koppellänge, die Exzentrizität und den minimalen Übertragungswinkel.

Geg.: $a = 20\,cm,\ \Delta s = 45\,cm,\ \frac{t_h}{t_r} = \frac{6}{5}$

Lösung:

Es gilt für das Zeitverhältnis nach Gleichung (3.5)

$$\frac{180° + \alpha}{180° - \alpha} = \frac{6}{5}$$

Daraus erhalten wir für den Winkel α

$$\alpha = \frac{180°}{11} = 16.4°$$

Aus Gleichung (3.11) resultiert nun die Koppellänge

$$b = \sqrt{\frac{\frac{\Delta s^2}{2} - a^2(1+\cos\alpha)}{1-\cos\alpha}} = ... = 75.14\,cm$$

Die Exzentrizität beträgt nach Gleichung (3.13)

$$e = \frac{(b^2 - a^2)\sin\alpha}{\Delta s} = ... = 32.84\,cm$$

und für den minimalen Übertragungswinkel erhalten wir gemäß (3.14)

$$\cos\mu = \frac{a+e}{b} \quad \rightarrow \quad \mu = 45.3°$$

3.6 Mechanismen der Kreuzschleifenkette

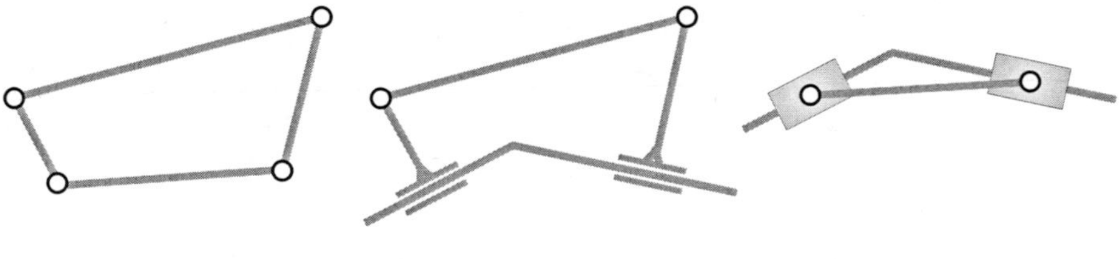

Bild 3.15: Ableitung der Kreuzschleifenkette

Die Kreuzschleifenkette entsteht aus der Viergelenkkette, indem zwei benachbarte Drehgelenke zum Schubgelenk gemacht werden.

Getriebe der Kreuzschleifenkette verbinden kinematisch zwei Schubbewegungen mit einer Drehbewegung. Deren zwei kinematischen Abmessungen sind mit dem Kreuzungswinkel β der Schubachsen und dem Abstand a der Drehgelenke definiert.

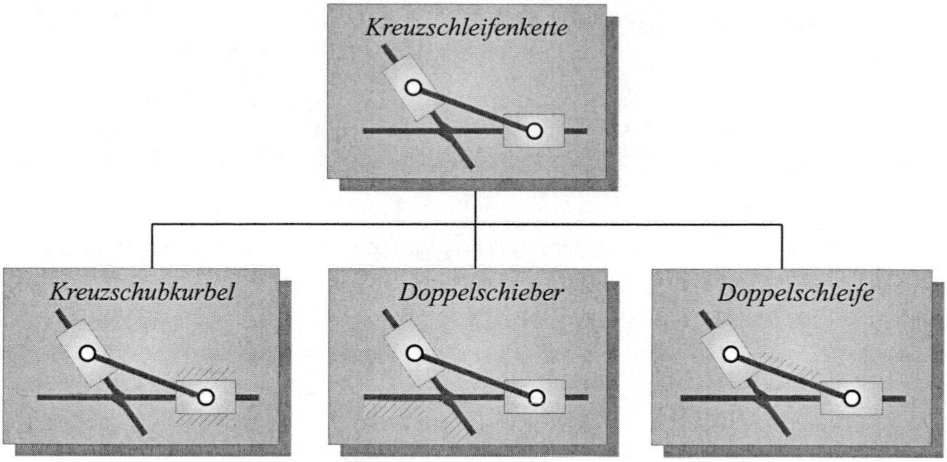

Bild 3.16: Systematik der Getriebe der Kreuzschleifenkette

Die Doppelschleife entsteht aus der *kinematische Umkehr* des Doppelschiebers. Getriebe der Kreuzschleifenkette sind grundsätzlich umlauffähig.

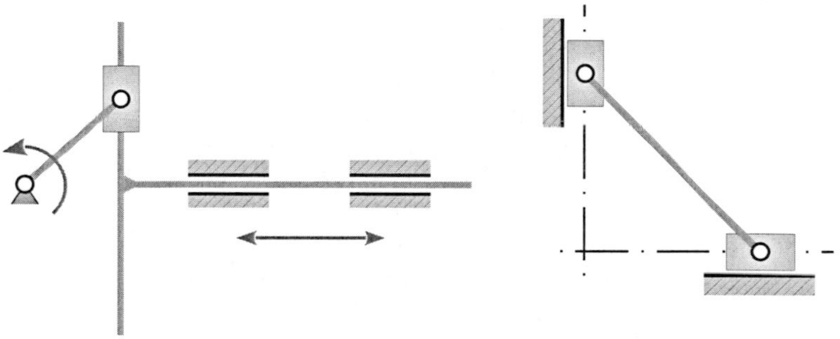

Bild 3.17: Kreuzschubkurbel und Doppelschieber mit orthogonalen Schubachsen

3.7 Mechanismen der Schubschleifenkette

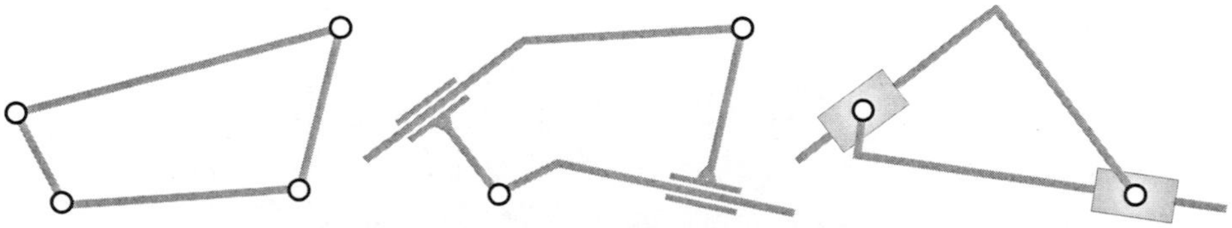

Bild 3.18: Ableitung der Schubschleifenkette

Die Schubschleifenkette entsteht aus der Viergelenkkette, indem zwei gegenüberliegende Drehgelenke zum Schubgelenk gemacht werden. Jedes Glied besitzt ein Dreh- und Schubgelenk. Hieraus gebildete Getriebe sind nicht umlauffähig.

3.8 Zusammenfassung

Die viergliedrige Kette ist die einfachste kinematische Kette, die aus nur zweiwertigen Gelenken gebildet werden kann. Aus ihr lassen sich demnach alle viergliedrigen Mechanismen auf der Basis von Dreh- und Schubgelenken ableiten. Trotz ihrer Einfachheit geht mit diesen populären Getrieben eine bemerkenswerte Funktionsvielfalt einher.

Nach dem Festlegen der Gliedmaße und Gelenktypen werden folgende Varianten sichtbar:

- Viergelenkkette
- Schubkurbelkette
- Kreuzschleifenkette
- Schubschleifenkette

Mit dem Vorliegen der Gliedlängen können nunmehr auch geometrische Erkenntnisse hinsichtlich der Mechanismen gewonnen werden.

- Ein oder mehrere Glieder können umlaufen.
- Gewisse Glieder schwingen innerhalb definierter Grenzen.
- Bestimmte Gliedabmessungen sind nicht verträglich.

Dabei sind gewisse ausgezeichnete Getriebelagen besonders auskunftsfreudig, indem sie wertvolle Extremwerte liefern. So benennen Umkehrlagen die Grenzwinkel schwingfähiger Glieder und die Steglagen liefern den aussagekräftigen Übertragungswinkel. Die hierdurch gewonnenen geometrischen Zusammenhänge können dann im weiteren Vorgehen genutzt werden, um Getriebe mit gewünschtem Bewegungsverhalten auszulegen.

4 Vektoren

Die analytische Behandlung mechanischer Aufgabenstellungen setzt grundlegende Kenntnisse der Vektoralgebra voraus. In diesem Abschnitt werden also die Gesetzmäßigkeiten der Addition, Subtraktion, Multiplikation und Differentiation von Vektoren und Matrizen beschrieben.

Bei der hier vorliegende Beschränkung auf ebene Problemstellungen genügt der Umgang mit 2D-Vektoren. Diese Prämisse fordert allerdings den Verzicht auf das *Vektor-* bzw. *Kreuzprodukt*. Dessen Gebrauch würde unmittelbar und unweigerlich ins Umfeld der räumlichen Vektoren führen, was überflüssig und irreführend wäre. Als Alternative bedienen wir uns zum einen der Matrixschreibweise[21] und zum anderen des *Tilde-Operators* auf der Grundlage einer schiefsymmetrischen Matrix [Nik88, Rob88, VDI2120]. Damit gelingt dann die reibungsfreie Beschränkung auf eine ebene Vektorrechnung. Der Tilde-Operator hat die Wirkung der Drehung eines Vektors um 90° und wird daher alternativ auch als *Drehoperator* bezeichnet.

4.1 Kartesische Vektoren

Zur Behandlung ebener Problemstellungen werden zweidimensionale Vektoren und Matrizen benötigt. Vektoren sind gerichtete Größen und werden grafisch als Pfeil dargestellt. In Formeln und Gleichungen sind Vektoren und Matrizen mittels *Fettdruck* gekennzeichnet, wobei für Vektoren üblicherweise *kleine* und für Matrizen *große* Buchstaben verwendet werden.

21 Parviz Nikravesh bezeichnet diese als *algebraic vector representation* [Nik88].

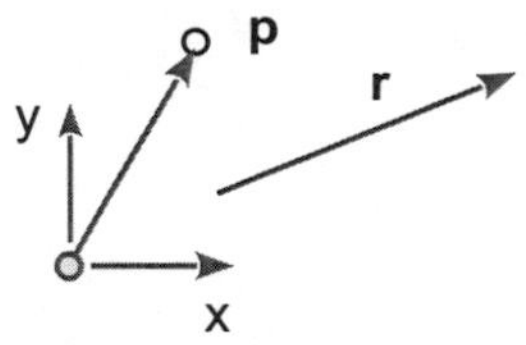

Bild 4.1: kartesische Vektoren

Die *kartesische* Schreibweise für Vektoren erfolgt als Matrix mit einer Spalte. Durch einfaches *Transponieren* – also Vertauschen von Zeilen und Spalten – kann die Zeilenschreibweise verwendet werden.

$$\boldsymbol{r}=\begin{pmatrix} x \\ y \end{pmatrix}; \quad \boldsymbol{r}^T=(x\ y) \tag{4.1}$$

Die Angabe solcher Vektoren erfolgt stets in Bezug auf ein kartesisches Koordinatensystem. Für die Beschreibung von Punktlagen werden *Ortsvektoren* verwendet, die jeweils vom Ursprung zum entsprechenden Punkt gerichtet sind. Demgegenüber sind *freie Vektoren* beliebig im Koordinatensystem verschiebbar[22].

Gelegentlich ist es hilfreich, einen Vektor $\boldsymbol{r}$ in seinen Betrag r und seinen *Einheitsvektor* $\boldsymbol{e}_\varphi$ zu zerlegen. Wenn nämlich entweder die *Richtung* oder die *Länge* des Vektors bekannt ist, trennt man ihn so in eine bekannte sowie eine unbekannte Komponente.

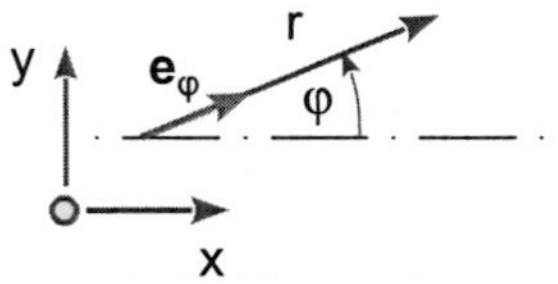

Bild 4.2: Einheitsvektordarstellung

Dabei beinhaltet der Einheitsvektor implizit den Winkel zur positiven x-Achse[23].

$$\boldsymbol{r}=r\,\boldsymbol{e}_\varphi=r\begin{pmatrix} \cos\varphi \\ \sin\varphi \end{pmatrix} \tag{4.2}$$

Von einem gegebenen Vektor $\boldsymbol{r}$ erhalten wir diesen Winkel mittels[24]

$$\tan\varphi=\frac{y}{x} \tag{4.3}$$

---

22 Die *technische Mechanik* unterscheidet zudem noch *linienflüchtige Vektoren.*

23 Beachte, dass die *nicht fett* geschriebene Bezeichnung eines Vektors dessen *Betrag* meint.

24 Zur Auswertung von Gleichung (4.3) liegen die Komponenten x und y stets gesondert vor. Die programmtechnische Ermittlung des Winkels φ erfolgt dann vorzugsweise mittels der standardisierten Funktion *atan2*, die Mehrdeutigkeiten des *arctan* vermeidet und Sonderfälle, wie Division mit Null, behandelt.

als auch seinen Betrag

$$r=\sqrt{x^2+y^2} \tag{4.4}$$

aus den Komponenten. Über den Betrag eines Vektors ermitteln wir schließlich seinen Einheitsvektor

$$\boldsymbol{e}_\varphi=\frac{\boldsymbol{r}}{r} \tag{4.5}$$

Es ist unbedingt zu beachten, dass die Division eines Vektors mit einem Skalar definiert ist, *nicht* jedoch die Division mit einem Vektor.

Das *Produkt* zweier ebener Vektoren $\boldsymbol{u}$ und $\boldsymbol{v}$ liefert eine skalare Größe.

$$\boldsymbol{u}\cdot\boldsymbol{v}=\begin{pmatrix} u_x \\ u_y \end{pmatrix}\cdot\begin{pmatrix} v_x \\ v_y \end{pmatrix}=u_x v_x+u_y v_y \tag{4.6}$$

Es sei ausdrücklich darauf hingewiesen, dass die hier verwendete Schreibweise $\boldsymbol{u}\cdot\boldsymbol{v}$ nicht konsequent mit der *Matrixschreibweise* einhergeht, wonach es $\boldsymbol{u}^T\cdot\boldsymbol{v}$ lauten müsste. Dennoch wird das Skalarprodukt nachfolgend in dieser Form vor allem aus Gründen der Übersichtlichkeit und Vereinfachung verwendet. Im Kontext der ebenen Vektoren ist eine Verwechslung nicht zu befürchten. Wir schreiben also $\boldsymbol{u}\cdot\boldsymbol{v} = \boldsymbol{v}\cdot\boldsymbol{u}$ für $\boldsymbol{u}^T\cdot\boldsymbol{v} = \boldsymbol{v}^T\cdot\boldsymbol{u}$, es gilt jedoch $\boldsymbol{u}^T\cdot\boldsymbol{v}\neq\boldsymbol{v}\cdot\boldsymbol{u}^T$. Auf Ausdrücke der Form $\boldsymbol{v}\cdot\boldsymbol{u}^T$ kann nachfolgend glücklicherweise gänzlich verzichtet werden. Daher wird die Beziehung (4.6) in dieser Schreibweise nachfolgend ausschließlich im Zusammenhang mit ebenen Vektoren weiter verwendet. Zur Behandlung von Vektoren höherer Dimension wird die korrekte Matrixschreibweise benutzt.

4.2 2x2 Matrizen

Eine *zweidimensionale Matrix* hat die allgemeine Form

$$\boldsymbol{A}=\begin{pmatrix} a & b \\ c & d \end{pmatrix} \tag{4.7}$$

Ihre *Transponierte* entsteht durch die Vertauschung von Zeilen und Spalten

$$\boldsymbol{A}^T=\begin{pmatrix} a & c \\ b & d \end{pmatrix} \tag{4.8}$$

Mit der Einheitsmatrix $\boldsymbol{I}$

$$\boldsymbol{I}=\begin{pmatrix} 1 & 0 \\ 0 & 1 \end{pmatrix} \tag{4.9}$$

ist die *Inverse* A^{-1} der *regulären* Matrix $\boldsymbol{A}$ derart definiert, dass $\boldsymbol{A}\boldsymbol{A}^{-1} = \boldsymbol{I}$ ist.

$$A^{-1} = \frac{1}{ad - bc} \begin{pmatrix} d & -b \\ -c & a \end{pmatrix} \tag{4.10}$$

Die Multiplikation einer 2x2-Matrix mit einem ebenen Vektor liefert einen weiteren ebensolchen Vektor.

$$p = \boldsymbol{A}\,\boldsymbol{r} \tag{4.11}$$

Wir sagen, die Matrix $\boldsymbol{A}$ transformiert den Vektor $\boldsymbol{r}$. Dabei bildet die Einheitsmatrix $\boldsymbol{I}$ einen Vektor $\boldsymbol{r}$ auf sich selbst ab.

Eine wichtige Transformation ist hier die Drehung eines Vektors um einen Winkel φ. Die dazugehörige Rotationsmatrix hat die Gestalt

$$\boldsymbol{R} = \begin{pmatrix} \cos\varphi & -\sin\varphi \\ \sin\varphi & \cos\varphi \end{pmatrix} \tag{4.12}$$

und bewahrt die Länge des ursprünglichen Vektors. Wir haben hier eine *orthogonale* Matrix mit der Eigenschaft, dass ihre T*ransponierte* gleich ihrer *Inversen* ist und ihre *Determinante* den Wert 1 annimmt.

$$\boldsymbol{R}^T \boldsymbol{R} = \boldsymbol{I}\,; \quad \boldsymbol{R}^T = \boldsymbol{R}^{-1}\,; \quad det\,\boldsymbol{R} = 1 \tag{4.13}$$

4.3 Drehoperator

Wir benötigen hin und wieder einen um 90° im mathematisch positiven Sinn gedrehten Vektor.

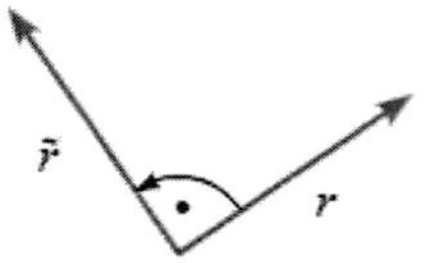

Bild 4.3: der gedrehte Vektor

Dazu wenden wir dic Rotationsmatrix $\boldsymbol{R}$ mit dem Drehwinkel 90° auf einen Vektor $\boldsymbol{r}$ an.

$$\begin{pmatrix} \cos 90° & -\sin 90° \\ \sin 90° & \cos 90° \end{pmatrix} \cdot \begin{pmatrix} x \\ y \end{pmatrix} = \begin{pmatrix} 0 & -1 \\ 1 & 0 \end{pmatrix} \cdot \begin{pmatrix} x \\ y \end{pmatrix} = \begin{pmatrix} -y \\ x \end{pmatrix} \tag{4.14}$$

Die entstandene Rotationsmatrix hat neben den oben genannten Eigenschaften als Weitere die der *Schiefsymmetrie*[25] und wird im Folgenden als *Drehoperator* oder *Tilde-Operator* $\tilde{\boldsymbol{I}}$ bezeichnet.

$$\tilde{\boldsymbol{I}} = \begin{pmatrix} 0 & -1 \\ 1 & 0 \end{pmatrix} \tag{4.15}$$

Mit diesem *Drehoperator* lässt sich also ein beliebiger Vektor $\boldsymbol{r}$ in einen um $\pi/2$ im mathematisch positiven Sinn gedrehten Vektor $\tilde{\boldsymbol{r}}$ [26] überführen.

$$\tilde{\boldsymbol{r}} = \tilde{\boldsymbol{I}} \cdot \boldsymbol{r} \tag{4.16}$$

Die formale Vorgehensweise beim Drehen eines Vektors ist einfach.

$$\boldsymbol{u} = \begin{pmatrix} u_x \\ u_y \end{pmatrix} \rightarrow \tilde{\boldsymbol{u}} = \begin{pmatrix} -u_y \\ u_x \end{pmatrix} \tag{4.17}$$

Man muss lediglich die kartesischen Komponenten vertauschen und das Vorzeichen der neuen x-Komponente (der ehemaligen y-Komponente) wechseln.

Die *Inverse* bzw. die *Transponierte des* Drehoperators $\tilde{\boldsymbol{I}}$ ist seine negative Matrix

$$\tilde{\boldsymbol{I}}^{-1} = \tilde{\boldsymbol{I}}^T = -\tilde{\boldsymbol{I}} \tag{4.18}$$

Multipliziert man den Drehoperator mit sich selbst, resultiert daraus die negative Einheitsmatrix.

$$\tilde{\boldsymbol{I}} \cdot \tilde{\boldsymbol{I}} = \tilde{\boldsymbol{I}}^2 = -\boldsymbol{I} \tag{4.19}$$

4.4 Drehoperator und Vektorprodukt

Eine vorteilhafte Eigenschaft des Drehoperators wird bei der Betrachtung des Vektor- oder Kreuzprodukts deutlich. Hierzu multiplizieren wir zwei ebene Vektoren (2D) zunächst mittels des Vektorprodukts,

$$\boldsymbol{a} \times \boldsymbol{b} = \begin{pmatrix} a_x \\ a_y \\ 0 \end{pmatrix} \times \begin{pmatrix} b_x \\ b_y \\ 0 \end{pmatrix} = \begin{pmatrix} 0 \\ 0 \\ a_x b_y - a_y b_x \end{pmatrix}$$

um als Ergebnis wiederum einen Vektor zu erhalten, der nun als 3D-Vektor nicht mehr zur Menge der ebenen Vektoren gehört, sondern orthogonal zur ursprünglichen gemeinsamen Ebene gerichtet ist. Da wir in der Kinematik üblicherweise das Vektorprodukt benutzen, um

25 engl.: *skew-symmetric matrix.*

26 lies *r gedreht* oder *r tilde.*

Geschwindigkeiten und Beschleunigungen zu ermitteln, benötigen wir für ebene Problemstellungen einen geeigneten Ersatz, um den unerwünschten Umgang mit räumlichen Vektoren zu vermeiden. Hierfür eignet sich das skalare Produkt derselben Vektoren $\boldsymbol{a}$ und $\boldsymbol{b}$, wobei vorher der Drehoperator auf $\boldsymbol{a}$ angewendet wird, d.h.

$$\tilde{\boldsymbol{a}}\boldsymbol{b} = \begin{pmatrix} -a_y \\ a_x \end{pmatrix} \cdot \begin{pmatrix} b_x \\ b_y \end{pmatrix} = a_x b_y - a_y b_x$$

Hieraus erhalten wir offensichtlich als skalares Ergebnis den Wert der *z-Koordinate* des obigen Vektorprodukts. Wir werden im weiteren Verlauf sehen, dass sich das skalare Produkt $\tilde{\boldsymbol{a}}\boldsymbol{b}$ als gefällige, unproblematische und vorteilhafte Alternative zu $\boldsymbol{a} \times \boldsymbol{b}$ erweist.

Beispiel 4.1

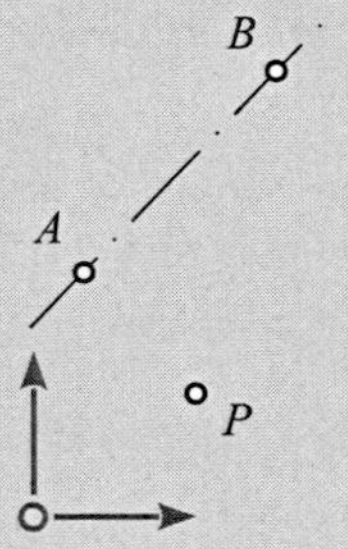

Gesucht ist der Abstand des Punkts $\boldsymbol{P}$ von der Geraden, die durch die Punkte $\boldsymbol{A}$ und $\boldsymbol{B}$ läuft.

Geg.: $\boldsymbol{r}_A = \begin{pmatrix} 2 \\ 5 \end{pmatrix} m,\ \boldsymbol{r}_B = \begin{pmatrix} 5 \\ 9 \end{pmatrix} m,\ \boldsymbol{r}_P = \begin{pmatrix} 7 \\ 5 \end{pmatrix} m$

Die Parameterdarstellung der Geraden lautet

$$\boldsymbol{g} = \boldsymbol{r}_A + \lambda \boldsymbol{r}_{AB} \quad mit \quad \boldsymbol{r}_{AB} = \boldsymbol{r}_B - \boldsymbol{r}_A$$

Die Gleichung der Geraden durch $\boldsymbol{P}$, die orthogonal zu $\boldsymbol{g}$ gerichtet ist, heißt

$$\boldsymbol{h} = \boldsymbol{r}_P + \mu \tilde{\boldsymbol{r}}_{AB}$$

Gleichsetzen jener Gleichungen liefert den Parameter μ_S des Schnittpunkts

$$\boldsymbol{r}_A + \lambda_S \boldsymbol{r}_{AB} = \boldsymbol{r}_P + \mu_S \tilde{\boldsymbol{r}}_{AB}$$

Multiplikation dieser Beziehung mit $\tilde{\boldsymbol{r}}_{AB}$ eliminiert λ_S und führt auf

$$\mu_S = \frac{(\boldsymbol{r}_A - \boldsymbol{r}_P)\tilde{\boldsymbol{r}}_{AB}}{\boldsymbol{r}_{AB}^2} = \frac{\left[\begin{pmatrix} 2 \\ 5 \end{pmatrix} - \begin{pmatrix} 7 \\ 5 \end{pmatrix}\right]\begin{pmatrix} -4 \\ 3 \end{pmatrix}}{\begin{pmatrix} 3 \\ 4 \end{pmatrix}^2} = \frac{20+0}{3^2+4^2} = \frac{4}{5}$$

Den Abstand d des Punkts $\boldsymbol{r}_P$ von der Geraden $\boldsymbol{g}$ erhalten wir aus

$$d = \mu_S r_{AB} = \frac{4}{5}\sqrt{3^2+4^2}\, m = 4\, m$$

4.5 Vektoren und Winkel

Wie wir bereits gesehen haben, beinhalten ebene Vektoren den eingeschlossenen Winkel zur positiven x-Achse. Das Skalarprodukt zweier Vektoren liefert bekanntlich den *Kosinus* und das Vektorprodukt den *Sinus* des eingeschlossenen Winkels und damit gilt[27]

$$\boldsymbol{u}\boldsymbol{v}=uv\cos\varphi \quad \textit{und} \quad \tilde{\boldsymbol{u}}\boldsymbol{v}=uv\sin\varphi \tag{4.20}$$

Der *Tangens* des eingeschlossenen Winkels ergibt sich demzufolge einfach aus

$$\tan\varphi=\frac{\tilde{\boldsymbol{u}}\boldsymbol{v}}{\boldsymbol{u}\boldsymbol{v}} \tag{4.21}$$

Zur Betrachtung einer Winkelsumme verwenden wir der Einfachheit halber Einheitsvektoren.

$$\boldsymbol{e}_{\alpha+\beta}=\begin{pmatrix}\cos(\alpha+\beta)\\ \sin(\alpha+\beta)\end{pmatrix}$$

Mit den Additionstheoremen der Trigonometrie können wir schreiben

$$\boldsymbol{e}_{\alpha+\beta}=\begin{pmatrix}\cos\alpha\cos\beta-\sin\alpha\sin\beta\\ \sin\alpha\cos\beta+\cos\alpha\sin\beta\end{pmatrix}$$

und das Ergebnis in vektorielle Komponenten zerlegen.

$$\boldsymbol{e}_{\alpha+\beta}=\cos\beta\,\boldsymbol{e}_\alpha+\sin\beta\,\tilde{\boldsymbol{e}}_\alpha$$

Der Vektor $\boldsymbol{e}_\alpha$ kann unter Verwendung von Matrizen ausgeklammert werden. Die Matrix in der Klammer erweist sich dann als Rotationsmatrix.

$$\boldsymbol{e}_{\alpha+\beta}=(\cos\beta\,\boldsymbol{I}+\sin\beta\,\tilde{\boldsymbol{I}})\boldsymbol{e}_\alpha=\boldsymbol{R}(\beta)\boldsymbol{e}_\alpha \tag{4.22}$$

Damit haben wir gewissermaßen die triviale Erkenntnis gewonnen, dass die Drehung eines Vektors – von α nach $\alpha+\beta$ – durch die Anwendung einer Rotation um den Winkel β auf diesen Vektor zu erfolgen hat. Diese Drehung kann nun durch Rückdrehung um den Winkel $-\beta$ kompensiert werden,

$$\boldsymbol{R}(-\beta)\boldsymbol{e}_{\alpha+\beta}=\boldsymbol{R}^T(\beta)\boldsymbol{e}_{\alpha+\beta}=\boldsymbol{e}_\alpha$$

indem mit der transponierten Matrix multipliziert wird. Auf dieselbe Weise gelangen wir zum Vektor der Differenz zweier Winkel.

$$\boldsymbol{e}_{\alpha-\beta}=(\cos\beta\,\boldsymbol{I}-\sin\beta\,\tilde{\boldsymbol{I}})\boldsymbol{e}_\alpha=\boldsymbol{R}^T(\beta)\boldsymbol{e}_\alpha \tag{4.23}$$

---

27 Die Beziehungen (4.21) lassen sich leicht nachweisen, indem man die Produkte $u\,\boldsymbol{e}_\psi\cdot v\,\boldsymbol{e}_\theta$ und $u\,\tilde{\boldsymbol{e}}_\psi\cdot v\,\boldsymbol{e}_\theta$ komponentenweise unter Verwendung der Additionstheoreme und $\varphi=\theta-\psi$ bildet.

4.6 Differentiation von Vektoren und Matrizen nach der Zeit

Bei der Beschreibung von Bewegungen treten stets Abhängigkeiten von ebenen Vektoren und Matrizen von der Zeit t auf.

$$\boldsymbol{u}(t)=\begin{pmatrix} u_x(t) \\ u_y(t) \end{pmatrix} \tag{4.24}$$

Die Differentiation eines Vektors nach der Zeit erfolgt einfach durch formale Ableitung der einzelnen kartesischen Komponenten. Sie wird üblicherweise durch einen darüber gestellten Punkt notiert.

$$\dot{\boldsymbol{u}}(t)=\begin{pmatrix} \dot{u}_x(t) \\ \dot{u}_y(t) \end{pmatrix} \tag{4.25}$$

Vorteilhafterweise zerlegt man einen Vektor auch hier in seinen Betrag und Einheitsrichtungsvektor. Zur Differentiation wird dann die Produktregel sowie die Kettenregel angewendet.

$$\boldsymbol{r}=r\,\boldsymbol{e}_\varphi=r\begin{pmatrix} \cos\varphi \\ \sin\varphi \end{pmatrix} \quad \rightarrow \quad \dot{\boldsymbol{r}}=\dot{r}\,\boldsymbol{e}_\varphi+\dot{\varphi}\,r\,\tilde{\boldsymbol{e}}_\varphi \tag{4.26}$$

Bei Vektoren mit konstantem Betrag verschwindet hier der *erste*, bei richtungstreuen Vektoren der *zweite* Summand. Für den ersten Fall gilt der im Folgenden wichtige Zusammenhang.

$$\dot{\boldsymbol{r}}=\dot{\varphi}\,\tilde{\boldsymbol{r}}$$

Zeitabhängige Matrizen werden ebenfalls einfach komponentenweise abgeleitet.

$$\dot{\boldsymbol{A}}=\begin{pmatrix} \dot{a} & \dot{b} \\ \dot{c} & \dot{d} \end{pmatrix} \tag{4.27}$$

Bemerkenswert ist in diesem Zusammenhang die Differentiation der Rotationsmatrix.

$$\dot{\boldsymbol{R}}=\frac{d}{dt}\begin{pmatrix} \cos\varphi & -\sin\varphi \\ \sin\varphi & \cos\varphi \end{pmatrix} = \dot{\varphi}\begin{pmatrix} -\sin\varphi & -\cos\varphi \\ \cos\varphi & -\sin\varphi \end{pmatrix} \tag{4.28}$$

Sie lässt sich unter Verwendung des *Tilde-Operators* vereinfacht schreiben als

$$\dot{\boldsymbol{R}}(\dot{\varphi},\varphi)=\dot{\varphi}\,\tilde{\boldsymbol{I}}\,\boldsymbol{R}=\dot{\varphi}\,\boldsymbol{R}\,\tilde{\boldsymbol{I}} \tag{4.29}$$

Wegen der bereits angesprochenen Orthogonalität von $\boldsymbol{R}$ und $\tilde{\boldsymbol{I}}$ ist das Produkt dieser beiden Matrizen *kommutativ*.

4.7 Ähnlichkeitstransformation

In diesem Zusammenhang sei auch die allgemeine Matrix der *Ähnlichkeitstransformation* $\boldsymbol{S}$ erwähnt. Sie hat die Struktur

$$\boldsymbol{S}=a\,\boldsymbol{I}+b\,\tilde{\boldsymbol{I}}=\begin{pmatrix} a & -b \\ b & a \end{pmatrix} \tag{4.30}$$

und bildet einen Vektor $\boldsymbol{r}$ auf einen anderen Vektor $\boldsymbol{r}'$ mit unterschiedlicher Orientierung und Länge ab. Es handelt sich somit um eine *Drehstreckung,* die sich formal in eine *isotrope Skalierung* mit dem Faktor $\sqrt{a^2+b^2}$ und eine *Drehung* um den Winkel $\arctan\frac{b}{a}$ zerlegen lässt.

Die später noch hilfreiche Inverse dieser Matrix der Ähnlichkeitstransformation lautet

$$\boldsymbol{S}^{-1}=\frac{a\,\boldsymbol{I}-b\,\tilde{\boldsymbol{I}}}{a^2+b^2}=\frac{1}{a^2+b^2}\begin{pmatrix} a & b \\ -b & a \end{pmatrix} \tag{4.31}$$

Zur Übung und als Beweis bilde man das Produkt beider Matrizen $\boldsymbol{S}\boldsymbol{S}^{-1}$ um die Einheitsmatrix $\boldsymbol{I}$ zu erhalten.

4.8 Rechenregeln mit dem Drehoperator

Drehoperator, Schiefsymm. Einheitsmatrix	$\tilde{\boldsymbol{I}}=\begin{pmatrix} 0 & -1 \\ 1 & 0 \end{pmatrix}$	gedrehter Vektor	$\tilde{\boldsymbol{u}}=\tilde{\boldsymbol{I}}\,\boldsymbol{u}=\begin{pmatrix} -u_y \\ u_x \end{pmatrix}$
		Rechenregeln	$\tilde{\tilde{\boldsymbol{u}}}=-\boldsymbol{u}$
Inverse, Transponierte	$\tilde{\boldsymbol{I}}^{-1}=\tilde{\boldsymbol{I}}^T=-\tilde{\boldsymbol{I}}$		$\tilde{\boldsymbol{u}}\,\boldsymbol{u}=\boldsymbol{u}\,\tilde{\boldsymbol{u}}=0$
			$\widetilde{c\cdot\boldsymbol{u}}=c\cdot\tilde{\boldsymbol{u}}$
			$\widetilde{\boldsymbol{u}+\boldsymbol{v}}=\tilde{\boldsymbol{u}}+\tilde{\boldsymbol{v}}$
Quadrat	$\tilde{\boldsymbol{I}}^2=-\boldsymbol{I}$		$\tilde{\boldsymbol{u}}\,\boldsymbol{v}=\boldsymbol{v}\,\tilde{\boldsymbol{u}}$
			$\tilde{\boldsymbol{u}}\,\boldsymbol{v}=-\boldsymbol{u}\,\tilde{\boldsymbol{v}}$
			$\boldsymbol{u}\,\boldsymbol{v}=uv\cos\varphi$
			$\tilde{\boldsymbol{u}}\,\boldsymbol{v}=uv\sin\varphi$
		Lagrange Identität	$(\tilde{\boldsymbol{a}}\,\boldsymbol{b})\cdot(\tilde{\boldsymbol{c}}\,\boldsymbol{d})=(\boldsymbol{a}\,\boldsymbol{c})(\boldsymbol{b}\,\boldsymbol{d})-(\boldsymbol{b}\,\boldsymbol{c})(\boldsymbol{a}\,\boldsymbol{d})$
		Gleichung umformen	$a\,\boldsymbol{u}+b\,\tilde{\boldsymbol{u}}=\boldsymbol{v}$ $\downarrow$ $a\,\boldsymbol{v}-b\,\tilde{\boldsymbol{v}}=(a^2+b^2)\,\boldsymbol{u}$

4.9 Zusammenfassung

Der hier gegebene hohe Stellenwert der Vektoralgebra rechtfertigt eine kurze Zusammenfassung der Rechenregeln im Umgang mit Vektoren und Matrizen.

Der *Matrixschreibweise* wird dabei der Vorzug gegeben. Die Gründe liegen zum einen in der kompakten und übersichtlichen Notation und zum anderen in der guten Verträglichkeit mit dem vorteilhaften *Tilde-Operator*. Dieser unterstützt den einfachen Umgang mit gedrehten Vektoren und dient als komfortabler Ersatz für das Kreuzprodukt.

Im Anhang ist eine erweiterte Zusammenfassung der Rechenregeln für den Umgang mit Vektoren, Matrizen und dem Drehoperator zu finden.

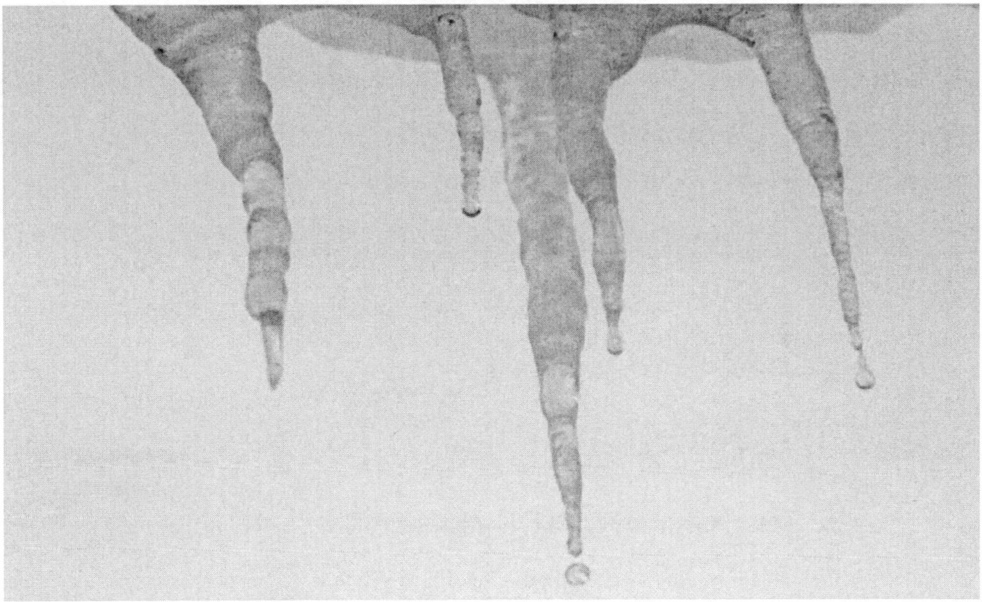

5 Ebene Starrkörperkinematik

Getriebeglieder werden üblicherweise als starre Körper angenommen. Damit bleiben mögliche Elastizitäten unberücksichtigt. Hier soll die Kinematik *genau eines* solchen starren Körpers näher untersucht werden. Die Wechselwirkung mehrerer Körper innerhalb eines Mechanismus folgt im späteren Kapitel *Getriebekinematik*.

5.1 Position

Wir betrachten einen Körper mit seinem lokalen Koordinatensystem in der momentanen Position bezüglich eines raumfesten Bezugssystems. Wegen der hier geltenden Starrkörper eigenschaft ändert sich die relative Lage eines betrachteten Körperpunkts $\boldsymbol{p}$ bezüglich seines Körperkoordinatensystems nicht.

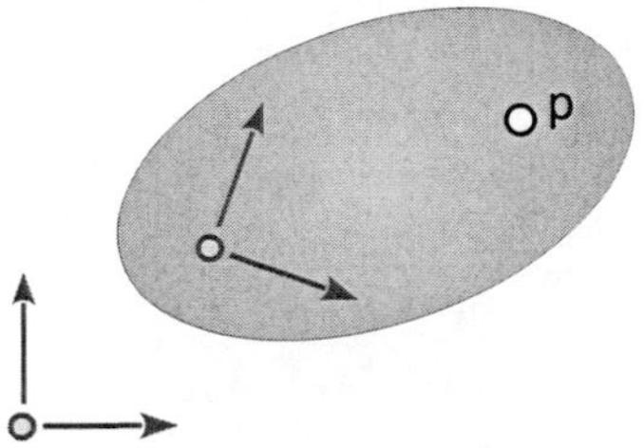

Bild 5.1: Körperposition

Die Position des Körpers ist durch die relative Lage eben dieses körperfesten Koordinatensystems bezüglich des Globalen eindeutig beschrieben. Die Beschreibung erfolgt in der Ebene zweckmäßig durch die *generalisierten Koordinaten*

$$\boldsymbol{q}=(x\ y\ \varphi)^T \tag{5.1}$$

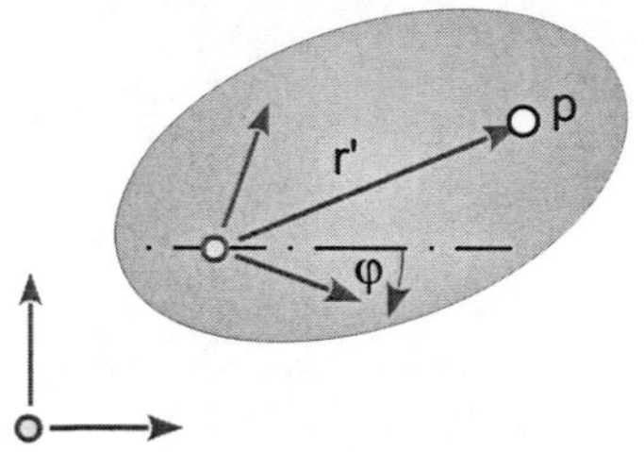

Bild 5.2: Körperlokaler Punkt

Im Körperkoordinatensystem ist der lokale Vektor $\boldsymbol{r}'$ mit der Rotationsmatrix $\boldsymbol{R}$ zu transformieren, um zum globalen Vektor $\boldsymbol{r}$ zu gelangen.

$$\boldsymbol{r}=\boldsymbol{R}\cdot\boldsymbol{r}' \tag{5.2}$$

Berücksichtigen wir nun auch noch die Position $\boldsymbol{o}$ des körperlokalen Ursprungs, so wird die globale Lage des Körperpunkts $\boldsymbol{p}$ beschrieben durch

$$\boldsymbol{p}=\boldsymbol{o}+\boldsymbol{r}=\boldsymbol{o}+\boldsymbol{R}\cdot\boldsymbol{r}' \tag{5.3}$$

Wenn man andererseits den globalen Punkt $\boldsymbol{p}$ gegeben hat und den dazugehörigen körperlokalen Ortsvektor $\boldsymbol{r}'$ sucht, kann Gleichung (5.3) entsprechend umgestellt werden.

$$\boldsymbol{r}'=\boldsymbol{R}^T(\boldsymbol{p}-\boldsymbol{o}) \tag{5.4}$$

Üblicherweise wird in der Getriebelehre auf die Einführung eines körperlokalen Koordinatensystems verzichtet. Die Körperpunkte $\boldsymbol{o}$ und p erhalten dann eine beliebige Bezeichnung meist unter Verwendung von Großbuchstaben.

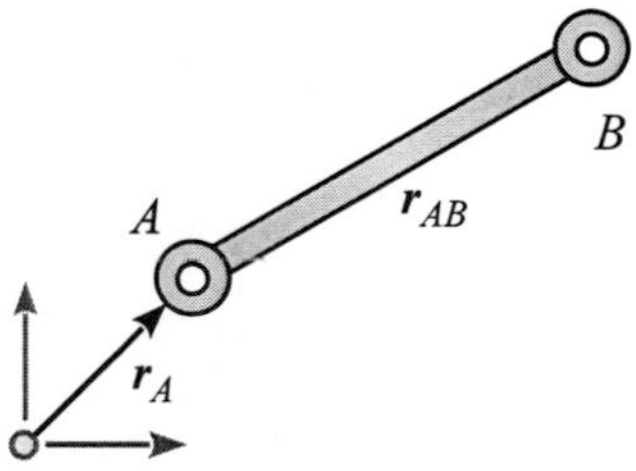

Bild 5.3: Körperposition über zwei Punkte

Die Lage eines Körperpunkts $\boldsymbol{B}$ wird also mittels der bekannten Lage eines anderen Punkts $\boldsymbol{A}$ des Körpers und der relativen Position $\boldsymbol{r}_{AB}$[28] zu jenem beschrieben. Gleichung (5.3) lautet nunmehr

$$\boldsymbol{r}_B=\boldsymbol{r}_A+\boldsymbol{r}_{AB} \qquad (5.5)$$

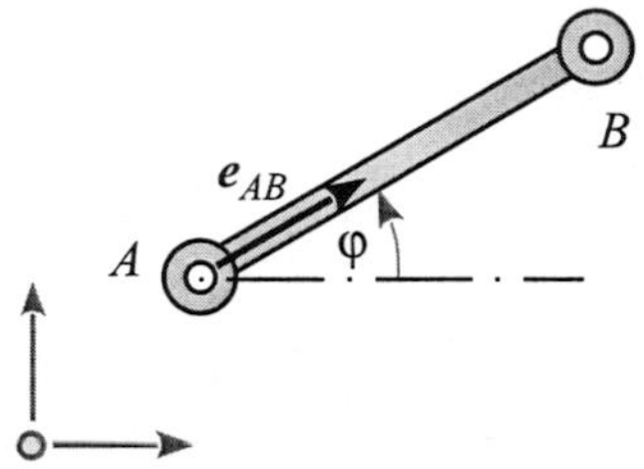

Bild 5.4: Zerlegung des Vektors $\mathbf{r}_{AB}$

Wegen der angesprochenen Starrkörpereigenschaft ändert sich die Länge des Vektors $\boldsymbol{r}_{AB}$ während einer Bewegung des Körpers nicht – im Gegensatz zur Orientierung dieses Vektors. Daher ist es hierbei sinnvoll, den Vektor $\boldsymbol{r}_{AB}$ in eine zeitlich veränderliche *(Einheitsrichtungsvektor)* und invariante Komponente *(Länge)* zu zerlegen.

$$\boldsymbol{r}_B=\boldsymbol{r}_A+r_{AB}\boldsymbol{e}_{AB} \qquad (5.6)$$

5.2 Drehpol

Im Laufe der Zeit kann ein starrer Körper verschiedene Lagen einnehmen. Dabei ist es möglicherweise von Interesse, wie dieser Körper durch eine *reine Drehung* um einen ausgezeichneten, körperfesten Punkt, *den Drehpol P*, von der einen Lage in die andere gebracht werden kann.
Wir finden den Drehpol *P* jeweils über den Punkt *A* gemäß Bild 5.5.

$$\boldsymbol{r}_P = \boldsymbol{r}_{A1}+\boldsymbol{r}_{AP1} = \boldsymbol{r}_{A2}+\boldsymbol{R}_\theta\boldsymbol{r}_{AP1}$$

Der gesuchte Vektor $\boldsymbol{r}_{AP1}$ wird auf die linke Seite gebracht und ausgeklammert.

$$(\boldsymbol{I}+\boldsymbol{R}_\theta)\boldsymbol{r}_{AP1} = \boldsymbol{r}_{A2}-\boldsymbol{r}_{A1}$$

Die Verwendung von $\boldsymbol{r}_{A12} = \boldsymbol{r}_{A2} - \boldsymbol{r}_{A1}$ und Multiplikation der Gleichung mit der Inversen der Matrix in der Klammer liefert den Vektor vom Punkt A_1 zum Drehpol *P*.

$$\boldsymbol{r}_{AP1} = (\boldsymbol{I}+\boldsymbol{R}_\theta)^{-1}\boldsymbol{r}_{A12}$$

28 sprich: *Vektor von A nach B*

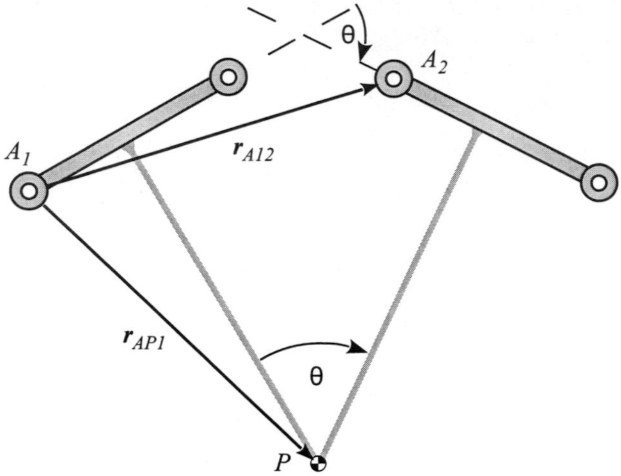

Bild 5.5: Drehpol zweier Körperlagen

Die Matrix lautet in Komponentenschreibweise

$$(\boldsymbol{I}-\boldsymbol{R}_\theta)^{-1}=\begin{pmatrix}1-\cos\theta & -\sin\theta\\ \sin\theta & 1-\cos\theta\end{pmatrix}^{-1}=\frac{1}{2(1-\cos\theta)}\begin{pmatrix}1-\cos\theta & \sin\theta\\ -\sin\theta & 1-\cos\theta\end{pmatrix}=\frac{1}{2}\begin{pmatrix}1 & \dfrac{\sin\theta}{1-\cos\theta}\\ -\dfrac{\sin\theta}{1-\cos\theta} & 1\end{pmatrix}$$

und erlaubt uns damit die vektorielle Beschreibung der Lage des Drehpols.

$$\boldsymbol{r}_{AP1}=\frac{1}{2}\left(\boldsymbol{r}_{A12}-\frac{\sin\theta}{1-\cos\theta}\tilde{\boldsymbol{r}}_{A12}\right)=\frac{1}{2}\left(\boldsymbol{r}_{A12}-\frac{1}{\tan\frac{\theta}{2}}\tilde{\boldsymbol{r}}_{A12}\right) \tag{5.7}$$

Lassen sich die zwei Körperlagen durch eine reine Translation ineinander überführen (θ=0), begibt sich der Drehpol als Fernpol in orthogonaler Richtung zum Vektor $\boldsymbol{r}_{A12}$ in die Unendlichkeit.

5.3 Geschwindigkeit

Die Geschwindigkeit eines starren Körpers kann eindeutig über die Geschwindigkeit seines körperfesten Koordinatensystems bezüglich des globalen Bezugskoordinatensystems beschrieben werden.

In der Ebene ist dieser Zustand nach den drei möglichen Freiheitsgraden mittels der zeitlichen Ableitung der *generalisierten Koordinaten* nach Gleichung (5.1) hinreichend charakterisiert.

$$\dot{\boldsymbol{q}}=(\dot{x}\;\dot{y}\,\dot{\varphi})^T \tag{5.8}$$

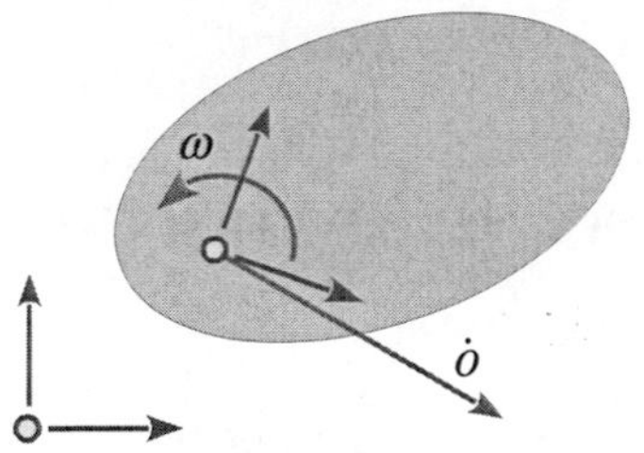

Bild 5.6: Geschwindigkeitszustand des Starrkörpers

Dies sind die *generalisierten Geschwindigkeiten.* Die Geschwindigkeit des lokalen Ursprungs wird nachfolgend als Vektor $\dot{\boldsymbol{o}}$ und die Winkelgeschwindigkeit vorzugsweise als ω notiert.

$$\dot{\boldsymbol{o}}=\begin{pmatrix}\dot{x}\\ \dot{y}\end{pmatrix}\;;\quad \omega=\dot{\varphi}$$

Es lohnt sich, die Geschwindigkeit eines körperfesten Punkts $\boldsymbol{p}$ näher zu untersuchen.

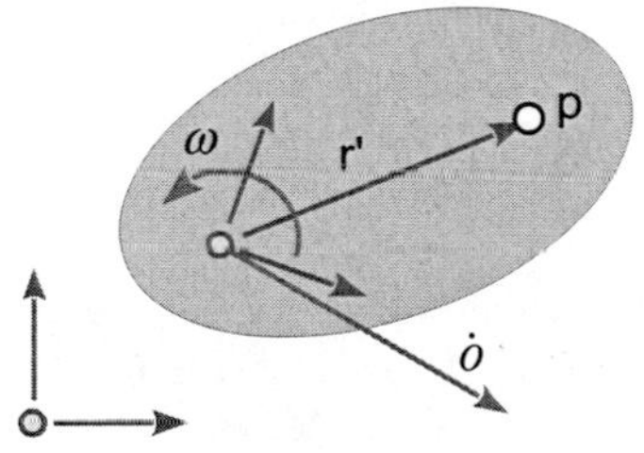

Bild 5.7: Geschwindigkeit eines Körperpunkts

Dazu leiten wir Gleichung (5.3) formal nach der Zeit ab und erhalten

$$\dot{\boldsymbol{p}}=\dot{\boldsymbol{o}}+\dot{\boldsymbol{r}}=\dot{\boldsymbol{o}}+\dot{\boldsymbol{R}}\,\boldsymbol{r}\,' \tag{5.9}$$

Hier ist berücksichtigt, dass der Vektor $\boldsymbol{r}'$ körperlokal und wegen der Starrkörpereigenschaft zeitlich unveränderlich ist. Eine nähere Betrachtung der Ableitung der Rotationsmatrix $\boldsymbol{R}$ nach der Zeit ergibt,

$$\dot{\boldsymbol{R}}=\dot{\varphi}\begin{pmatrix}-\sin\varphi & -\cos\varphi\\ \cos\varphi & -\sin\varphi\end{pmatrix}=\dot{\varphi}\begin{pmatrix}0 & -1\\ 1 & 0\end{pmatrix}\begin{pmatrix}\cos\varphi & -\sin\varphi\\ \sin\varphi & \cos\varphi\end{pmatrix}=\dot{\varphi}\,\tilde{\boldsymbol{I}}\,\boldsymbol{R} \tag{5.10}$$

wie ja bereits im vorangegangenen Kapitel diskutiert.

Die Verwendung jener Erkenntnis in (5.9) führt auf

$$\dot{p} = \dot{o} + \dot{\varphi}\,\tilde{\boldsymbol{I}}\,\boldsymbol{R}\,\boldsymbol{r}' \tag{5.11}$$

Wir ersetzen dann in Gleichung (5.11) zunächst den transformierten Vektor $\boldsymbol{Rr}'$ durch $\boldsymbol{r}$ gemäß (5.2) und wenden im nächsten Schritt den Drehoperator $\tilde{\boldsymbol{r}} = \tilde{\boldsymbol{I}}\,\boldsymbol{r}$ auf diesen an.

$$\dot{p} = \dot{o} + \dot{\varphi}\,\tilde{\boldsymbol{r}} \tag{5.12}$$

Die Geschwindigkeit des Punkts $\boldsymbol{p}$ setzt sich damit also aus der *translatorischen Geschwindigkeit* des lokalen Ursprungs und der *rotatorischen Geschwindigkeit* infolge einer Drehung um eben den Ursprung mit dem Abstand r zum Drehpunkt und der Winkelgeschwindigkeit ω zusammen.

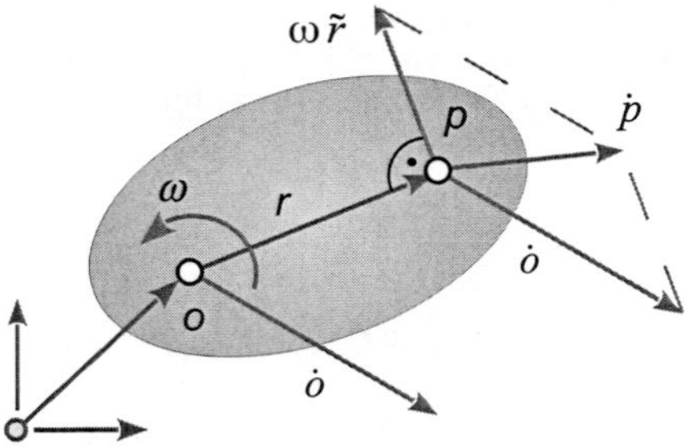

Bild 5.8: zusammengesetzte Geschwindigkeit eines Körperpunkts

Durch die *generalisierten Geschwindigkeiten* ist der Geschwindigkeitszustand der ebenen Körperbewegung eindeutig festgelegt. Die Geschwindigkeit eines beliebigen Körperpunkts ergibt sich somit zwangsläufig aufgrund seiner relativen Lage zum lokalen Ursprung des Körpersystems.

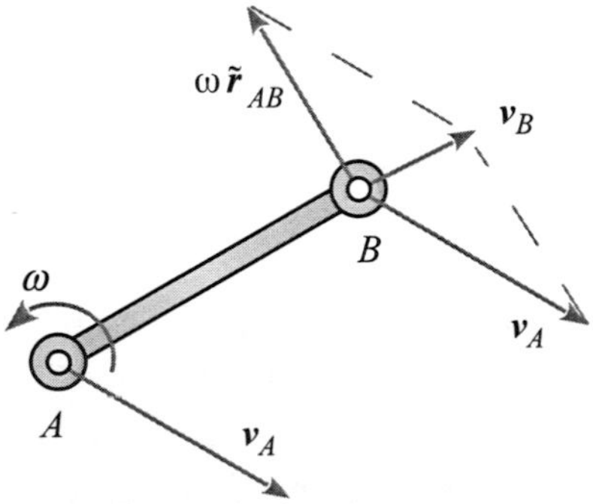

Bild 5.9: zusammengesetzte Geschwindigkeiten nach dem 1. Satz von Euler

Auch hier lassen sich nun Ursprung $\boldsymbol{o}$ und Punkt $\boldsymbol{p}$ durch beliebige Punkte $\boldsymbol{A}$ und $\boldsymbol{B}$ ersetzen und der Geschwindigkeitszustand im Punkt $\boldsymbol{B}$ wird nach dem *1. Euler'schen Satz* beschrieben mittels

$$\boldsymbol{v}_B = \boldsymbol{v}_A + \boldsymbol{v}_{AB} = \boldsymbol{v}_A + \omega \tilde{\boldsymbol{r}}_{AB} \tag{5.13}$$

Erster Satz von Euler für die Geschwindigkeit

Jede ebene Bewegung eines starren Körpers setzt sich zusammen aus der Translation eines Körperpunkts sowie einer Rotation des Körpers um eben diesen Punkt.

Gleichung (5.13) erweist sich als zeitliche Ableitung der Lagebeziehung (5.5). Insbesondere gilt damit wegen der Längeninvarianz von $\boldsymbol{r}_{AB}$ der Zusammenhang

$$\boldsymbol{v}_{AB} = \dot{\boldsymbol{r}}_{AB} = \omega \tilde{\boldsymbol{r}}_{AB} \tag{5.14}$$

Wird nun zu einer gegebenen Geschwindigkeit $\boldsymbol{v}_B$ eines Körperpunkts $\boldsymbol{B}$ dessen relative Lage zum Punkt $\boldsymbol{A}$ gesucht, erhalten wir diese mittels

$$\boldsymbol{r}_{AB} = -\frac{\tilde{\boldsymbol{v}}_{AB}}{\omega} \quad mit \quad \boldsymbol{v}_{AB} = \boldsymbol{v}_B - \boldsymbol{v}_A \tag{5.15}$$

5.4 Beschleunigung

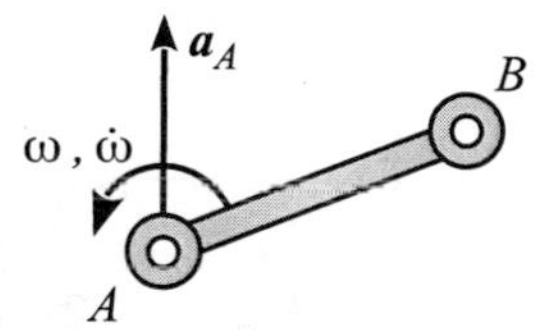

Bild 5.10: Körperbeschleunigung

Die Beschleunigung ist die zeitliche Änderung der Geschwindigkeit hinsichtlich Betrag und Richtung[29]. Analog zur Geschwindigkeit eines starren Körpers kann die Beschleunigung seines körperfesten Koordinatensystems bezüglich des globalen Bezugskoordinatensystems mittels *generalisierter Beschleunigungen*

$$\ddot{\boldsymbol{q}} = (\ddot{x}\ \ddot{y}\ \ddot{\varphi})^T \tag{5.16}$$

beschrieben werden.

Wir formulieren die Beschleunigungsverhältnisse nunmehr unmittelbar an einem Getriebeglied unter Zuhilfenahme seiner Punkte $\boldsymbol{A}$ und $\boldsymbol{B}$. Dazu differenzieren wir Gleichung (5.13) nach der Zeit.

$$\boldsymbol{a}_B = \boldsymbol{a}_A + d\frac{(\omega \tilde{\boldsymbol{r}}_{AB})}{dt} = \boldsymbol{a}_A + \dot{\omega} \tilde{\boldsymbol{r}}_{AB} + \omega \dot{\tilde{\boldsymbol{r}}}_{AB} \tag{5.17}$$

29 Wir können uns generell Geschwindigkeiten besser vorstellen als Beschleunigungen. Dies weiß auch die Automobilindustrie und benutzt $\Delta v / \Delta t$ in Formulierungen wie: ... *beschleunigt in 7s von 0 auf 100 km/h* ...

Die Erkenntnis (5.13) gilt offensichtlich auch für gedrehte Vektoren, so dass für den Beschleunigungszustand des Punkts $\boldsymbol{B}$ die Beziehung

$$\boldsymbol{a}_B = \boldsymbol{a}_A + \boldsymbol{a}_{AB} = \boldsymbol{a}_A + \dot{\omega}\tilde{\boldsymbol{r}}_{AB} - \omega^2 \boldsymbol{r}_{AB} \tag{5.18}$$

resultiert. Diese setzt sich – wie die Geschwindigkeit – aus einer *translatorischen Beschleunigung* $\boldsymbol{a}_A$ des Punkts $\boldsymbol{A}$ und einer *rotatorischen Beschleunigung* infolge der Drehung um diesen Punkt zusammen. Dieser rotatorische Beschleunigungsanteil kann seinerseits in eine *zirkulare Komponente* $\dot{\omega}\boldsymbol{r}_{AB}$, sowie eine *radiale Komponente* $-\omega^2 \boldsymbol{r}_{AB}$ zerlegt werden.

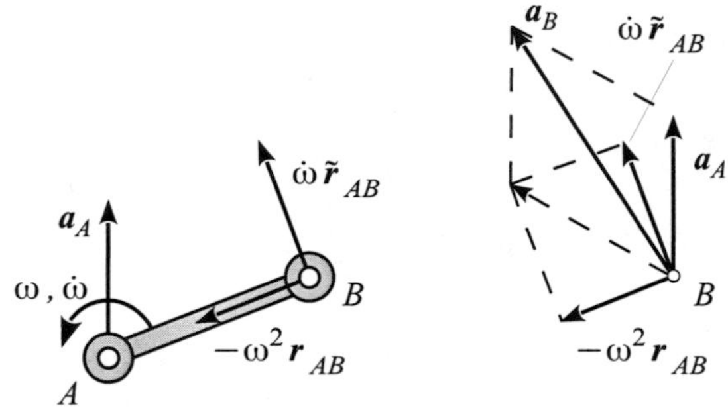

Bild 5.11: Beschleunigung des Gliedpunkts ***B*** nach dem 1. Satz von Euler

Erster Satz von Euler für die Beschleunigung
Jede ebene, beschleunigte Bewegung eines starren Körpers setzt sich zusammen aus der Translation *eines Körperpunkts sowie einer* Rotation *des Körpers um eben diesen Punkt. Die rotatorische Beschleunigung kann wiederum in einen* radialen *und einen* zirkularen *Anteil zerlegt werden.*

Ist andererseits die Beschleunigung $\boldsymbol{a}_B$ eines Gliedpunkts $\boldsymbol{B}$ vorgegeben und dessen relative Lage bezüglich $\boldsymbol{A}$ gesucht, entnehmen wir Gleichung (5.17) die Beziehung

$$\boldsymbol{a}_{AB} = (\dot{\omega}\tilde{\boldsymbol{I}} - \omega^2 \boldsymbol{I})\boldsymbol{r}_{AB} \tag{5.19}$$

Die Matrix in der Klammer erweist sich als *Ähnlichkeitstransformation* gemäß Beziehung ((4.30)).

$$\dot{\omega}\tilde{\boldsymbol{I}} - \omega^2 \boldsymbol{I} = \begin{pmatrix} -\omega^2 & -\dot{\omega} \\ \dot{\omega} & -\omega^2 \end{pmatrix}$$

Der Ähnlichkeitsabbildung wird unmittelbar Winkel $\tan\gamma = -\frac{\dot{\omega}}{\omega^2}$ und Skalierungsfaktor $s = \sqrt{\dot{\omega}^2 + \omega^4}$ zwischen $\boldsymbol{a}_{AB}$ und $\boldsymbol{r}_{AB}$ entnommen, welche bemerkenswerterweise beide vom Winkelgeschwindigkeits- und -beschleunigungszustand des Gliedes, jedoch ausdrücklich *nicht* von der Lage der Punkte $\boldsymbol{A}$ und $\boldsymbol{B}$ abhängen, somit also für beliebige Gliedpunkte gelten.

Mit der Inversen der Ähnlichkeitstransformation kann der zur Beschleunigung $\boldsymbol{a}_{AB}$ gehörige relative Lagevektor $\boldsymbol{r}_{AB}$ bestimmt werden.

$$\boldsymbol{r}_{AB} = -\frac{\dot{\omega}\,\tilde{\boldsymbol{I}} + \omega^2 \boldsymbol{I}}{\dot{\omega}^2 + \omega^4}\,\boldsymbol{a}_{AB} = -\frac{\dot{\omega}\,\tilde{\boldsymbol{a}}_{AB} + \omega^2 \boldsymbol{a}_{AB}}{\dot{\omega}^2 + \omega^4} \tag{5.20}$$

5.5 Ruck

Der Ruck[30] $\boldsymbol{j}$ ist definiert als die zeitliche Änderung der Beschleunigung[31]. Wir erhalten ihn somit über die formale Ableitung der Beschleunigung nach der Zeit. Wir führen die Differentiation unmittelbar anhand von Gleichung (5.18) durch und kommen zum Ergebnis

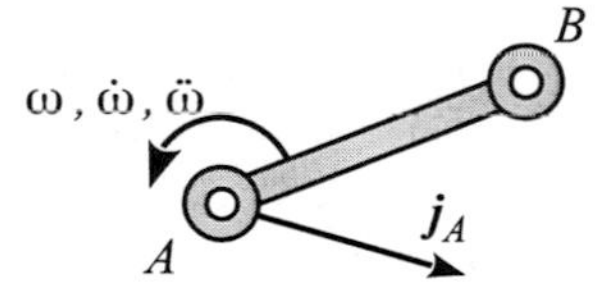

Bild 5.12: Ruck des Getriebeglieds

$$\boldsymbol{j}_B = \boldsymbol{j}_A + (\ddot{\omega} - \omega^3)\,\tilde{\boldsymbol{r}}_{AB} - 3\omega\dot{\omega}\,\boldsymbol{r}_{AB} \tag{5.21}$$

Demnach ergibt sich auch der Ruck im Euler'schen Sinn als Überlagerung eines *translatorischen Rucks* $\boldsymbol{j}_A$ im Punkt $\boldsymbol{A}$ und eines *rotatorischen Ruckanteils* infolge der Drehung um diesen Punkt. Dieser rotatorische Anteil spaltet sich wiederum auf in zwei gegenläufige *zirkulare Komponenten* und eine *radiale Komponente* (Bild 5.13).

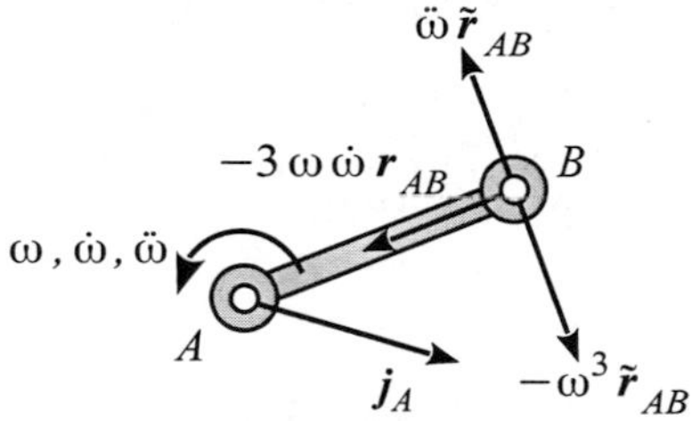

Bild 5.13: Ruckkomponenten im Punkt B

Wird nun zu einem gegebenen Ruck $\boldsymbol{j}_B$ eines Körperpunkts $\boldsymbol{B}$ dessen relative Lage zum Punkt $\boldsymbol{A}$ gesucht, erhalten wir diesen zunächst über

30 engl.: *jerk*

31 Mit *Ruck* wird umgangssprachlich meist fälschlicherweise eine *plötzliche Positionsänderung* im Sinne einer *Verrückung* im kleinen Zeitintervall beschrieben. Haben wir schon bei Beschleunigungen ein schlechtes Vorstellungsvermögen, so versagt dies beim Ruck meist völlig. Vielleicht hilft hier das Gedankenexperiment eines zunehmend nach oben beschleunigenden Fahrstuhls, in dem wir unsere Empfindung des Rucks formulieren würden: … *nimmt* die *Beschleunigung in 7s von einfacher auf zweifache Erdbeschleunigung zu.*

$$\boldsymbol{j}_{AB} = \boldsymbol{j}_B - \boldsymbol{j}_A = [(\ddot{\omega} - \omega^3)\tilde{\boldsymbol{I}} - 3\omega\dot{\omega}\boldsymbol{I}]\boldsymbol{r}_{AB} \tag{5.22}$$

Letztlich führt die anschließende Anwendung der inversen Ähnlichkeitstransformation

$$\boldsymbol{r}_{AB} = -\frac{(\ddot{\omega} - \omega^3)\tilde{\boldsymbol{j}}_{AB} + 3\omega\dot{\omega}\boldsymbol{j}_{AB}}{(\ddot{\omega} - \omega^3)^2 + 9\omega^2\dot{\omega}^2} \tag{5.23}$$

so, wie schon bei der Beschleunigung, zum gesuchten Lagevektor $\boldsymbol{r}_{AB}$ des Punkts $\boldsymbol{B}$, in dem der vorgegebene Ruck herrscht.

5.6 Graphische Geschwindigkeitsermittlung

Für eine graphische Auswertung sind die Ähnlichkeitssätze von *Burmester* und *Mehmke* hilfreich. Wir betrachten während einer allgemeinen ebenen Bewegung eines Körpers die Geschwindigkeiten dreier mit ihm fest verbundener Punkte $\boldsymbol{A}$, $\boldsymbol{B}$ und $\boldsymbol{C}$ gemäß Bild 3.5.

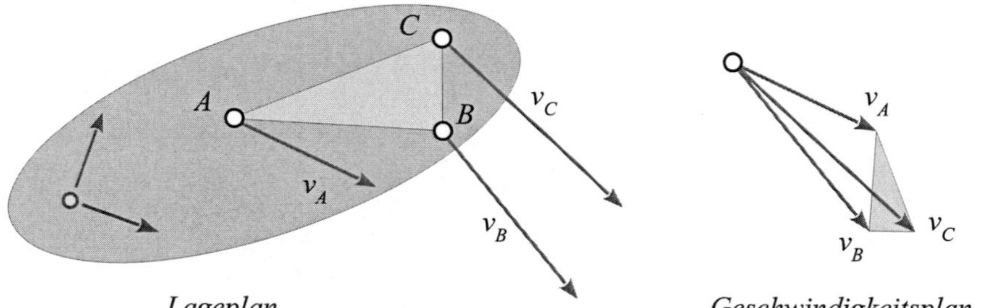

Bild 5.14: Ähnlichkeitsverhältnisse im Lage- und Geschwindigkeitsplan

Den *Geschwindigkeitsplan* für die drei Körperpunkte erstellen wir, indem die Geschwindigkeitsvektoren aus dem *Lageplan* parallel verschoben und gemeinsam an einem beliebig gewählten Punkt außerhalb des Körpers angetragen werden. Durch die Verbindung der Punkte im Lageplan und die Verbindung der Vektorspitzen im Geschwindigkeitsplan erhalten wir zwei Dreiecke. Für die gilt der

Satz von Mehmke[32]

Die Endpunkte der Geschwindigkeitsvektoren im Geschwindigkeitsplan eines starren Körpers bilden eine den zugehörigen Körperpunkten ähnliche, um 90° gedrehte Figur.

Den Nachweis haben wir bereits mittels Gleichung (5.14) geführt. Demnach geht $\boldsymbol{v}_{AB}$ unmittelbar durch orthogonale Drehung und Skalierung mit ω aus $\boldsymbol{r}_{AB}$ hervor.

32 Rudolf Mehmke (1857-1944), deutscher Mathematiker.

Im nächsten Schritt verbinden wir die Endpunkte der drei Geschwindigkeitsvektoren direkt im Lageplan (Bild 3.6). Offensichtlich resultiert auch hier ein zum Dreieck der Körperpunkte ähnliches Dreieck. Dies ist formuliert worden im

> ***Satz von Burmester***[33]
> *Die Endpunkte der (gedrehten) Geschwindigkeitsvektoren im Lageplan eines starren Körpers bilden eine den zugehörigen Körperpunkten gleichsinnig ähnliche Figur.*

Der Beweis erfolgt in Analogie zum *Satz von Mehmke*:

$$\boldsymbol{v}_{AB} = \boldsymbol{r}_{AB} + \boldsymbol{v}_O + \omega \tilde{\boldsymbol{r}}_B - (\boldsymbol{v}_O + \omega \tilde{\boldsymbol{r}}_A) = \boldsymbol{r}_{AB} + \omega \tilde{\boldsymbol{r}}_{AB}$$

Durch die Verwendung des Drehoperators gelingt es, den Vektor $\boldsymbol{r}_{AB}$ auszuklammern

$$\boldsymbol{v}_{AB} = (\boldsymbol{I} + \omega \tilde{\boldsymbol{I}})\boldsymbol{r}_{AB}$$

Der Ausdruck in der Klammer ist eine *Ähnlichkeitstransformation*, die die Strecke $\boldsymbol{r}_{AB}$ auf die Verbindungslinie der Geschwindigkeitsendpunkte $\boldsymbol{v}_{AB}$ abbildet. Sie lässt sich formal zerlegen in eine *isotrope Skalierung* mit dem Faktor $\sqrt{1+\omega^2}$ und eine *Drehung* mit dem Winkel $\tan^{-1}\omega$.

Nun gilt dieser Sachverhalt ebenfalls – mit derselben Transformation – für die anderen "Seiten" der Dreiecke in Bild 5.14 (links), so dass auch der *Satz von Burmester* damit vektoriell bewiesen ist.

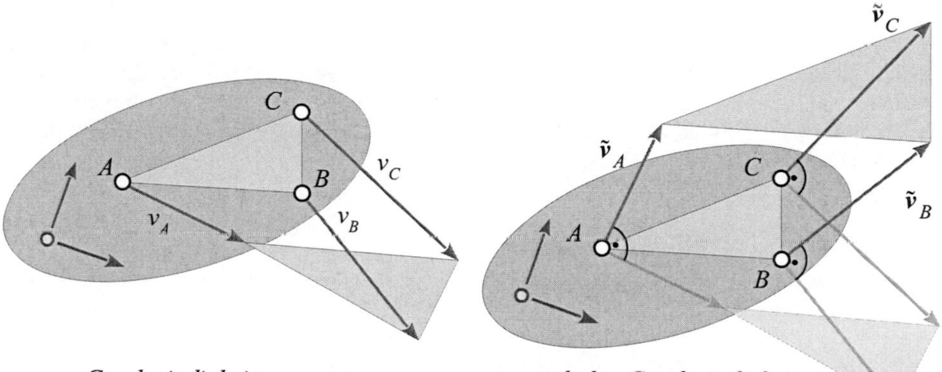

Geschwindigkeiten *gedrehte Geschwindigkeiten*

Bild 5.15: Ähnlichkeitsverhältnisse im Lageplan

Verwenden wir statt der Geschwindigkeitsvektoren die *gedrehten Geschwindigkeiten* (Bild 5.15 rechts), folgt aus der vektoriellen Betrachtung

$$\tilde{\boldsymbol{v}}_{AB} = \boldsymbol{r}_{AB} + \tilde{\boldsymbol{v}}_O - \omega \boldsymbol{r}_B - (\tilde{\boldsymbol{v}}_O - \omega \boldsymbol{r}_A) = (1-\omega)\boldsymbol{r}_{AB}$$

die Erkenntnis, dass die Verbindungslinie der gedrehten Vektoren durch eine reine Skalierung

33 Ludwig Burmester (1840-1927), deutscher Mathematiker

der – aus den zugehörigen Körperpunkten gebildeten – Strecke hervorgeht. Die *Parallelität* der Seiten bleibt vorteilhafterweise erhalten. Diese Besonderheit gilt übrigens ebenso für den Geschwindigkeitsplan und damit für den *Satz von Mehmke* für die gedrehten Geschwindigkeitsvektoren.

5.7 Graphische Beschleunigungsermittlung

Bei der graphischen Ermittlung von Beschleunigungen gelten – wie bei den Geschwindigkeiten – die Ähnlichkeitssätze von *Burmester* und *Mehmke*. Wir betrachten während der Bewegung eines Körpers die Beschleunigung dreier mit ihm fest verbundener Punkte ***A***, ***B*** und ***C*** gemäß Bild 5.16.

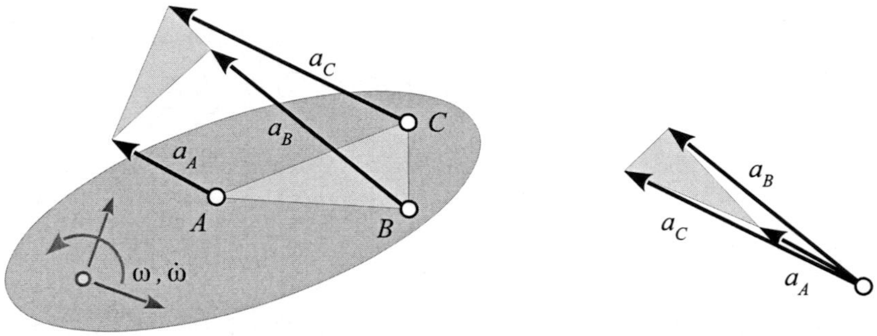

Lageplan *Beschleunigungsplan*

Bild 5.16: Ähnlichkeitsverhältnisse im Lage- und Beschleunigungsplan

Den Beschleunigungs*plan* für die drei Körperpunkte erstellen wir analog zum Geschwindigkeitsplan, indem die Beschleunigungsvektoren aus dem *Lageplan* parallel verschoben und gemeinsam an einem beliebig gewählten Punkt außerhalb des Körpers angetragen werden. Die Verbindung der Punkte im Lageplan sowie der Vektorspitzen im Beschleunigungsplan erzeugen zwei Dreiecke. Für diese gilt der

Satz von Mehmke
Die Endpunkte der Beschleunigungssvektoren im Beschleunigungsplan eines starren Körpers bilden eine den zugehörigen Körperpunkten ähnliche gleichsinnige Figur.

Zum Nachweis sei auf Gleichung (5.19) verwiesen, wonach sich die Strecke $\boldsymbol{r}_{AB}$ über die Ähnlichkeitsabbildung $\dot{\omega}\,\tilde{\boldsymbol{I}} - \omega^2 \boldsymbol{I}$ in die "Strecke" $\boldsymbol{a}_{AB}$ überführen lässt.

Die Endpunkte der drei Beschleunigungsvektoren im Lageplan bilden ebenfalls ein zum Dreieck der Körperpunkte ähnliches Dreieck.

Satz von Burmester
Die Endpunkte der Beschleunigungsvektoren im Lageplan eines starren Körpers bilden eine den zugehörigen Körperpunkten gleichsinnig ähnliche Figur.

Es gilt somit

$$\begin{aligned} \boldsymbol{a}_{AB} &= \ddot{\boldsymbol{r}}_{AB} + \boldsymbol{a}_B - \boldsymbol{a}_A \\ &= \ddot{\boldsymbol{r}}_{AB} + \dot{\omega}\tilde{\boldsymbol{r}}_{AB} - \omega^2 \boldsymbol{r}_{AB} \\ &= \left(\dot{\omega}\tilde{\boldsymbol{I}} + \left(1-\omega^2\right)\boldsymbol{I}\right)\boldsymbol{r}_{AB} \end{aligned}$$

Die wiederum vorliegende Ähnlichkeitstransformation bestätigt den *Satz von Burmester.*

Im Übrigen lässt sich mit einem zur Geschwindigkeit und Beschleunigung analogen Vorgehen leicht nachweisen, dass der *Satz von Mehmke* und *Burmester* sinngemäß auch für den Ruck gilt.

5.8 Relative Bewegung dreier Ebenen

Bisweilen ist es vorteilhaft, die Bewegung eines Körpers oder auch nur eines Körperpunkts im Koordinatensystem eines anderen, seinerseits bewegten Körpers zu formulieren. Hierzu ist neben der gesonderten Betrachtung *relativkinematischer* Verhältnisse auch eine erweiterte Notation notwendig.

Wir untersuchen drei verschiedene Getriebeglieder, die nicht miteinander verbunden sein müssen. Eines dieser Glieder ist – nicht notwendigerweise, jedoch der besseren Anschaulichkeit wegen – die Gestellebene *0*.

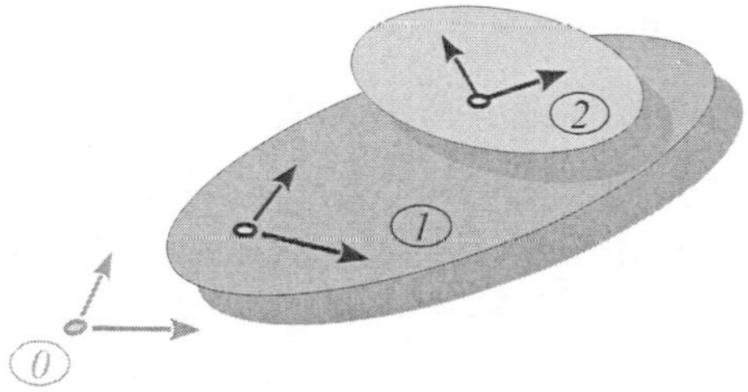

Bild 5.17: Relative Lage dreier Glieder

Jedes Glied hat ein eigenes Koordinatensystem und damit einen individuellen Satz *generalisierter Koordinaten.*

$$\boldsymbol{q}_{ij} = (x, y, \varphi)_{ij}$$

Hierbei wird nun angegeben, um welches Glied es sich handelt, sowie auf welches Referenzsystem sich diese generalisierten Koordinaten beziehen[34]. Eine Vertauschung der Indizes bedeutet einen Wechsel von betrachtetem System und Bezugssystem. Dies ist gleichzeitig die *kinematische Umkehr.*

$$\boldsymbol{q}_{ji} = -\boldsymbol{q}_{ij}$$

34 lies $\boldsymbol{q}$ von i bezüglich j

Bild 5.17 kann nun anschaulich entnommen werden, dass zumindest für die relative Orientierung der Körper die Beziehung gilt[35]

$$\varphi_{20}=\varphi_{10}+\varphi_{21}$$

Die absolute Orientierung des Gliedes *2* ergibt sich aus der Überlagerung (*Addition*) der Winkellage von Glied *1* bezgl. *0* und der relativen Orientierung von Glied *2* bzgl. *1*. Unter Berücksichtigung der kinematischen Umkehr lassen sich alle Summanden auf eine Seite der Gleichung schreiben.

$$\varphi_{01}+\varphi_{12}+\varphi_{20}=0$$

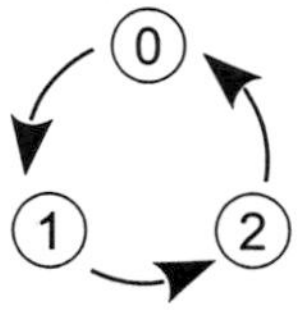

Diese Beziehung wird als *3-Ebenen Gleichung* bezeichnet. Bei ihr fällt die Gesetzmäßigkeit einer zyklisch vertauschten Anordnung der Indizes auf. Dieser Zusammenhang gilt ebenso für die zeitliche Ableitungen der Winkellagen, also für die Winkelgeschwindigkeiten und -beschleunigungen.

$$\omega_{20}=\omega_{10}+\omega_{21}$$
$$\dot{\omega}_{20}=\dot{\omega}_{10}+\dot{\omega}_{21}$$

In allgemeiner Schreibweise gilt für die *3-Ebenen Gleichung*

$$\begin{aligned}\varphi_{ij}+\varphi_{jk}+\varphi_{ki}&=0\\ \omega_{ij}+\omega_{jk}+\omega_{ki}&=0\\ \dot{\omega}_{ij}+\dot{\omega}_{jk}+\dot{\omega}_{ki}&=0\end{aligned} \tag{5.24}$$

Die zweite Gleichung in (5.24) ist die Grundlage für den Winkelgeschwindigkeitsplan[36] bzw. den *Drehzahlplan* nach *Kutzbach,* worauf hier nicht weiter eingegangen wird.

5.9 Relative Bewegung eines Gliedpunkts

Wir betrachten wiederum zwei Glieder mit ihren jeweiligen festen Punkten *A* und *B*. Die Lage des Punkts *B* im Bezugssystem *0* erhalten wir über den Vektorzug als Vorschrift

$$\boldsymbol{r}_{B20} = \boldsymbol{r}_{A10}+\boldsymbol{r}_{AB10}$$

35 bei der relativen Lage der Koodinatensysteme müssen wir die Position der Bezugssysteme berücksichtigen.
36 Auch "ω-Plan" genannt.

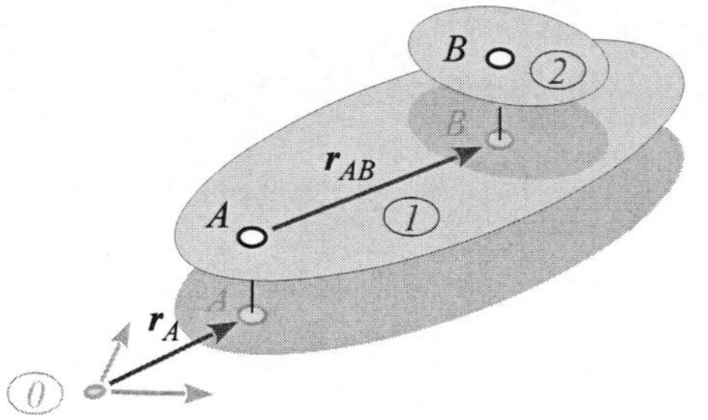

Bild 5.18: Relativbewegung eines Gliedpunkts

Wenn wir nun von einer gleichzeitigen Bewegung der Glieder *1* und *2* ausgehen, gelangen wir mittels zeitlicher Ableitung zu den Geschwindigkeitsverhältnissen.

$$\dot{\boldsymbol{r}}_{B20} = \dot{\boldsymbol{r}}_{A10} + \omega \tilde{\boldsymbol{r}}_{AB10} + \dot{\boldsymbol{r}}_{B21} \tag{5.25}$$

Hierbei ist der Abstand der Punkte *A* und *B* nicht mehr konstant – wie bei der absoluten Starrkörperbewegung. Vielmehr bewegt sich der Punkt *B* zugehörig zu *2* relativ zu *1*. Dieser Umstand muss nunmehr durch die relative Geschwindigkeit $\boldsymbol{v}_{AB}$ berücksichtigt werden. Der restliche Term ist die bereits bekannte Geschwindigkeit der absoluten Starrkörperbewegung. Es gilt somit

$$\boldsymbol{v}_{B20} = \boldsymbol{v}_{B10} + \boldsymbol{v}_{B21} = \boldsymbol{v}_{A10} + \omega \tilde{\boldsymbol{r}}_{AB10} + \boldsymbol{v}_{B21} \tag{5.26}$$

Zweiter Satz von Euler für die Geschwindigkeit
Jeder ebene Geschwindigkeitszustand eines Punktes eines starren Körpers in Bezug auf einen anderen Körper setzt sich zusammen aus der Führungsgeschwindigkeit *dieses Punkts aufgrund der Bewegung des anderen Körpers und aus seiner* Relativgeschwindigkeit *zu Jenem.*

Dieser Zusammenhang der Geschwindigkeiten eines Gliedpunktes lässt sich ebenfalls in die Form der 3-Ebenen-Gleichung bringen[37].

$$\boldsymbol{v}_{B01} + \boldsymbol{v}_{B12} + \boldsymbol{v}_{B20} = \boldsymbol{0} \tag{5.27}$$

Zur Untersuchung der *relativen Beschleunigungsverhältnisse* des betrachteten Gliedpunkts wird Gleichung (5.24) erneut zeitlich abgeleitet. Wir erhalten

$$\ddot{\boldsymbol{r}}_{B20} = \ddot{\boldsymbol{r}}_{A10} + \dot{\omega}_{10} \tilde{\boldsymbol{r}}_{AB10} - \omega_{10}^2 \boldsymbol{r}_{AB10} + \ddot{\boldsymbol{r}}_{B21} + 2\omega_{10} \dot{\tilde{\boldsymbol{r}}}_{AB21}$$

Auch hier erkennen wir den absoluten Beschleunigungsanteil wieder. Neben der Relativbeschleunigung $\ddot{\boldsymbol{r}}_{B21}$ tritt noch eine weitere Komponente $2\omega_{10}\tilde{\boldsymbol{v}}_{AB21}$ auf, die als *Coriolisbeschleunigung*[38] bezeichnet wird.

37 Nach Lichtenheld und Luck wird diese Beziehung als *Parallelogrammsatz für relative Geschwindigkeiten* bezeichnet ([Mod95]).

38 Gaspard Gustave Coriolis (1792-1843), französischer Mathematiker.

$$\boldsymbol{a}_{B20} = \boldsymbol{a}_{B10} + \boldsymbol{a}_{B21} + \boldsymbol{a}_{Bcor} \tag{5.28}$$

Zweiter Satz von Euler für die Beschleunigung

Jeder ebene Beschleunigungszustand eines Punktes eines starren Körpers in Bezug auf einen anderen Körper setzt sich zusammen aus der Führungsbeschleunigung *dieses Punkts aufgrund der Bewegung des anderen Körpers, aus dessen* Relativbeschleunigung *zu Jenem, sowie der* Coriolisbeschleunigung.

Will man die Beschleunigungsanteile in die Form der 3-Ebenen Gleichung bringen, stellt man verwundert fest, dass diese nicht mehr Null ist.

$$\boldsymbol{a}_{B01} + \boldsymbol{a}_{B12} + \boldsymbol{a}_{B20} = \boldsymbol{a}_{Bcor} \tag{5.29}$$

Dies ist nicht tragisch, mag aber der Grund für die geringe Popularität dieser Formulierung des Beschleunigungszustands eines Punkts sein. In ihrer ausführlichen Schreibweise lautet die Beschleunigungsbeziehung für den Punkt *B*

$$\boldsymbol{a}_{B20} = \boldsymbol{a}_{A10} + \dot{\omega}_{10}\tilde{\boldsymbol{r}}_{AB10} - \omega_{10}^2\boldsymbol{r}_{AB10} + \boldsymbol{a}_{B21} + 2\,\omega_{10}\tilde{\boldsymbol{v}}_{AB21} \tag{5.30}$$

Bemerkenswert an der Coriolisbeschleunigung ist, dass sie

- sich allein aus dem Geschwindigkeitszustand ergibt.
- verschwindet, wenn das Führungsglied keine Winkelgeschwindigkeit besitzt.
- verschwindet, wenn keine Relativgeschwindigkeit vorliegt.
- senkrecht zur Relativgeschwindigkeit gerichtet ist[39].

5.10 Zusammenfassung

Die absolute Bewegung ebener starrer Körper kann analytisch vektoriell mittels des *ersten Satzes von Euler* hinsichtlich sowohl der Geschwindigkeiten, als auch der Beschleunigung beschrieben werden. Die Kernaussage dieses Satzes lautet, dass sich eine solche allgemeine Bewegung in der Ebene als Überlagerung von Translation und Rotation bezüglich eines Körperpunkts auffassen lässt.

Bei der Anwendung grafischer Verfahren sind die *Sätze von Mehmke und Burmester* hilfreich. Diese Ähnlichkeitssätze ergeben sich aus den Gesetzmäßigkeiten der ebenen Starrkörperbewegung und werden im Fall von Mehmke auf den geschlossenen Vektorzug und im Fall von Burmester auf die Vektoren im Lageplan angewendet. Sie funktionieren für die Geschwindigkeiten, die Beschleunigungen und den Ruck.

39 Im math. positiven Sinn gedreht.

Zur Behandlung bestimmter Bewegungsaufgaben bietet die Anwendung der Gesetze der Relativbewegung erhebliche Vorteile. Hierbei ist die Kennzeichnung der betreffenden Körper durch ihre jeweiligen Indizes notwendig. Hinsichtlich der gegenseitigen Orientierung der Körper gilt die *3-Ebenen-Gleichung*. Darüber hinaus dient der *zweite Satz von Euler* der analytisch vektoriellen Beschreibung relativer Geschwindigkeiten und Beschleunigungen. Er besagt im Wesentlichen, dass sich die absoluten kinematischen Größen aus einer Überlagerung von *Führungsbewegung* und *Relativbewegung* ergeben.

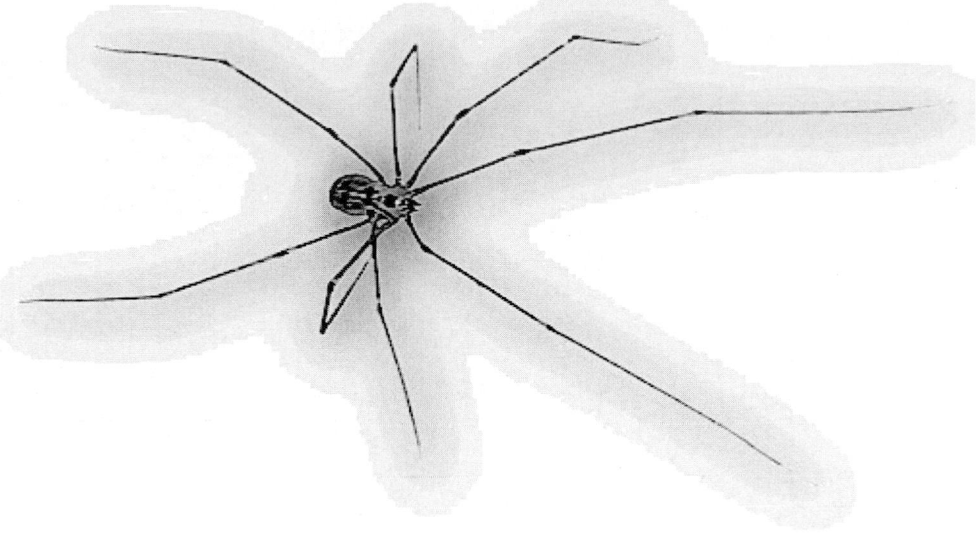

6 Getriebekinematik

Die Kenntnis der kinematischen Eigenschaften eines einzelnen Getriebegliedes nutzen wir nun, um die Wechselwirkung mehrerer gelenkig verbundener Glieder innerhalb eines Mechanismus näher zu untersuchen. Die Getriebekinematik ist der Teil der Getriebeanalyse, der sich mit der Geometrie der Bewegung der beteiligten Glieder befasst. Getriebestruktur und Abmessungen der Bauteile sind bereits bekannt und als Methoden werden *graphische, graphoanalytische* und *vektorielle Verfahren* eingesetzt. Der Schwerpunkt liegt weiterhin auf dem Letzteren.

6.1 Maschengleichung

Eine sehr allgemeine, vektoriell analytischen Vorgehensweise zur geometrischen Getriebebeschreibung bedient sich der *Maschengleichung*. Hierbei werden die *Maschen* (*Schleifen)* geschlossener kinematischer Ketten als Polygonzug betrachtet.

Die Maschenzahl ebener Getriebe gehorcht der Beziehung (2.2) und geht anschaulich aus dem Getriebeschema und besser noch aus der kinematischen Kette hervor (Bild 6.1). Die vektorielle Formulierung einer Masche als jeweils geschlossener Vektorzug sei am Beispiel der Viergelenkkette verdeutlicht.

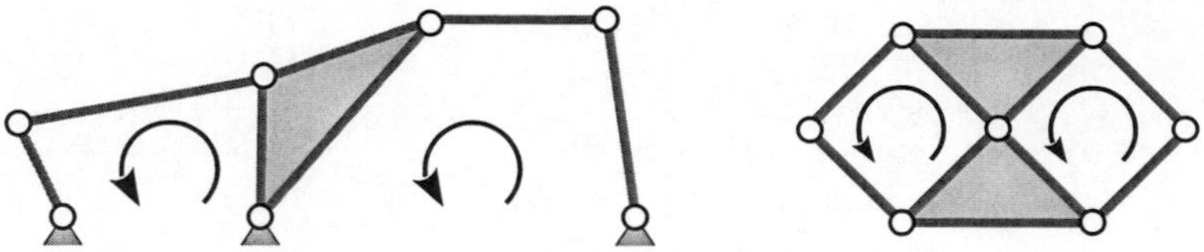

Getriebeschema *Kinematische Kette*

Bild 6.1: Maschen von Getriebe und kinematischer Kette

Wenden wir die Maschengleichung auf das Viergelenkgetriebe in Bild 6.2 an, so erhalten wir die Schließbedingung

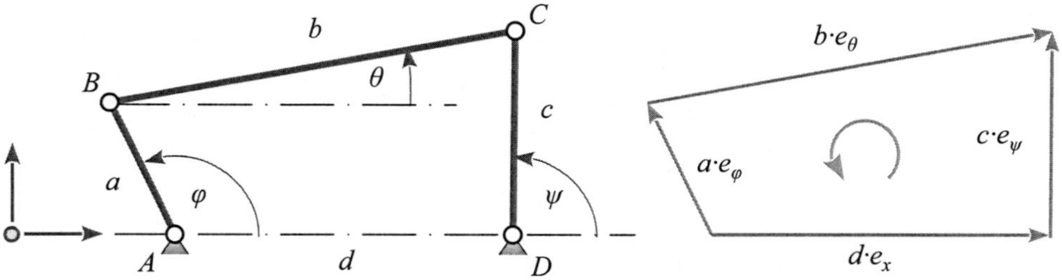

Bild 6.2: Masche des Viergelenks

$$\boldsymbol{r}_{AD}+\boldsymbol{r}_{DC}+\boldsymbol{r}_{CB}+\boldsymbol{r}_{BA}=\boldsymbol{0}$$

bzw. unter Verwendung von Gliedlängen und Winkeln

$$d\,\boldsymbol{e}_x+c\,\boldsymbol{e}_\psi-b\,\boldsymbol{e}_\theta-a\,\boldsymbol{e}_\varphi=\boldsymbol{0}$$

Wenn wir nun diese Vektorgleichung in ihre skalaren Komponenten zerlegen, gewinnen wir zwei algebraische Gleichungen, die so übrigens auch aus entsprechenden geometrischen Überlegungen hervorgehen.

$$\begin{aligned} d+c\cos\psi-b\cos\theta-a\cos\varphi&=0\\ c\sin\psi-b\sin\theta-a\sin\varphi&=0 \end{aligned} \tag{6.1}$$

Diese Gleichungen eignen sich prima, um weiterführende analytische Untersuchungen am Viergelenkgetriebe durchzuführen.

6.2 Übertragungsgleichung und Übertragungsfunktion

Bei den hier betrachteten, ungleichförmig übersetzenden Mechanismen liegt nichtlineares Übertragungsverhalten vor. Es genügt also nicht ein zahlenmäßiges Verhältnis zur Angabe der Übersetzung wie bei den gleichförmig übersetzenden Getrieben. Vielmehr ist ein funktionaler Zusammenhang zwischen Eingangsgröße(n) und Ausgangsgröße(n) anzugeben – eben die *Übertragungsfunktion.* Zur Ermittlung dieser *Übertragungsfunktion* eines Getriebes bietet sich die Aufstellung der Maschengleichung(en) an.

In Weiterführung des vorangegangenen Beispiels der Viergelenkkette bestimmen wir nun, ausgehend von den Gleichungen (6.1), dessen Übertragungsverhalten. Dazu eliminieren wir aus diesen beiden Gleichungen den Winkel θ und erhalten die implizite *Übertragungsgleichung*

$$F(\psi,\varphi)=a^2-b^2+c^2+d^2+2cd\cos\psi-2ad\cos\varphi-2ac\cos(\varphi-\psi)=0 \tag{6.2}$$

welche schließlich nach gewisser arithmetischer Mühsal zur expliziten *Übertragungsfunktion* $\psi(\varphi)$ mutiert [Mod95]

$$\psi(\varphi)=2\tan^{-1}\frac{B+\sqrt{A^2+B^2-C^2}}{A-C} \tag{6.3}$$

mit

$$\begin{aligned} A &= 2c(d-a\cos\varphi) \\ B &= -2ac\sin\varphi \\ C &= a^2-b^2+c^2+d^2-2ad\cos\varphi \end{aligned} \tag{6.4}$$

Der hier bereits beim einfachen Viergelenk auftretende hohe Aufwand gibt uns den Hinweis, dass bei Getrieben mit mehr Gliedern nur schwer – wenn überhaupt – die explizite Übertragungsfunktion zu ermitteln ist. Dies ist allerdings kein großes Hindernis, da mit einfachen numerischen Verfahren die sehr viel leichter aufzustellende Übertragungsgleichung verwendet werden kann, um äquivalente Erkenntnisse zu erlangen.

Mit dem Schwingwinkel ψ in Abhängigkeit vom Kurbelwinkel φ haben wir die *Übertragungsfunktion 0. Ordnung* vorliegen. Da sich das Getriebe zeitabhängig bewegt, sind wir zudem an der Schwingwinkelgeschwindigkeit und –beschleunigung interessiert. Diese ergeben sich erfreulicherweise aus den zeitlichen Ableitungen der Übertragungsfunktion.

Nun hängt aber der Schwingwinkel ψ gar nicht explizit von der Zeit *t*, sondern vom Kurbelwinkel φ ab. Wir differenzieren daher die Übertragungsfunktion 0. Ordnung zweimal nach φ und erhalten so die Übertragungsfunktionen 1. und 2. Ordnung, also ψ' und ψ'' gemäß

$$\psi'=\frac{d\psi}{d\varphi}\,,\quad \psi''=\frac{d^2\psi}{d\varphi^2}$$

Um nun zur Geschwindigkeit und Beschleunigung zu gelangen, fassen wir die Übertragungsfunktion 0. Ordnung von der Gestalt $\psi(\varphi(t))$ auf und wenden einfach die Kettenregel der Differentialrechnung an.

$$\dot{\psi}=\frac{d\psi}{d\varphi}\cdot\frac{d\varphi}{dt}=\psi'\dot{\varphi} \tag{6.5}$$

$$\ddot{\psi}=\dot{\psi}'\dot{\varphi}+\psi'\ddot{\varphi}=\psi''\dot{\varphi}^2+\psi'\ddot{\varphi} \tag{6.6}$$

Beispiel 6.1

Übertragungsfunktion der zentrischen Schubkurbel.

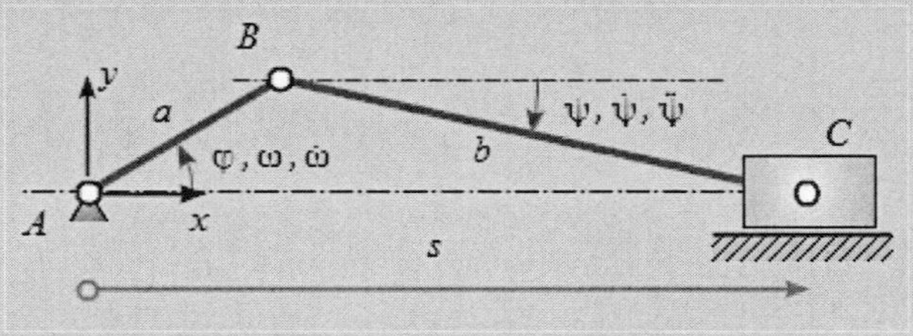

Geg.: *a, b*

Ges.: Übertragungsfunktion 0. bis 2. Ordnung

Lösung:

Wir machen einen Ansatz mittels der Maschengleichung

$$a\,\boldsymbol{e}_\varphi + b\,\boldsymbol{e}_\psi - s\,\boldsymbol{e}_x = \boldsymbol{0}$$

Das Auflösen nach $\boldsymbol{e}_\psi$ und Quadrieren liefert

$$b^2\boldsymbol{e}_\psi^2 = \left(s\,\boldsymbol{e}_x - a\,\boldsymbol{e}_\varphi\right)^2$$

und führt zu einer quadratischen Gleichung

$$s^2 - 2\,a\,s\cos\varphi + a^2 - b^2 = 0$$

welche alternativ auch eine Anwendung des Kosinussatzes liefert. Die gewählte Lösung ist gleichzeitig die Übertragungsfunktion 0. Ordnung.

$$s(\varphi) = a\left(\cos\varphi + \sqrt{\lambda^2 - \sin^2\varphi}\right) \quad mit \quad \lambda = \frac{b}{a}$$

Die Ableitung nach φ liefert uns die Übertragungsfunktion 1. Ordnung.

$$s'(\varphi) = -\frac{a\sin\varphi}{\sqrt{\lambda^2 - \sin^2\varphi}}\,s(\varphi)$$

Eine erneute Ableitung führt schließlich zur Übertragungsfunktion 2. Ordnung.

$$s''(\varphi) = -\frac{\lambda^2\cos\varphi - \sin^2\varphi\sqrt{\lambda^2 - \sin^2\varphi}}{\sqrt{\lambda^2 - \sin^2\varphi}^3}\,s(\varphi)$$

6.4 Gliedlagen

Während die Übertragungsfunktion den funktionalen Zusammenhang zwischen lagebeschreibenden Getriebeparametern formuliert und im Allgemeinen analytisch schwierig zu finden ist, sind die zu einer diskreten Getriebestellung gehörigen Gliedlagen oft einfacher zu ermitteln.

Die Betrachtung einer solchen momentanen Getriebestellung umfasst die Ermittlung von Position und Winkellage der beteiligten Glieder. Einer einfachen, pragmatischen Vorgehensweise nach, beginnt man bei einer vorgegebenen Stellung des Antriebsglieds und gewinnt mit zeichnerischen Verfahren sukzessive die restlichen Gliedlagen. Die graphoanalytische Methode stützt sich auf jenes zeichnerische Vorgehen und formuliert mathematisch die dazugehörigen geometrischen Gesetzmäßigkeiten.

Mittels der Vektoranalyse kann die Position eines Getriebepunkts, ausgehend von einer bekannten Punktlage – etwa einem Gestellpunkt, entlang der Getriebeglieder bestimmt werden. Alternativ ist die Ermittlung benötigter Winkellagen möglich.

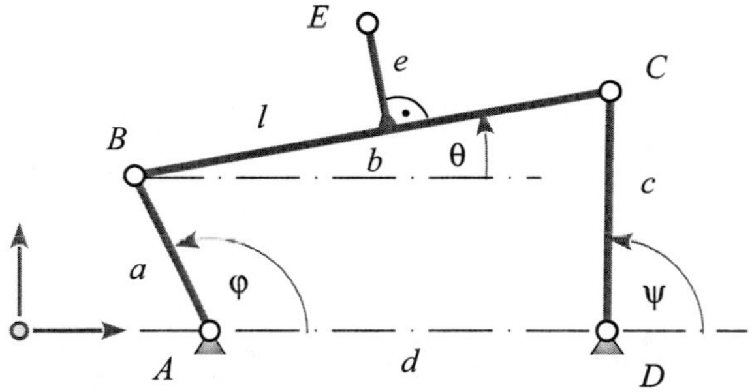

Bild 6.3: Geometrie des Viergelenks

Sind in Bild 2.1 etwa die Koordinaten der Punkte *A,B,C,D* gegeben und die Gliedlänge *b* sowie der Winkel θ gesucht, behelfen wir uns mittels

$$\boldsymbol{r}_{BC}=\boldsymbol{r}_C-\boldsymbol{r}_B\,,\quad \tan\theta=\frac{x_{BC}}{y_{BC}}\,,\quad b=\sqrt{x_{BC}^2+y_{BC}^2}$$

Finden wir dagegen die Gestellpunkte *A, D*, die Winkel φ, ψ und alle Gliedlängen vor, und suchen die Koordinaten des Koppelpunkts *E*, dienen uns die Beziehungen

$$\boldsymbol{r}_E=\boldsymbol{r}_A+a\,\boldsymbol{e}_\varphi+l\,\boldsymbol{e}_\theta+h\,\tilde{\boldsymbol{e}}_\theta$$

$$mit$$

$$\boldsymbol{r}_{BC}=\boldsymbol{r}_A+a\,\boldsymbol{e}_\varphi-\boldsymbol{r}_D-d\,\boldsymbol{e}_\psi$$

$$\boldsymbol{e}_\theta=\frac{\boldsymbol{r}_{BC}}{r_{BC}}$$

Beispiel 6.2

Lagegrößen der zentrischen Schubkurbel

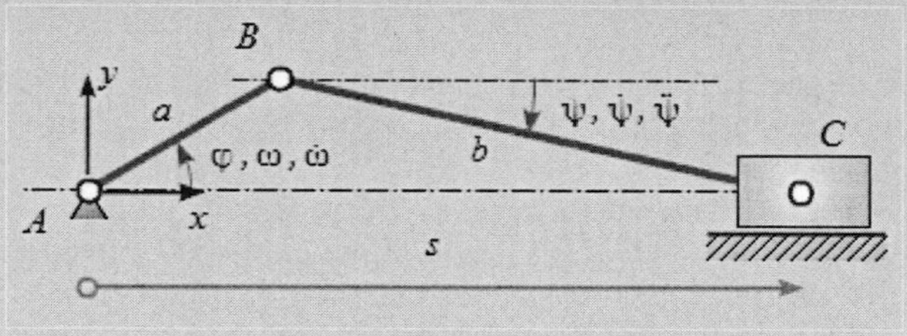

Geg.: $a = 50\ mm,\ b = 120\ mm,\ \varphi = 30°,\ \dot{\varphi}=5\frac{1}{s}=const$

Ges.: a. Schwingwinkel ψ
b. Kolbenstellung s

Lösung: Maschengleichung

$$a\,\boldsymbol{e}_{\varphi}+b\,\boldsymbol{e}_{\psi}-s\,\boldsymbol{e}_{x}=\boldsymbol{0}$$

a) Multiplikation der Maschengleichung mit $\boldsymbol{e}_y$ resultiert in $a \sin\varphi = -\,b \sin\psi$ und führt zum Schwingwinkel ψ

$$\psi=\sin^{-1}\left(-\frac{a}{b}\sin\varphi\right)=...=-12.0\,°$$

b) Die Kolbenstellung s ergibt sich entweder direkt aus der Übertragungsfunktion $s(\varphi)$ oder aus der Multiplikation der Maschengleichung mit $\boldsymbol{e}_x$

$$s=a\cos\varphi+b\cos\psi=...=161\ mm$$

6.5 Koppelkurven

"Solche Koppelkurven können ... die verschiedensten Figuren bilden: Kreise, Ovale, gerade Linien, bohnen-, gurken- und nierenförmige, brotförmige, herzförmige, zwiebelförmige Bahnen, Achter und mehrfach verschlungene Gebilde, die in technischen Anwendungen mannigfach ausgenutzt werden."

(Otto Kraemer[40])

40 [Kra87]

Koppelkurven sind die Bahnen von Gliedpunkten[41]. Solche Punktbahnen sind von hoher praktischer Bedeutung. Beispielsweise kann eine vorliegende Bewegungsaufgabe die Führung eines Punkts entlang einer solchen Bahn fordern oder die Übertragungsfunktion des Getriebes wird unter Verwendung einer geeigneten Koppelkurve in die gewünschte Gestalt gebracht[42]. Die Bewegung der Getriebeglieder sind mit der Wahl von Getriebestruktur und -geometrie festgelegt. Dennoch erzeugt jeder Gliedpunkt während seiner Bewegung eine individuelle Kurvengestalt und lässt dem Getriebekonstrukteur damit noch gewisse Freiheiten zur Erfüllung seiner aktuellen Bewegungsaufgabe. Mit heutigen konstruktionsunterstützenden Systemen und ihren parametrisierenden Fähigkeiten lassen sich Koppelkurven vergleichsweise einfach erzeugen. Die punktweise Berechnung oder zeichnerische Konstruktion von Hand ist dagegen mühsam.

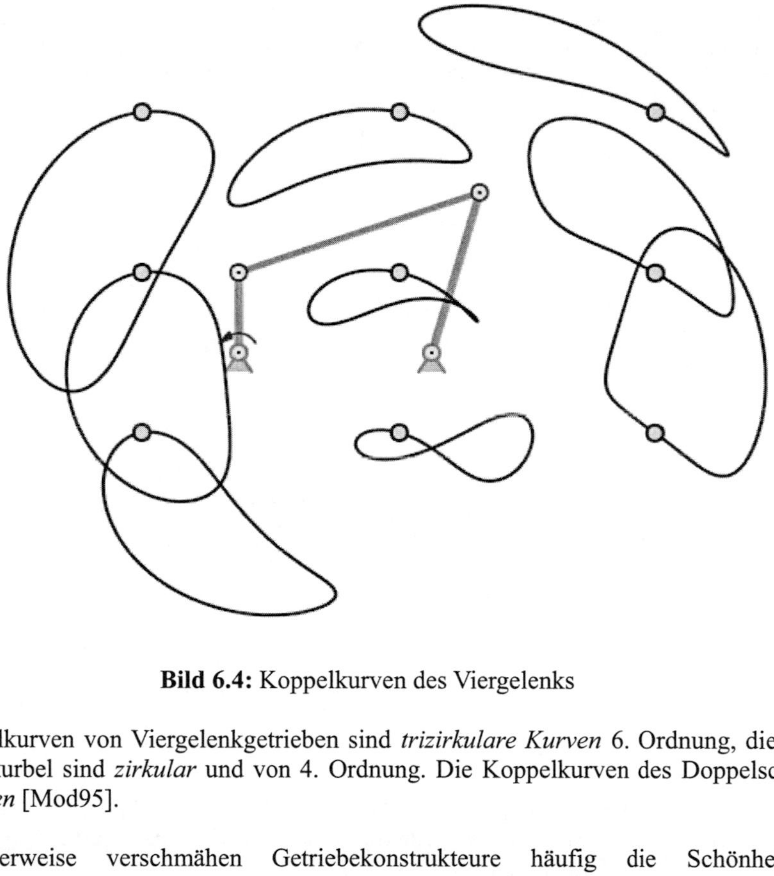

Bild 6.4: Koppelkurven des Viergelenks

Die Koppelkurven von Viergelenkgetrieben sind *trizirkulare Kurven* 6. Ordnung, diejenigen der Schubkurbel sind *zirkular* und von 4. Ordnung. Die Koppelkurven des Doppelschiebers sind *Ellipsen* [Mod95].

Erstaunlicherweise verschmähen Getriebekonstrukteure häufig die Schönheit der geschwungenen Koppelkurven und suchen vielmehr nach Möglichkeiten der Erzeugung

41 Der Begriff *Gliedpunktbahn* ist sehr viel allgemeiner. Tatsächlich sind jedoch die Bahnen von mit dem Gestell drehgelenkig oder per Schubgelenk verbundenen Gliedern triviale Kreise, Kreisbögen oder Geradenabschnitte und damit meist uninteressant. Koppelglieder dagegen erzeugen mit ihren Punkten mannigfaltige Kurvengestalten, deren verschiedene Eigenschaften gezielt genutzt werden können. Vor diesem Hintergrund hat sich der Begriff *Koppelkurve* zur Bezeichnung der Bahn von – nicht nur – Koppelpunkten weitgehend etabliert.

42 Siehe *Koppelrastgetriebe.*

schnöder, geradliniger Bahnen oder zumindest Kurven mit hinreichendem geradlinigen Anteil. Solche *Geradführungsgetriebe* werden wir in einem späteren Kapitel näher beleuchten.

Es lässt sich nachweisen, dass jede Koppelkurve eines Viergelenkgetriebes durch zwei weitere unterschiedliche Viergelenkgetriebe exakt nachgebildet werden kann. Der entsprechende *Satz von Roberts/Tschebyschew* wird uns in Abschnitt 10 noch hinreichend fesseln.

6.6 Geschwindigkeit

Beim Vorliegen der Übertragungsgleichung oder -funktion kann die Geschwindigkeit der Übertragungsgröße aus Gleichung (6.5) gewonnen werden. Üblicherweise sind wir jedoch an Geschwindigkeiten beliebiger Gliedpunkte oder an Winkelgeschwindigkeiten irgendwelcher Glieder in bestimmten, ausgezeichneten Stellungen interessiert. Zur Ermittlung dieser Größen bietet sich der *erste Satz von Euler* (5.13) zur Verwendung an.

Wir wollen das Vorgehen an einer Kurbelschwinge illustrieren. Es seien die Gliedmaße und -lagen sowie die Antriebswinkelgeschwindigkeit gegeben. Nun interessieren wir uns für die Winkelgeschwindigkeiten von Koppel und Schwinge und die Geschwindigkeiten der Punkte ***B*** und ***C***.

Wir beginnen mit der Anwendung des *ersten Euler'schen Satzes* auf die Kurbel und erhalten

$$\boldsymbol{v}_B = \omega_1 \tilde{\boldsymbol{r}}_1$$

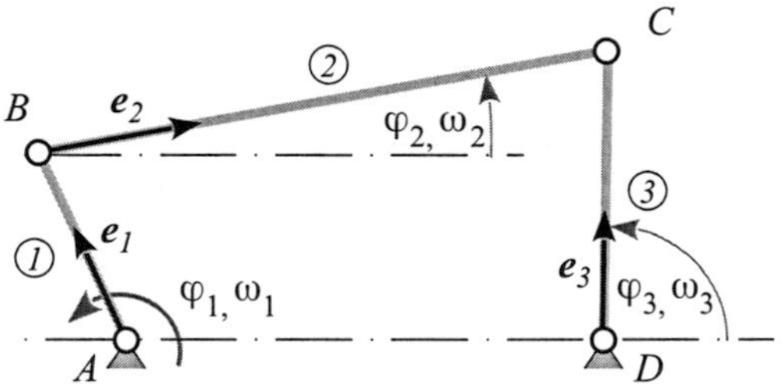

Bild 6.5: Geschwindigkeiten des Viergelenks

Die Betrachtung der Geschwindigkeit des Punkts ***C*** als Punkt der Koppel sowie als Punkt der Schwinge muss zu demselben Ergebnis führen und kann gleichgesetzt werden.

$$\boldsymbol{v}_B + \omega_2 \tilde{\boldsymbol{r}}_2 = \omega_3 \tilde{\boldsymbol{r}}_3$$

Die Multiplikation dieser Vektorgleichung einmal mit $\boldsymbol{r}_3$ und zum anderen mit $\boldsymbol{r}_2$ liefert die Winkelgeschwindigkeiten

$$\omega_2 = -\omega_1 \frac{\tilde{\boldsymbol{r}}_1}{\tilde{\boldsymbol{r}}_2 \boldsymbol{r}_3} \boldsymbol{r}_3$$
$$\omega_3 = -\omega_1 \frac{\tilde{\boldsymbol{r}}_1}{\tilde{\boldsymbol{r}}_2 \boldsymbol{r}_3} \boldsymbol{r}_2 \qquad (6.7)$$

Die fehlende Geschwindigkeit des Punkts ***C*** erhalten wir vorzugsweise über die Schwinge unter Verwendung der bereits ermittelten Größen zu

$$\boldsymbol{v}_C = \omega_3 \tilde{\boldsymbol{r}}_3$$

Die Geschwindigkeit jedes weiteren Gliedpunkts kann dann durch erneute Anwendung des Eulerschen Satzes gewonnen werden.

Beispiel 6.3

Geschwindigkeiten der zentrischen Schubkurbel

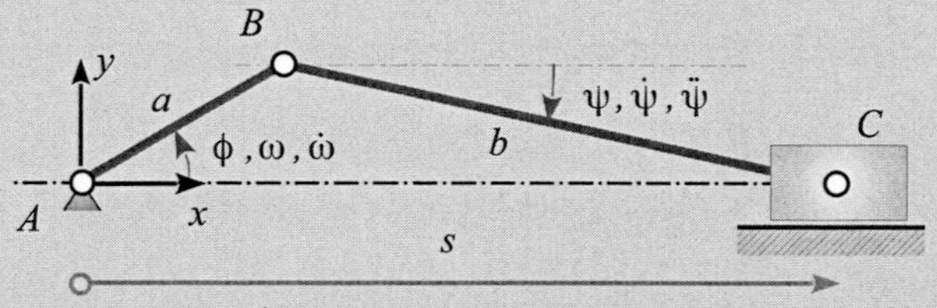

Geg.: $a = 50\ mm$, $b = 120\ mm$, $\varphi = 30°$, $\omega = 5\frac{1}{s} = const$, $\psi = -12°$

Ges.:

a) Absolutgeschwindigkeit v_B
b) Absolutgeschwindigkeit v_C
c) Schwingwinkelgeschwindigkeit $\dot{\psi}$

Lösung:

a) Die Geschwindigkeit des Punkts ***B*** erhalten wir aus dem *1. Satz von Euler* (5.13) unter der Berücksichtigung, dass ***A*** gestellfest ist. Darüberhinaus ist lediglich nach dem Betrag der Geschwindigkeit gefragt.

$$v_B = \omega r_{AB} = \omega a = ... = 0.250 \frac{m}{s}$$

b) Die Geschwindigkeit des Punkts *C* ergibt sich aus der Beziehung $\boldsymbol{v}_C = \boldsymbol{v}_B + \dot{\psi} \tilde{\boldsymbol{r}}_{BC}$ bzw. in der vorteilhafteren Schreibweise mittels Einheitsvektoren

$$v_C \boldsymbol{e}_x = v_B \tilde{\boldsymbol{e}}_\varphi + \dot{\psi} b \tilde{\boldsymbol{e}}_\psi .$$

Wir suchen die Geschwindigkeit v_C. Dazu eliminieren wir die zweite Unbekannte $\dot{\psi}$, indem wir die Gleichung mit $\boldsymbol{e}_\psi$ multiplizieren und erhalten

$$v_C = v_B \frac{\tilde{\boldsymbol{e}}_\varphi \boldsymbol{e}_\psi}{\boldsymbol{e}_x \boldsymbol{e}_\psi} = v_B \frac{\sin(\psi-\varphi)}{\cos(\psi)} = ... = -0.171\,\frac{m}{s}$$

Alternativ kann bei Vorliegen der Übertragungsfunktion deren Ableitung benutzt werden.

$$\dot{s} = s'(\varphi)\dot{\varphi} = -\frac{\sin\varphi}{\sqrt{\left(\frac{b}{a}\right)^2 - \sin^2\varphi}}\, s(\varphi)\dot{\varphi} = ... = -0.171\,\frac{m}{s}$$

c) Die Koppelwinkelgeschwindigkeit besorgen wir uns aus $v_C \boldsymbol{e}_x = v_B \tilde{\boldsymbol{e}}_\varphi + \dot{\psi} b \tilde{\boldsymbol{e}}_\psi$

$$\dot{\psi} = -\frac{v_C \boldsymbol{e}_x \tilde{\boldsymbol{e}}_\psi - v_B \tilde{\boldsymbol{e}}_\varphi \tilde{\boldsymbol{e}}_\psi}{b} = -\frac{v_C \sin(\psi) + v_B \cos(\psi-\varphi)}{b} = ... = -1.845\,\frac{rad}{s}$$

6.7 Beschleunigung

Beim Vorliegen der Übertragungsgleichung oder -funktion kann die Beschleunigung der Übertragungsgröße unmittelbar aus Gleichung (6.6) ermittelt werden. Üblicherweise werden jedoch auch hier die Beschleunigungen beliebiger Gliedpunkte oder die Winkelbeschleunigungen der Glieder in ausgezeichneten Stellungen mittels des *ersten Satzes von Euler* (5.18) bestimmt.

Die Vorgehensweise sei wiederum an einer Kurbelschwinge demonstriert.

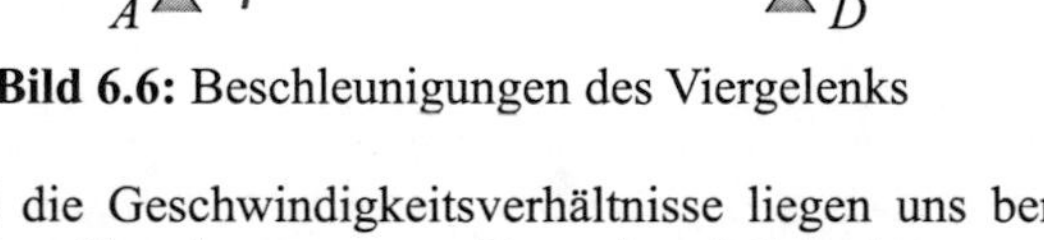

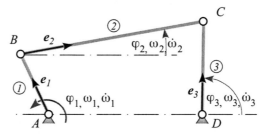

Bild 6.6: Beschleunigungen des Viergelenks

Die Gliedgeometrie und die Geschwindigkeitsverhältnisse liegen uns bereits vor. Wir benötigen nun die Winkelbeschleunigungen von Koppel und Schwinge, sowie die Beschleunigungen der Punkte B und C. Wir beginnen auch hier mit der Anwendung des *ersten Euler'schen Satzes* auf die Kurbel und erhalten

$$\boldsymbol{a}_B = \dot{\omega}_1 \tilde{\boldsymbol{r}}_1 - \omega_1^2 \boldsymbol{r}_1$$

Die Beschleunigung von $\boldsymbol{C}$ als Punkt der Koppel und gleichzeitig als Punkt der Schwinge führt zur Bedingung

$$\boldsymbol{a}_B + \dot{\omega}_2 \tilde{\boldsymbol{r}}_2 - \omega_2^2 \boldsymbol{r}_2 = \dot{\omega}_3 \tilde{\boldsymbol{r}}_3 - \omega_3^2 \boldsymbol{r}_3$$

Die Multiplikation dieser Vektorgleichung mit $\boldsymbol{r}_3$ und $\boldsymbol{r}_2$ liefert die Winkelbeschleunigungen

$$\begin{aligned} \dot{\omega}_2 &= -\frac{\dot{\omega}_1 \tilde{\boldsymbol{r}}_1 - \omega_1^2 \boldsymbol{r}_1 - \omega_2^2 \boldsymbol{r}_2 + \omega_3^2 \boldsymbol{r}_3}{\tilde{\boldsymbol{r}}_2 \boldsymbol{r}_3} \boldsymbol{r}_3 \\ \dot{\omega}_3 &= -\frac{\dot{\omega}_1 \tilde{\boldsymbol{r}}_1 - \omega_1^2 \boldsymbol{r}_1 - \omega_2^2 \boldsymbol{r}_2 + \omega_3^2 \boldsymbol{r}_3}{\tilde{\boldsymbol{r}}_2 \boldsymbol{r}_3} \boldsymbol{r}_2 \end{aligned} \tag{6.8}$$

Mit den bereits ermittelten Beziehungen für ω_2 und ω_3 lauten die Bestimmungsgleichungen

$$\begin{aligned} \dot{\omega}_2 &= \dot{\omega}_1 \frac{(\tilde{\boldsymbol{r}}_1 \boldsymbol{r}_3)}{\tilde{\boldsymbol{r}}_2 \boldsymbol{r}_3} - \omega_1^2 \frac{(\tilde{\boldsymbol{r}}_2 \boldsymbol{r}_3)(\boldsymbol{r}_1 \boldsymbol{r}_3) + (\tilde{\boldsymbol{r}}_1 \boldsymbol{r}_3)(\boldsymbol{r}_2 \boldsymbol{r}_3) - (\tilde{\boldsymbol{r}}_1 \boldsymbol{r}_2) \boldsymbol{r}_3^2}{(\tilde{\boldsymbol{r}}_2 \boldsymbol{r}_3)^2} \\ \dot{\omega}_3 &= \dot{\omega}_1 \frac{(\tilde{\boldsymbol{r}}_1 \boldsymbol{r}_2)}{\tilde{\boldsymbol{r}}_2 \boldsymbol{r}_3} - \omega_1^2 \frac{(\tilde{\boldsymbol{r}}_2 \boldsymbol{r}_3)(\boldsymbol{r}_1 \boldsymbol{r}_2) + (\tilde{\boldsymbol{r}}_1 \boldsymbol{r}_3) \boldsymbol{r}_2^2 - (\tilde{\boldsymbol{r}}_1 \boldsymbol{r}_2)(\boldsymbol{r}_2 \boldsymbol{r}_3)}{(\tilde{\boldsymbol{r}}_2 \boldsymbol{r}_3)^2} \end{aligned} \tag{6.9}$$

Die noch fehlende Beschleunigung des Punkts $\boldsymbol{C}$ erhalten wir wiederum über die Schwinge unter Verwendung der bis hierher ermittelten Größen zu

$$\boldsymbol{a}_C = \dot{\omega}_3 \tilde{\boldsymbol{r}}_3 - \omega_3^2 \boldsymbol{r}_3$$

Die Beschleunigung jedes weiteren Gliedpunkts kann auch hier durch erneute Anwendung des Eulerschen Satzes gesucht und gefunden werden.

6.8 Ruck

Wir wollen über die Geschwindigkeit- und Beschleunigungsverhältnisse hinaus noch das Ruckverhalten der Kurbelschwinge diskutieren.

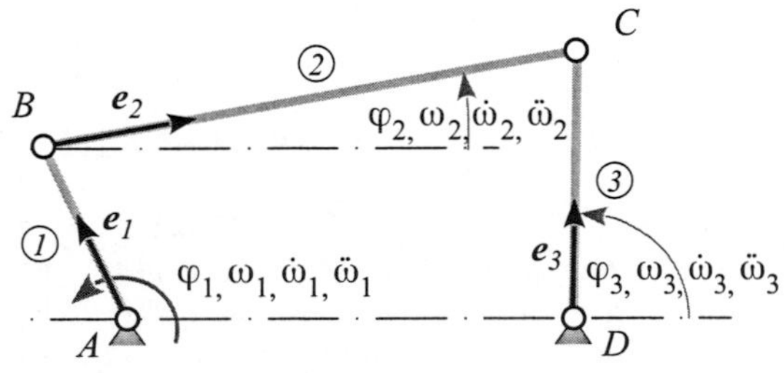

Bild 6.7: Ruckverhältnisse des Viergelenks

Wir beginnen mit der Kurbel *1* und wenden Gleichung (5.19) an

$$\boldsymbol{j}_B = (\ddot{\omega}-\omega^3)\tilde{\boldsymbol{r}}_1 - 3\,\omega\,\dot{\omega}\,\boldsymbol{r}_1$$

Der Ruck in ***C*** als gemeinsamer Punkt von Koppel *2* und Schwinge *3* führt durch Kombination der zwei Ruck-Gleichungen auf

$$\boldsymbol{j}_B + (\ddot{\omega}_2-\omega_2^3)\tilde{\boldsymbol{r}}_2 - 3\,\omega_2\dot{\omega}_2\boldsymbol{r}_2 = (\ddot{\omega}_3-\omega_3^3)\tilde{\boldsymbol{r}}_3 - 3\,\omega_3\,\dot{\omega}_3\,\boldsymbol{r}_3$$

Multiplikation einmal mit $\boldsymbol{r}_3$ und andererseits mit $\boldsymbol{r}_2$ liefert jeweils den Winkelruck

$$\begin{aligned}
\ddot{\omega}_2 &= \omega_2^3 - \frac{(\ddot{\omega}_1-\omega_1^3)\tilde{\boldsymbol{r}}_1 - 3\omega_1\,\dot{\omega}_1\boldsymbol{r}_1 - 3\,\omega_2\,\dot{\omega}_2\boldsymbol{r}_2 + 3\,\omega_3\,\dot{\omega}_3\boldsymbol{r}_3}{\tilde{\boldsymbol{r}}_2\boldsymbol{r}_3}\boldsymbol{r}_3 \\
\ddot{\omega}_3 &= \omega_3^3 - \frac{(\ddot{\omega}_1-\omega_1^3)\tilde{\boldsymbol{r}}_1 - 3\,\omega_1\,\dot{\omega}_1\boldsymbol{r}_1 - 3\,\omega_2\,\dot{\omega}_2\boldsymbol{r}_2 + 3\,\omega_3\,\dot{\omega}_3\boldsymbol{r}_3}{\tilde{\boldsymbol{r}}_2\boldsymbol{r}_3}\boldsymbol{r}_2
\end{aligned} \qquad (6.10)$$

Den Ruck des Punkts ***C*** gewinnen wir vorzugsweise über die Schwinge mit den bislang ermittelten Größen

$$\boldsymbol{j}_C = (\ddot{\omega}_3-\omega_3^3)\tilde{\boldsymbol{r}}_3 - 3\,\omega_3\,\dot{\omega}_3\,\boldsymbol{r}_3$$

6.9 Relativbewegung

Wenn Drehgelenke angetrieben werden, ist die Drehzahl des angetriebenen Glieds anhand des vorliegenden Winkelgeschwindigkeitsverlaufs zu jedem Zeitpunkt bekannt. Ist nun das andere – am Gelenk beteiligte – Glied seinerseits beweglich, sind die Gesetzmäßigkeiten der Relativbewegung nach Abschnitt 5.8 anzuwenden. Dies gilt grundsätzlich für gesuchte Winkelgrößen und deren zeitliche Ableitungen aus Sicht beweglicher Glieder. Insbesondere kann hierbei die *3-Ebenen Gleichung* (5.24) vorteilhaft eingesetzt werden.

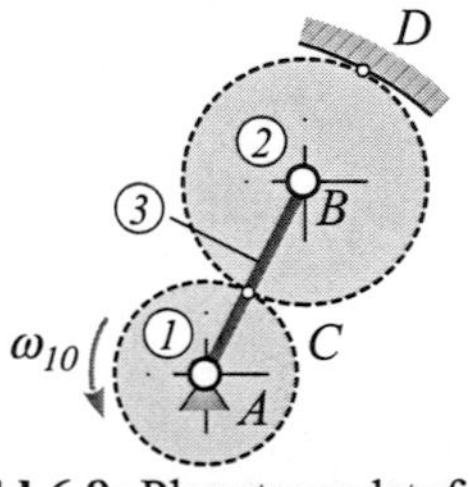

Bild 6.8: Planetenradstufe

Die Vorgehensweise wird am Beispiel einer Planetenradstufe (Bild 6.8) näher erläutert. Das Sonnenrad *1* und das Planetenrad *2* stehen miteinander im Eingriff. Ihre Wälzkreise berühren sich im Punkt *C* und Steg *3* verbindet deren Mittelpunkte drehgelenkig. Das Hohlrad *0* ist gestellfest und hat im Punkt *D* den gemeinsamen Wälzpunkt mit Rad *2*. Die Geschwindigkeit des Punkts *B* lautet nach Euler

$$\boldsymbol{v}_B = \omega_{30}(r_1 + r_2)\tilde{\boldsymbol{e}}_{AB}$$

Im Punkt *C* gilt die Gleichheit der Geschwindigkeiten von Glied *1* und *2*.

$$\omega_{10} r_1 \tilde{\boldsymbol{e}}_{AB} = \boldsymbol{v}_B - \omega_{20} r_2 \tilde{\boldsymbol{e}}_{AB}$$

Die Geschwindigkeit im Punkt *D* muss wegen der Wälzbedingung verschwinden.

$$\boldsymbol{0} = \boldsymbol{v}_B + \omega_{20} r_2 \tilde{\boldsymbol{e}}_{AB}$$

Aus diesen letzten Gleichungen läßt sich $\boldsymbol{v}_B$ entfernen und wegen der gleichen Richtung aller Vektoren in skalarer Form schreiben

$$\omega_{20} = -2\,\omega_{10}\frac{r_2}{r_1}$$

Die erste Gleichung liefert damit

$$\omega_{30} = -2\,\omega_{10}\frac{r_2}{r_1 + r_2}$$

Aus den nun gegebenen absoluten Winkelgeschwindigkeiten kann beispielsweise die relative Winkelgeschwindigkeit ω_{23} mit der 3-Ebenen Gleichung gefunden werden. Aus

$$\omega_{02} + \omega_{23} + \omega_{30} = 0$$

erhalten wir

$$\omega_{23} = \omega_{20} - \omega_{30} = \ldots = 2\,\omega_{10}\frac{r_2^2}{r_1(r_1 + r_2)}$$

Die sog. *Standübersetzung s* des Umlaufrädergetriebes bezieht die Winkelgeschwindigkeiten von Sonnen- und Hohlrad auf den ruhend angenommenen Steg

$$s = \frac{\omega_{23}}{\omega_{03}} = -\frac{r_2}{r_1}$$

Die Relativkinematik lässt sich genauso gut zur Analyse ungleichförmiger Getriebe anwenden.

Beispiel 6.5

Die vorliegende umlaufende Doppelschwinge werde im Punkt *B* mit der relativen Winkelgeschwindigkeit ω_{21} angetrieben.

Geg.: b, ω_{21} = const
Ges.:

a) Winkelgeschwindigkeit ω_{10}
b) Geschwindigkeit $\boldsymbol{v}_B$
c) Winkelgeschwindigkeit ω_{20}, ω_{30}
d) Winkelgeschwindigkeit ω_{23}

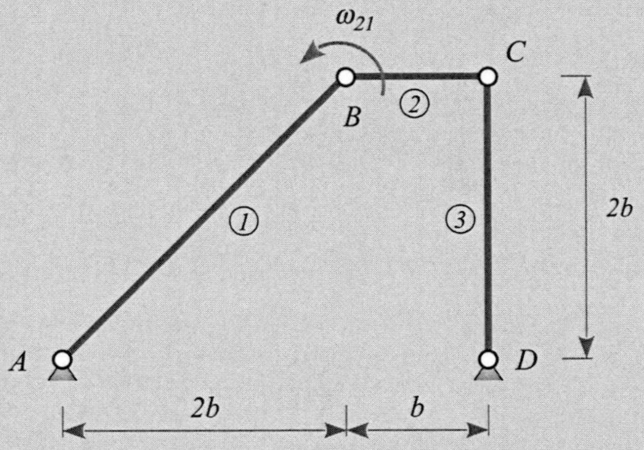

Lösung:

a) Die Anwendung des *1. Satzes von Euler* (5.13) auf Punkt *B* und C ergibt

$$\boldsymbol{v}_B = \omega_{10}\tilde{\boldsymbol{r}}_{AB}$$
$$\boldsymbol{v}_C = \boldsymbol{v}_B + \omega_{20}\tilde{\boldsymbol{r}}_{BC}$$
$$\boldsymbol{v}_C = \omega_{30}\tilde{\boldsymbol{r}}_{DC}$$

Gleichsetzen der beiden letzten Beziehungen unter Verwendung der Ersten liefert

$$\omega_{10}\tilde{\boldsymbol{r}}_{AB} + \omega_{20}\tilde{\boldsymbol{r}}_{BC} = \omega_{30}\tilde{\boldsymbol{r}}_{DC}$$

Die 3-Ebenen Gleichung für die Winkelgeschwindigkeiten der Glieder *1* und *2* besagt

$$\omega_{01} + \omega_{12} + \omega_{20} = 0 \quad bzw. \quad \omega_{20} = \omega_{10} + \omega_{21}$$

Damit lautet die vorherige Gleichung

$$\omega_{10}\left(\tilde{\boldsymbol{r}}_{AB} + \tilde{\boldsymbol{r}}_{BC}\right) + \omega_{21}\tilde{\boldsymbol{r}}_{BC} = \omega_{30}\tilde{\boldsymbol{r}}_{DC}$$

Nach der Vereinfachung $\tilde{\boldsymbol{r}}_{AB} + \tilde{\boldsymbol{r}}_{BC} = \tilde{\boldsymbol{r}}_{AC}$ multiplizieren wir die Gleichung mit $\boldsymbol{r}_{DC}$ und gelangen zur gesuchten Winkelgeschwindigkeit ω_{10}

$$\omega_{10} = -\omega_{21}\frac{\tilde{\boldsymbol{r}}_{BC}\boldsymbol{r}_{DC}}{\tilde{\boldsymbol{r}}_{AC}\boldsymbol{r}_{DC}} = -\omega_{21}\frac{\begin{pmatrix}0\\b\end{pmatrix}\begin{pmatrix}0\\2b\end{pmatrix}}{\begin{pmatrix}-2b\\3b\end{pmatrix}\begin{pmatrix}0\\2b\end{pmatrix}} = -\frac{1}{3}\omega_{21}$$

b) Die Geschwindigkeit des Punkts B lautet nunmehr

$$\boldsymbol{v}_B = \omega_{10}\tilde{\boldsymbol{r}}_{AB} = -\frac{2}{3}\omega_{21}b\begin{pmatrix}-1\\1\end{pmatrix}$$

c) Die Winkelgeschwindigkeiten ω_{20} und ω_{30} erhalten wir aus $\omega_{10}\tilde{\boldsymbol{r}}_{AB} + \omega_{20}\tilde{\boldsymbol{r}}_{BC} = \omega_{30}\tilde{\boldsymbol{r}}_{DC}$

$$\omega_{20} = -\omega_{10}\frac{\tilde{\boldsymbol{r}}_{AB}\boldsymbol{r}_{DC}}{\tilde{\boldsymbol{r}}_{BC}\boldsymbol{r}_{DC}} = \ldots = \frac{2}{3}\omega_{21}$$

und

$$\omega_{30} = \omega_{10}\frac{\tilde{\boldsymbol{r}}_{AB}\boldsymbol{r}_{BC}}{\tilde{\boldsymbol{r}}_{DC}\boldsymbol{r}_{BC}} = \ldots = -\frac{1}{3}\omega_{21}$$

d) Die 3-Ebenen Gleichung

$$\omega_{02} + \omega_{23} + \omega_{30} = 0$$

liefert letztlich wiederum die relative Winkelgeschwindigkeit ω_{23}

$$\omega_{23} = \omega_{20} - \omega_{30} = \omega_{21}$$

Die Winkelbeschleunigungen können grundsätzlich nach derselben Vorgehensweise bestimmt werden, indem wir den *1. Satz von Euler* und die *3-Ebenen Gleichung* dann halt für die Beschleunigungen zu Hilfe nehmen.

In Getrieben mit Schleifengelenken, deren beider Glieder nicht Gestell sind – wie Kurbelschleife und Schwingschleife – ist eine analytische Lösung ausschließlich mittels relativkinematischer Vorgehensweise möglich.

Beispiel 6.6

Die vorliegende umlaufende Kurbelschleife wird gleichmäßig über die Kurbel *1* angetrieben.

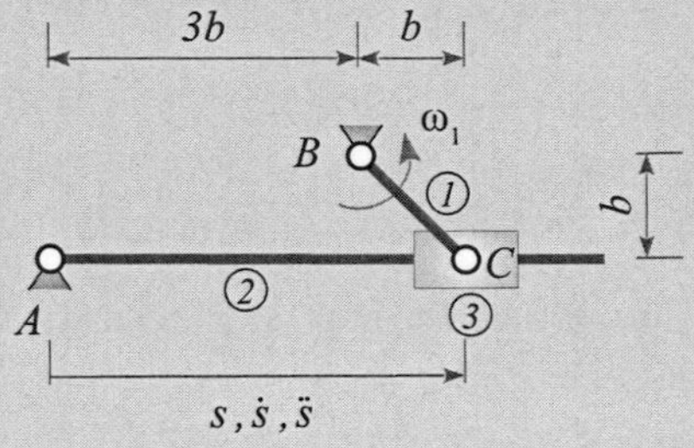

Geg.: b, ω_1 = const

Ges.:

a) Winkelgeschwindigkeit ω_{20}
b) Geschwindigkeit $\boldsymbol{v}_{C32}$
c) Coriolisbeschleunigung $\boldsymbol{a}_{Ccor}$

Lösung:

Die 3-Ebenen Gleichung für den Punkt *C* lautet

$$\boldsymbol{v}_{C02}+\boldsymbol{v}_{C23}+\boldsymbol{v}_{C30}=\boldsymbol{0}$$

Punkt *C* gehört gleichermaßen zu *1* und *3*, daher gilt die Gleichheit $\boldsymbol{v}_{C30}=\boldsymbol{v}_{C10}$ mit

$$\boldsymbol{v}_{C10}=\omega_{10}\tilde{\boldsymbol{r}}_{BC}$$

und darüber hinaus $\boldsymbol{v}_{C20}=\omega_{20}\, s\,\tilde{\boldsymbol{e}}_{AC}$ und $\boldsymbol{v}_{C32}=\dot{s}\,\boldsymbol{e}_{AC}$. Einsetzen in die obige 3-Ebenen Gleichung in der Gestalt

$$\boldsymbol{v}_{C30}=\boldsymbol{v}_{C20}+\boldsymbol{v}_{C32}$$

liefert als Ausgangspunkt für weitere Berechnungen

$$\omega_{10}\tilde{\boldsymbol{r}}_{BC}=\omega_{20}\, s\,\tilde{\boldsymbol{e}}_{AC}+\dot{s}\,\boldsymbol{e}_{AC}$$

a) Multiplikation dieser Beziehung mit $\tilde{\boldsymbol{e}}_{AC}$ führt auf die gesuchte Winkelgeschwindigkeit der Schwinge

$$\omega_{20}=\omega_{10}\frac{\tilde{\boldsymbol{r}}_{BC}\tilde{\boldsymbol{e}}_{AC}}{s} = \omega_1\frac{\begin{pmatrix} b \\ b \end{pmatrix}\begin{pmatrix} 0 \\ 1 \end{pmatrix}}{4\text{b}}=\frac{1}{4}\omega_1$$

b) Multiplizieren wir stattdessen mit $\boldsymbol{e}_{AC}$, erhalten wir nun den Betrag der gesuchten Relativgeschwindigkeit $\dot{s}=v_{C32}$

$$\dot{s}=\omega_{10}\tilde{\boldsymbol{r}}_{BC}\boldsymbol{e}_{AC} = \omega_1\begin{pmatrix} b \\ b \end{pmatrix}\begin{pmatrix} 1 \\ 0 \end{pmatrix} = \omega_1 b$$

c) Die Coriolisbeschleunigung im Punkt C resultiert aus den nun bekannten Geschwindigkeitsgrößen

$$\boldsymbol{a}_{Ccor}=2\,\omega_{20}\tilde{\boldsymbol{v}}_{C32}=2\,\omega_{20}\dot{s}\,\tilde{\boldsymbol{e}}_{AC}=\frac{1}{4}\omega_1^2 b\,\boldsymbol{e}_y$$

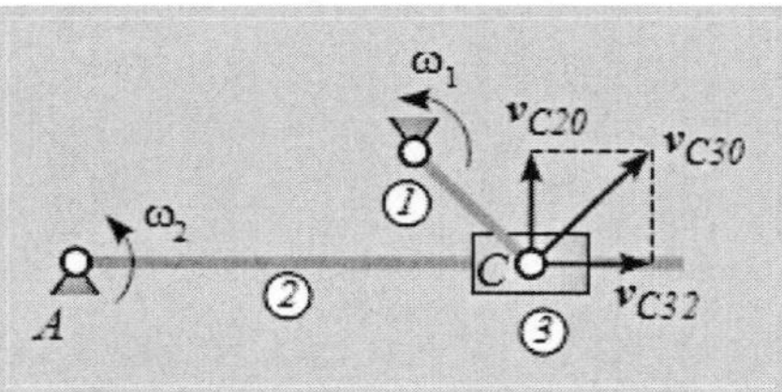

6.10 Zusammenfassung

Die kinematische Analyse von Mechanismen kann einerseits ganzheitlich über die Aufstellung der Maschengleichungen und deren Ableitungen erfolgen. Diese beinhalten dann automatisch die Übertragungsgleichungen. Eine geschlossene analytische Lösung ist wegen der üblicherweise auftretenden Nichtlinearitäten jedoch nur in sehr einfachen Fällen möglich.

Andererseits können – ausgehend von einem Glied mit bekanntem Bewegungsverhalten (Antrieb) – die Geschwindigkeiten und Beschleunigungen der Nachbarglieder mittels der *Euler'schen Gleichungen* bestimmt werden. In Kombination mit der 3-Ebenen Gleichung lassen sich auch Relativbewegungen verschiedener Getriebeglieder hinsichtlich ihrer Geschwindigkeiten und Beschleunigungen untersuchen.

7 Pole der ebenen Bewegung

Während der allgemeinen ebenen Bewegung eines starren Körpers bildet sich eine ganze Reihe besonderer Punkte, die interessante Eigenschaften aufweisen und dadurch unsere Aufmerksamkeit erregen. Einige dieser Punkte zeigen gleich mehrere solcher Besonderheiten und wir bezeichnen sie als *Pole* der Bewegung.

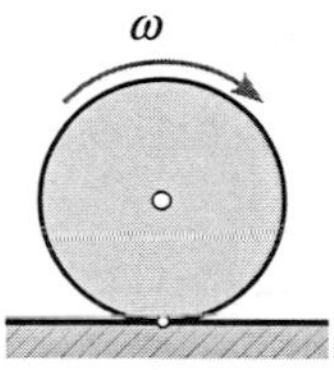

Bild 7.1: Rollendes Rad

In diesem Sinne erweist sich bei einem ideal rollendem Rad neben dem Radmittelpunkt der sog. *Radaufstandspunkt* als solch ein besonderer Punkt, da er wegen der Forderung des schlupffreien Abrollens geschwindigkeitslos zu sein hat.

7.1 Der Geschwindigkeitspol

Nach dem *ersten Satz von Euler* lässt sich die ebene Bewegung eines starren Körpers in eine *Drehung* und eine *Schiebung* zerlegen, gemäß

$$\boldsymbol{v}_A = \boldsymbol{v}_P + \omega\, \tilde{\boldsymbol{r}}_{PA} \tag{7.1}$$

Wir wollen nun zeigen, dass es einen Körperpunkt $\boldsymbol{P}$ gibt, dessen momentane Geschwindigkeit null ist. Dieser kann damit gleichzeitig als gestellfester Punkt aufgefasst werden, um

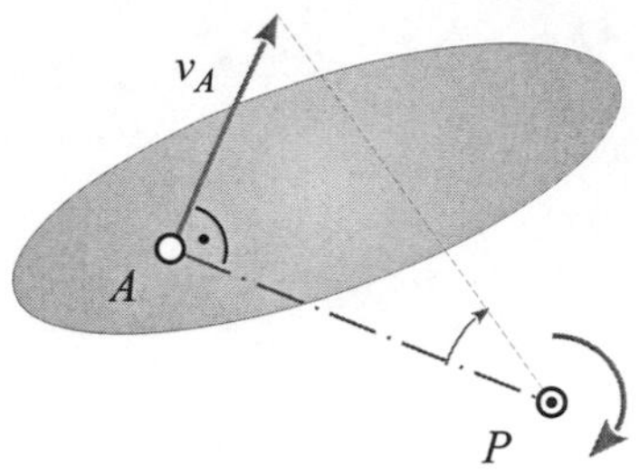

Bild 7.2: Momentanpol ***P*** der ebenen Starrkörperbewegung

den der Körper augenblicklich eine *reine Drehung* vollführt. Wir unterstellen also $\boldsymbol{v}_P = \boldsymbol{0}$, wodurch sich die Euler'schen Gleichung zu

$$\boldsymbol{v}_A = \omega \tilde{\boldsymbol{r}}_{PA} \tag{7.2}$$

vereinfacht und in die Gesetzmäßigkeit für die Geschwindigkeit der gleichmäßigen Kreisbewegung übergeht.

Satz
Die allgemeine ebene Starrkörperbewegung kann augenblicklich als reine Drehung um einen ausgezeichneten Punkt – den ***Momentanpol*** *oder* ***Geschwindigkeitspol*** *– aufgefasst werden.*

Ist die Winkelgeschwindigkeit ω eines Körpers, sowie die Geschwindigkeit eines seiner Punkte ***A*** bekannt, ergibt sich die Lage seines Momentanpols relativ zu jenem Punkt unmittelbar aus Gleichung (7.2)

$$\boldsymbol{r}_{AP} = \frac{1}{\omega} \tilde{\boldsymbol{v}}_A \tag{7.3}$$

Der Momentanpol liegt also auf einer Geraden durch den Punkt ***A***, senkrecht zum Geschwindigkeitsvektor $\boldsymbol{v}_A$. Vollführt der Körper augenblicklich eine reine Translation ($\omega = 0$), so liegt der Pol als Fernpunkt auf dieser Geraden weit weg im Unendlichen.

Wegen gleicher Richtung der Vektoren auf beiden Seiten des Gleichheitszeichens, lässt sich die Beziehung (7.3) mittels Einheitsvektor der Geschwindigkeit $\boldsymbol{e}_A$ umformulieren

$$r_{AP} \tilde{\boldsymbol{e}}_A = \frac{v_A}{\omega} \tilde{\boldsymbol{e}}_A$$

und durch Multiplikation mit $\tilde{\boldsymbol{e}}_A$ in eine skalare Beziehung überführen.

$$r_{AP} = \frac{v_A}{\omega}$$

Hierdurch wird eine geometrische Beziehung des rechtwinkligen Dreiecks in Bild 7.2 sichtbar, wonach

$$\tan\beta = \omega = \frac{v_A}{r_{AP}} \tag{7.4}$$

gilt. Ausdrücklich ist anzumerken, dass jener Winkel β ebenso wie die Winkelgeschwindigkeit ω für die gesamte Gliedebene gilt und – auf beliebige Punkte angewandt – gleich bleibt.

Ist der Momentanpol einmal ermittelt, kann mit seiner Hilfe und der momentanen Winkelgeschwindigkeit ω die Geschwindigkeit jedes beliebigen Körperpunkts nach (7.2) gefunden werden,

$$\boldsymbol{v}_B = \omega\,\tilde{\boldsymbol{r}}_{PB}$$

es sei denn, die Bewegung ist gegenwärtig eine Translation mit ω = 0. In diesem Fall sind jedoch ohnehin die Geschwindigkeiten aller Körperpunkte identisch.

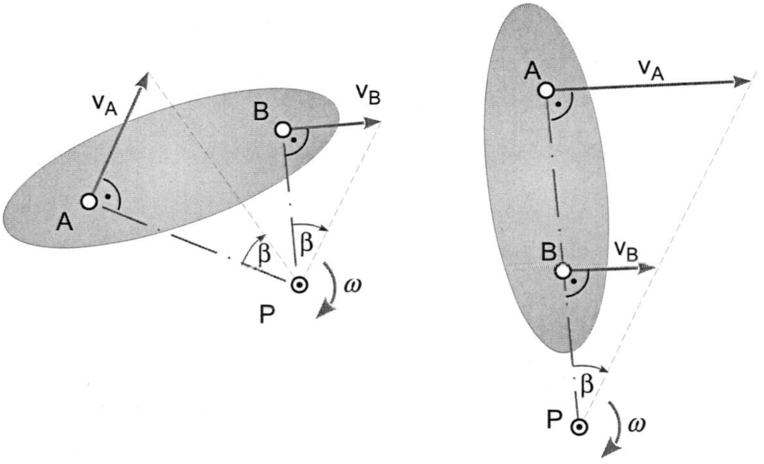

Bild 7.3: Verträglichkeit von Geschwindigkeiten der ebenen Starrkörperbewegung

Bild 7.3 veranschaulicht, dass

$$\tan\beta = \omega = \frac{v_A}{r_{AP}} = \frac{v_B}{r_{BP}}$$

Ebenso verdeutlicht Bild 7.3, wie aus gegebenen zwei Punktgeschwindigkeiten bzw. auch nur aus deren Bewegungsrichtungen die Lage des Momentanpols zeichnerisch über den Schnittpunkt der Orthogonalen gewonnen werden kann, sowie die Vorgehensweise bei einer grafischen Erzeugung des Geschwindigkeitsvektors weiterer Körperpunkte. Entsprechend gilt der

Satz

Der Momentanpol *ist der Schnittpunkt aller* Bahnnormalen *einer Gliedebene.*

Beispiel 7.1

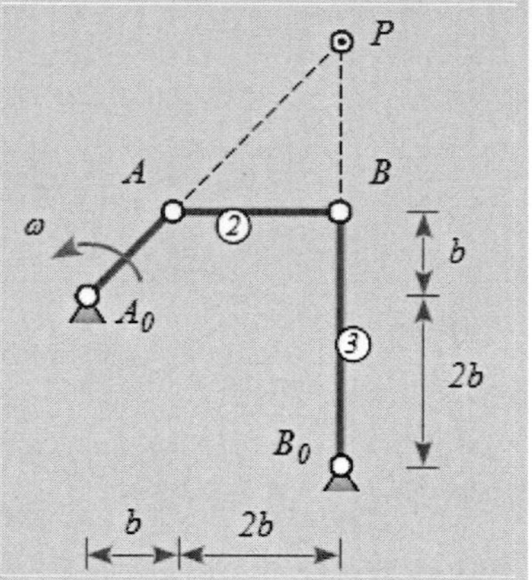

Die Kenntnis der Momentanpollage und damit der Polstrecken erlaubt die Anwendung der skalaren Beziehung (7.4) zur Ermittlung von Geschwindigkeiten.

Als Beispiel betrachten wir eine Kurbelschwinge.

Geg.: ω, b

Ges.: v_B, ω_2, ω_3

Lösung:
Die Lage des Pols P ist gegeben. Der Betrag der Geschwindigkeit des Kurbelpunkts A lautet.

$$v_A = \omega r_{A_0 A} = \omega \sqrt{2} b$$

Die Anwendung von (7.4) auf die Koppelpunkte A und B führt zur Relation

$$\frac{v_A}{r_{PA}} = \frac{v_B}{r_{PB}}$$

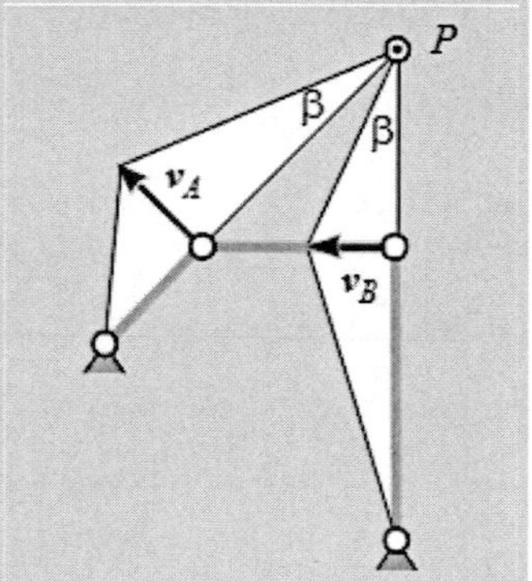

Ähnlichkeitsbetrachtungen an Dreiecken im nebenstehenden Bild liefern die Polstrecken

$$r_{PA} = 2\sqrt{2} b \quad und \quad r_{PB} = 2b$$

und damit den Betrag der Geschwindigkeit des Punkts B.

$$v_B = v_A \frac{r_{PB}}{r_{PA}} = \ldots = \omega b$$

Die Winkelgeschwindigkeit der Koppel 2 erhalten wir aus

$$\omega_2 = \frac{v_A}{r_{PA}} = \frac{1}{2} \omega$$

und die der Schwinge 3 mittels

$$\omega_3 = \frac{v_B}{r_{B_0 B}} = \frac{1}{3} \omega$$

Gemäß einer alternativen Sichtweise kann die ebene Bewegung eines starren Körpers als Bewegung unter dem Einfluss eines Vektorfelds aufgefasst werden, dessen Zentrum sich jeweils im Momentanpol befindet. Auf diese interessante Betrachtungsweise sei lediglich hingewiesen, ohne sie weiter zu vertiefen, da sie uns keine wesentlichen neuen Erkenntnisse liefert.

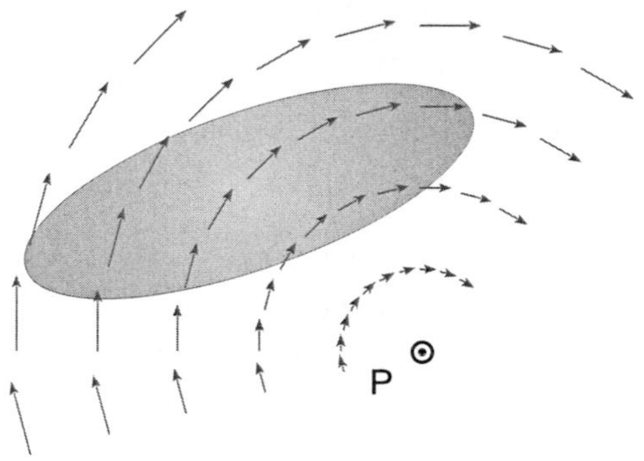

Bild 7.4: Ebene Starrkörperbewegung unter Einfluss eines Vektorfelds

Beispiel 7.2

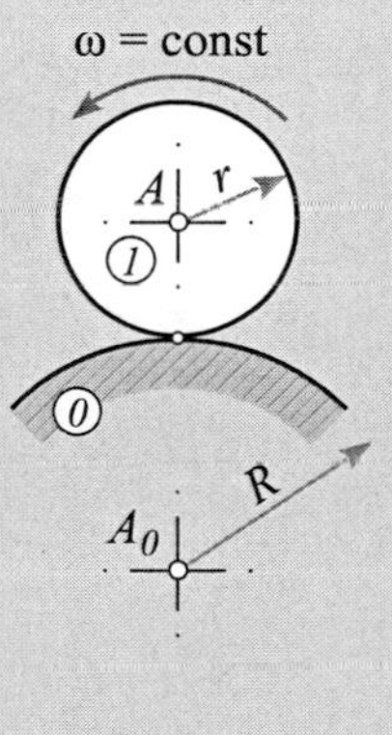

Der Umgang mit dem Momentanpol sei am Beispiel des *rollenden Rades* mit dem Radius r verdeutlicht. Dic Winkelgeschwindigkeit ω des Rades wird als konstanter Wert vorgegeben. Das Rad läuft auf der stationären, konvex kreisförmigen Bahn mit dem Radius R um.

Geg.: $\omega, r, R=2r$

Lösung:
Die Lage des Momentanpols wird als gegeben vorausgesetzt. Er liegt im Wälzpunkt. Damit wenden wir Euler an

$$\boldsymbol{v}_A=\omega\,\tilde{\boldsymbol{r}}_{PA}=\omega\, r\,\tilde{\boldsymbol{e}}_y=-\omega\, r\,\boldsymbol{e}_x$$

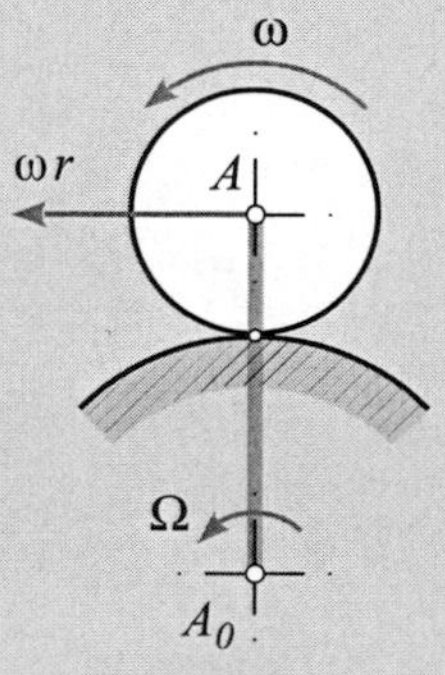

und erhalten die Geschwindigkeit $\boldsymbol{v}_A$ des Radmittelpunkts.

Der Anschaulichkeit und Vereinfachung halber wollen wir ein virtuelles Glied einführen, das im Rad- und Bahnmittelpunkt drehgelenkig befestigt ist und mit dem Rad und mit einer – ebenfalls konstanten – Winkelgeschwindigkeit Ω umläuft.

$$\boldsymbol{v}_A=\Omega\,\tilde{\boldsymbol{r}}_{A_0A}=\Omega(R+r)\tilde{\boldsymbol{e}}_y=-\Omega(R+r)\boldsymbol{e}_x$$

Das Gleichsetzen mit der vorherigen Beziehung führt unmittelbar auf jene Winkelgeschwindigkeit Ω.

$$\Omega = \omega \frac{r}{(R+r)} = \ldots = \frac{1}{3}\omega$$

7.2 Die Polbeschleunigung

Wenn die Geschwindigkeit des Momentanpols auch null ist, so gilt dies nicht für dessen Beschleunigung. Diese *Beschleunigung des Momentanpols* bezeichnen wir als *Polbeschleunigung*. Die Polbeschleunigung erhalten wir einfach durch Anwendung des *ersten Satzes von Euler* für die Beschleunigungen auf den Momentanpol.

$$\boldsymbol{a}_P = \boldsymbol{a}_A + \dot{\omega}\tilde{\boldsymbol{r}}_{AP} - \omega^2 \boldsymbol{r}_{AP}$$

Das Einsetzen der Lage des Momentanpols gemäß Gl. (7.3)

$$\boldsymbol{a}_P = \boldsymbol{a}_A - \frac{\dot{\omega}}{\omega}\boldsymbol{v}_A - \omega\tilde{\boldsymbol{v}}_A \tag{7.5}$$

führt auf eine rein kinematische, geometrielose Beziehung, die im folgenden Abschnitt 8 noch hilfreich sein wird.

Beispiel 7.3

In Fortsetzung des Beispiels 7.1 wollen wir die Polbeschleunigung des mit dem Wälzpunkt zwischen Rad und Bahn zusammenfallenden Momentanpols ermitteln. Hierzu benötigen wir zunächst die Beschleunigung des Radmittelpunkts ***A*** und wenden dann *Euler-1* auf das virtuelle Verbindungsglied an.

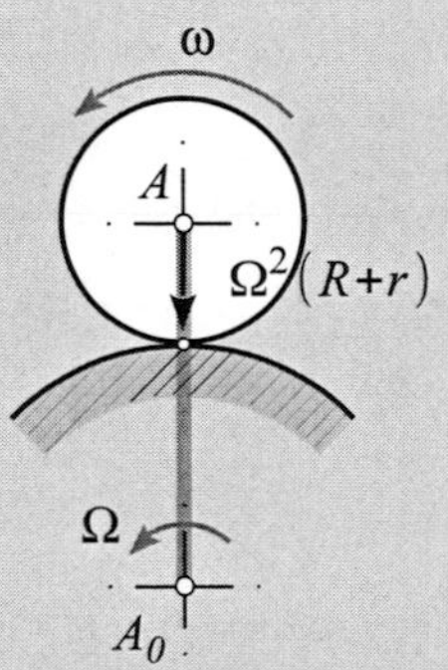

$$\boldsymbol{a}_A = \boldsymbol{a}_{A_0} + \dot{\Omega}\tilde{\boldsymbol{r}}_{A_0A} - \Omega^2 \boldsymbol{r}_{A_0A} = -\Omega^2 (R+r)\boldsymbol{e}_y = -\omega^2 \frac{r^2}{(R+r)}\boldsymbol{e}_y$$

Die Polbeschleunigung gehorcht Gleichung (7.5)

$$\boldsymbol{a}_P = \boldsymbol{a}_A - \omega\tilde{\boldsymbol{v}}_A = -\omega^2 \frac{r^2}{(R+r)}\boldsymbol{e}_y - \omega(-\omega r \tilde{\boldsymbol{e}}_x)$$

und wir erhalten so die in positive y-Richtung nach oben gerichtete Beschleunigung des Momentanpols ***P***

$$\boldsymbol{a}_P = \omega^2 \frac{rR}{(R+r)}\boldsymbol{e}_y = \ldots = \frac{2}{3}\omega^2 r\,\boldsymbol{e}_y$$

7.3 Beschleunigungspol

In Analogie zum Momentanpol verschwindet im Beschleunigungspol $\boldsymbol{Q}$ eines Körpers erwartungsgemäß dessen Beschleunigung. Es gilt also

$$\boldsymbol{a}_Q=\boldsymbol{0}$$

Die Anwendung der ersten Euler'schen Gleichung liefert

$$\boldsymbol{a}_A+\dot{\omega}\,\tilde{\boldsymbol{r}}_{AQ}-\omega^2\boldsymbol{r}_{AQ}=\boldsymbol{0}$$

Wir sind am Vektor $\boldsymbol{r}_{AQ}$ interessiert und wiederverwenden hierzu Gleichung (5.20), in der wir den Punkt $\boldsymbol{B}$ durch $\boldsymbol{Q}$ ersetzen.

$$\boldsymbol{r}_{AQ}=\frac{\dot{\omega}\,\tilde{\boldsymbol{a}}_A+\omega^2\boldsymbol{a}_A}{\dot{\omega}^2+\omega^4} \tag{7.6}$$

Ein Körper mit einem festen Drehpunkt hat eben dort seinen Beschleunigungspol. Für einen Körper, der momentan eine reine Translation durchführt, wird $\dot{\omega}^2+\omega^4$ Null und der Beschleunigungspol verschwindet ins Unendliche.

Der Winkel γ, den die Beschleunigung eines Gliedpunkts mit dem Polstrahl einschließt, ist für alle Punkte gleich und ergibt sich unmittelbar aus der Ähnlichkeitstransformation (4.30).

$$\tan\gamma=-\frac{\dot{\omega}}{\omega^2} \tag{7.7}$$

Wenn jetzt die Lage des Beschleunigungspols bekannt ist, kann nunmehr die Beschleunigung eines beliebigen anderen Körperpunkts $\boldsymbol{B}$ mittels der obigen Ausgangsgleichung bestimmt werden.

$$\boldsymbol{a}_B=\dot{\omega}\,\tilde{\boldsymbol{r}}_{QB}-\omega^2\boldsymbol{r}_{QB} \tag{7.8}$$

Beispiel 7.4

In Fortsetzung des Beispiels 7.2 interessiert uns nun brennend die Lage des Beschleunigungspols des umlaufenden Rades. Hierzu haben wir vorher bereits alle notwendigen Größen ermittelt und können Gleichung (7.6), die sich wegen konstanter Winkelgeschwindigkeiten erheblich vereinfachen wird, unmittelbar anwenden.

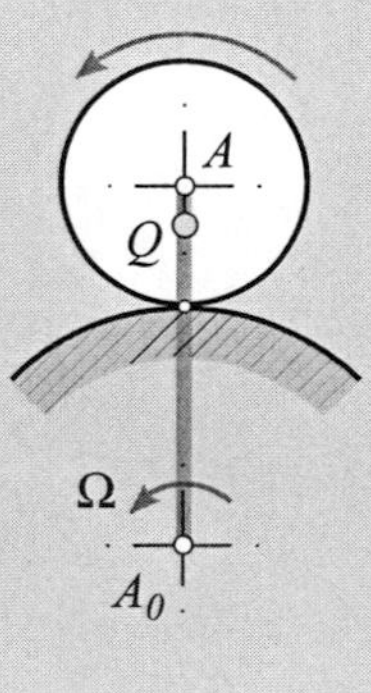

$$\boldsymbol{r}_{AQ}=\frac{\boldsymbol{a}_A}{\omega^2}=-\frac{r^2}{(R+r)}\boldsymbol{e}_y=\ldots=-\frac{1}{3}r\,\boldsymbol{e}_y$$

Der Beschleunigungspol liegt im Abstand von einem Drittel des Radius unterhalb des Radmittelpunkts.

7.4 Ruckpol

In Abschnitt 5.4 haben wir den Ruck als zeitliche Ableitung der Beschleunigung kennengelernt. In Weiterführung der Betrachtungen von Geschwindigkeits- und Beschleunigungspol postulieren wir also die Existenz eines *Ruckpols R* – als *ruckfreien Punkt* einer Gliedebene. Gemäß Gleichung (5.19) muss dort der Ruck des Punkts *R* verschwinden, also $\boldsymbol{j}_R = \boldsymbol{0}$ gelten

$$\boldsymbol{j}_A + (\ddot{\omega} - \omega^3)\tilde{\boldsymbol{r}}_{AR} - 3\omega\dot{\omega}\,\boldsymbol{r}_{AR} = \boldsymbol{0}$$

Wie in Gleichung (5.23) bereits gezeigt, lässt sich diese Beziehung nach $\boldsymbol{r}_{AR}$ auflösen

$$\boldsymbol{r}_{AR} = -\frac{(\ddot{\omega} - \omega^3)\tilde{\boldsymbol{j}}_A + 3\omega\dot{\omega}\,\boldsymbol{j}_A}{(\ddot{\omega} - \omega^3)^2 + 9\dot{\omega}^2\omega^2} \tag{7.9}$$

Ein Glied mit festem Drehpunkt hat eben dort seinen Ruckpol. Analog zum Beschleunigungspol gilt darüber hinaus, dass der Winkel δ, den der Ruck eines Gliedpunkts mit dem Polstrahl einschließt, für alle Gliedpunkte gleich ist. Aus der Ähnlichkeitstransformation (5.23) ermitteln wir ihn zu

$$\tan\delta = -\frac{\ddot{\omega} - \omega^3}{3\omega\dot{\omega}} \tag{7.10}$$

Beispiel 7.5

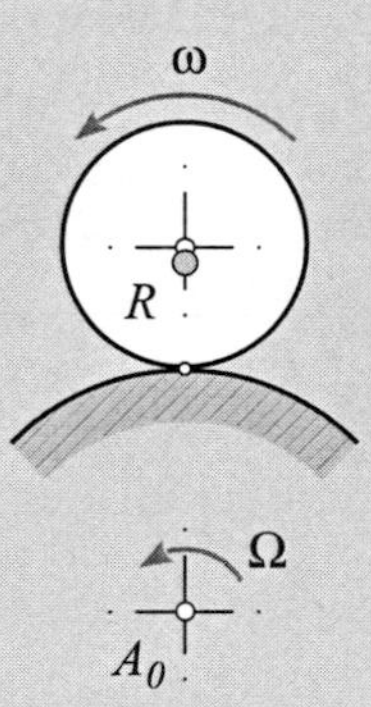

Wiederum in Fortsetzung des Beispiels 7.4 wollen wir unsere Erkenntnisse hinsichtlich des rollenden Rades vervollständigen und auch noch die Lage seines Ruckpols ermitteln. Hierzu benötigen wir zunächst den Ruck des Radmittelpunkts $\mathbf{j}_A$. Wir wenden Gleichung (5.21) auf das virtuelle Stegglied an.

$$\boldsymbol{j}_A = -\Omega^3\tilde{\boldsymbol{r}}_{A_0A} = -\Omega^3(R+r)\tilde{\boldsymbol{e}}_y = \omega^3\frac{r^3}{(R+r)^2}\boldsymbol{e}_x$$

Jetzt besorgen wir uns mittels Gleichung (7.9) die Lage des Ruckpol

$$\boldsymbol{r}_{AR} = -\frac{r^3}{(R+r)^2}\tilde{\boldsymbol{e}}_x = -\frac{r^3}{(R+r)^2}\boldsymbol{e}_y = \ldots = -\frac{1}{9}r\,\boldsymbol{e}_y$$

Der Ruckpol ***R*** liegt mit einem Neuntel des Radius knapp unterhalb vom Radmittelpunkt.

Es ist sicherlich lohnend, die Erkenntnisse dieses Kapitels in einem etwas komplexeren Beispiel anzuwenden.

Beispiel 7.6

Wir werden die Pole einer Kurbelschwinge mit einfachen geometrischen und kinematischen Verhältnissen bestimmen.

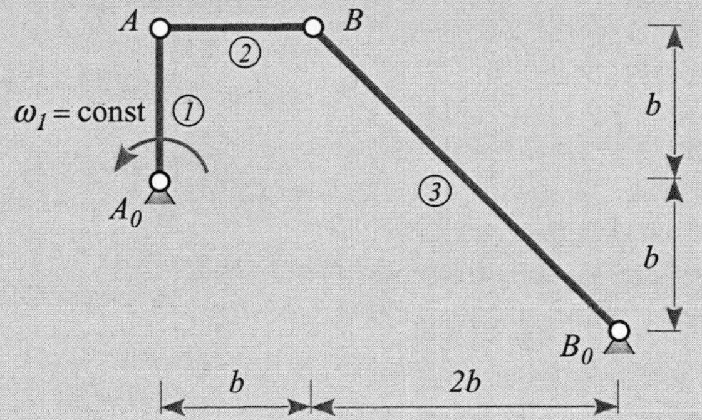

Bild 7.5: durchschlagende Kurbelschwinge

Mit den gegebenen Gliedvektoren

$$\boldsymbol{r}_1=\begin{pmatrix}0\\b\end{pmatrix},\ \tilde{\boldsymbol{r}}_1=\begin{pmatrix}-b\\0\end{pmatrix},\ \boldsymbol{r}_2=\begin{pmatrix}b\\0\end{pmatrix},\ \tilde{\boldsymbol{r}}_2=\begin{pmatrix}-b\\0\end{pmatrix},\ \boldsymbol{r}_3=\begin{pmatrix}-2b\\2b\end{pmatrix},\ \tilde{\boldsymbol{r}}_3=\begin{pmatrix}-2b\\-2b\end{pmatrix}$$

und der konstanten Antriebswinkelgeschwindigkeit ω_1 begeben wir uns auf die Suche nach dem Momentanpol der Koppel. Hierzu benötigen wir die Geschwindigkeit eines ihrer Punkte und ihre Winkelgeschwindigkeit. Es bietet sich Punkt $\boldsymbol{A}$ an. Die Geschwindigkeit von $\boldsymbol{A}$ und die Winkelgeschwindigkeit der Koppel ergeben sich unter Verwendung von (6.7) zu

$$\begin{aligned}\boldsymbol{v}_A &= \omega_1\tilde{\boldsymbol{r}}_1\\ \omega_2 &= -\omega_1\frac{\tilde{\boldsymbol{r}}_1\boldsymbol{r}_3}{\tilde{\boldsymbol{r}}_2\boldsymbol{r}_3} = -\omega_1\end{aligned}$$

Wir erhalten damit die Lage des Momentanpols über

$$\boldsymbol{r}_{AP} = \frac{\tilde{\boldsymbol{v}}_A}{\omega_2} = -\frac{\tilde{\boldsymbol{r}}_2\boldsymbol{r}_3}{\tilde{\boldsymbol{r}}_1\boldsymbol{r}_3}\boldsymbol{r}_1=...=\boldsymbol{r}_1$$

als interessanterweise rein geometrisches – von Geschwindigkeiten unabhängiges – Ergebnis. Betrachten wir den Nenner in der Klammer, erkennen wir, dass dieser verschwindet, wenn $\boldsymbol{r}_1$ und $\boldsymbol{r}_3$ parallel sind. Der Momentanpol bewegt sich dann entlang des Vektors $\boldsymbol{r}_1$ ins Unendliche.

Die Erkenntnis, dass die Momentanpollage vom Bewegungszustand eines Getriebes unabhängig ist, erweist sich übrigens als allgemeingültig. Dies wird später in Abschnitt 8 noch diskutiert.

Die sehr anschauliche zeichnerische Ermittlung des Momentanpols der Koppel eines Gelenkvierecks als *Schnittpunkt* der *Kurbel-* und *Schwingengerade* wird dort auch bei der Behandlung des Krümmungsmittelpunkts seine Begründung erfahren.

Nun wenden wir uns dem Beschleunigungspol zu. Der Beschleunigungspol von Kurbel und Schwinge liegt jeweils in deren unbeweglichen Gestellpunkten – dies sagt uns auch die Anschauung. Gesucht ist letztlich der Beschleunigungspol der Koppel.

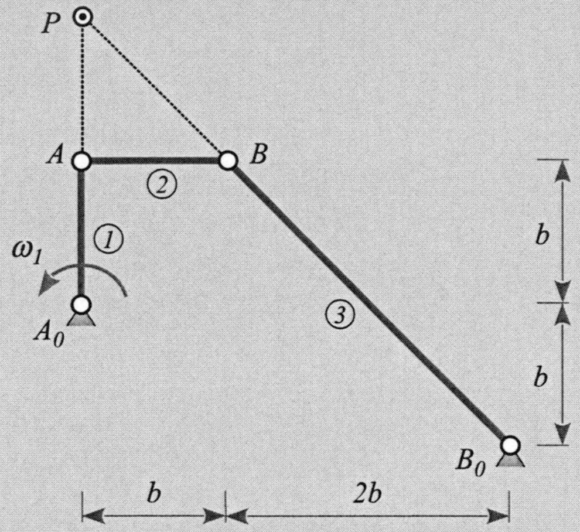

Bild 7.6: Momentanpol ***P*** der Kurbelschwinge

Wir benötigen – ausgehend vom Punkt ***A*** – dessen Beschleunigung $\boldsymbol{a}_A$ und zusätzlich zur bereits bestimmten Winkelgeschwindigkeit ω_2 die Winkelgeschwindigkeit ω_3 sowie die Winkelbeschleunigung $\dot{\omega}_2$ der Koppel. Diese wird uns durch die Gleichungen (6.6) und (6.7) geliefert.

$$\boldsymbol{a}_A = -\omega_1^2 \boldsymbol{r}_1$$

$$\omega_3 = -\omega_1 \frac{\tilde{\boldsymbol{r}}_1}{\tilde{\boldsymbol{r}}_2 \boldsymbol{r}_3} \boldsymbol{r}_2 = \frac{1}{2}\omega_1$$

$$\dot{\omega}_2 = -\frac{\dot{\omega}_1 \tilde{\boldsymbol{r}}_1 - \omega_1^2 \boldsymbol{r}_1 - \omega_2^2 \boldsymbol{r}_2 + \omega_3^2 \boldsymbol{r}_3}{\tilde{\boldsymbol{r}}_2 \boldsymbol{r}_3} \boldsymbol{r}_3 = -2\omega_1^2$$

Damit gerüstet, gehen wir in die Beziehung (7.6)

$$\boldsymbol{r}_{AQ} = \frac{\dot{\omega}_2 \tilde{\boldsymbol{a}}_A + \omega_2^2 \boldsymbol{a}_A}{\dot{\omega}_2^2 + \omega_2^4}$$

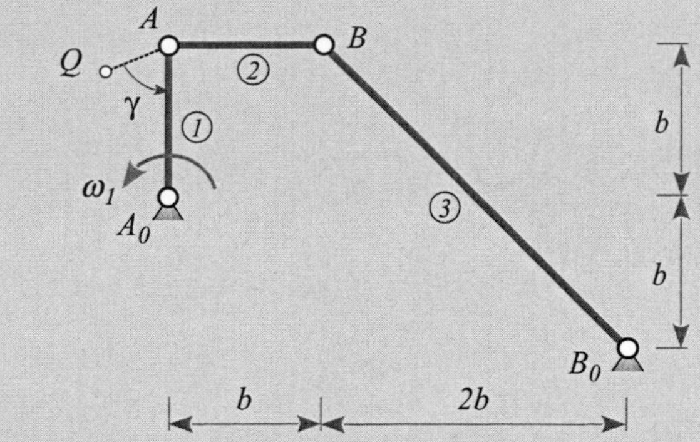

Bild 7.7: Beschleunigungspol $\boldsymbol{Q}$ der Kurbelschwinge

und erhalten mit

$$\boldsymbol{r}_{AQ}=\frac{[(\tilde{\boldsymbol{r}}_2\boldsymbol{r}_3)(\boldsymbol{r}_1\boldsymbol{r}_3)+(\tilde{\boldsymbol{r}}_1\boldsymbol{r}_3)(\boldsymbol{r}_2\boldsymbol{r}_3)-(\tilde{\boldsymbol{r}}_1\boldsymbol{r}_2)\boldsymbol{r}_3^2]\boldsymbol{r}_1-(\tilde{\boldsymbol{r}}_1\boldsymbol{r}_3)\tilde{\boldsymbol{r}}_1}{[(\tilde{\boldsymbol{r}}_2\boldsymbol{r}_3)(\boldsymbol{r}_1\boldsymbol{r}_3)+(\tilde{\boldsymbol{r}}_1\boldsymbol{r}_3)(\boldsymbol{r}_2\boldsymbol{r}_3)-(\tilde{\boldsymbol{r}}_1\boldsymbol{r}_2)\boldsymbol{r}_3^2]^2+(\tilde{\boldsymbol{r}}_1\boldsymbol{r}_3)^4}(\tilde{\boldsymbol{r}}_2\boldsymbol{r}_3)^2 = \frac{2}{5}\tilde{\boldsymbol{r}}_1-\frac{1}{5}\boldsymbol{r}_1 = -\frac{1}{5}\begin{pmatrix}2b\\ b\end{pmatrix}$$

wiederum eine rein geometrische Beziehung. Die Lage des Beschleunigungspols ist bereits in Bild 7.7 gekennzeichnet. Der charakteristische Winkel γ gemäß Gleichung (7.7) ist

$$\gamma = \tan^{-1}\left(-\frac{\dot{\omega}_2}{\omega_2^2}\right)=\tan^{-1}\left(-\frac{-2\,\omega_1^2}{\omega_1^2}\right) = \tan^{-1}(2) = 63.4\,°$$

Zuletzt wollen wir den *Ruckpol* der Koppel bestimmen. Die Ruckpole von Kurbel und Schwinge liegen wiederum in deren Gestellpunkten. Zur Anwendung von Gleichung (7.9) benötigen wir über die bislang bestimmten Größen hinaus, den Ruck eines Koppelpunkts – wir wählen hier wieder den bewährten Punkt $\boldsymbol{A}$, die Winkelbeschleunigung der Schwinge $\dot{\omega}_3$ und den Winkelruck $\ddot{\omega}_3$ der Koppel.

$$\boldsymbol{j}_A=-\omega_1^3\tilde{\boldsymbol{r}}_1$$

$$\dot{\omega}_3 = -\frac{\dot{\omega}_1\tilde{\boldsymbol{r}}_1-\omega_1^2\boldsymbol{r}_1-\omega_2^2\boldsymbol{r}_2+\omega_3^2\boldsymbol{r}_3}{\tilde{\boldsymbol{r}}_2\boldsymbol{r}_3}\boldsymbol{r}_2 = \frac{3}{4}\omega_1^2$$

$$\ddot{\omega}_2 = \omega_2^3-\frac{(\ddot{\omega}_1-\omega_1^3)\tilde{\boldsymbol{r}}_1-3\,\omega_1\,\dot{\omega}_1\boldsymbol{r}_1-3\,\omega_2\,\dot{\omega}_2\boldsymbol{r}_2+3\,\omega_3\,\dot{\omega}_3\boldsymbol{r}_3}{\tilde{\boldsymbol{r}}_2\boldsymbol{r}_3}\boldsymbol{r}_3 = -\frac{17}{2}\omega_1^3$$

und können damit den Ruckpol mittels Gleichung (7.9) bestimmen.

$$\boldsymbol{r}_{AR}=-\frac{(\ddot{\omega}-\omega^3)\,\tilde{\boldsymbol{j}}_A+3\,\omega\,\dot{\omega}\,\boldsymbol{j}_A}{(\ddot{\omega}-\omega^3)^2+9\,\dot{\omega}^2\omega^2}=...=-\frac{10}{123}\boldsymbol{r}_1-\frac{8}{123}\tilde{\boldsymbol{r}}_1$$

Dieser liegt hier in unmittelbarer Nähe des Systempunkts $\boldsymbol{A}$. Der Winkel δ zur Polgeraden gehorcht der Gleichung (7.10)

$$\delta=\tan^{-1}\left(-\frac{\ddot{\omega}-\omega^3}{3\,\omega\,\dot{\omega}}\right)=\tan^{-1}\left(\frac{5}{4}\right)=51.3\,°$$

Bild 7.8: Ruckpol ***R*** der Kurbelschwinge

7.5 Relativpole

Wir haben bereits den Momentanpol als Punkt kennengelernt, um den ein Glied momentan eine reine Drehung vollführt. Hierbei war das Gestellglied implizit als Referenzsystem vereinbart. Diese absolute Beschränkung soll nun aufgehoben werden.

Allgemein kann die Bewegung eines Gliedes *i* bezüglich eines Gliedes *j* – und umgekehrt – als reine Drehung um einen gemeinsamen Pol $\mathbf{P}_{ij}$ aufgefasst werden. Es gilt nach Gleichung (7.3) entsprechend

$$\boldsymbol{r}_{APij}=\frac{\tilde{\boldsymbol{v}}_{Aij}}{\omega_{ij}} \tag{7.11}$$

für die Strecke vom Punkt $\boldsymbol{A}$ zum Relativpol $\boldsymbol{P}_{ij}$. Der Relativpol ist unabhängig von der Wahl des Bezugsglieds, es gilt also $\boldsymbol{P}_{ij} = \boldsymbol{P}_{ji}$. Als Nachweis sei angemerkt, dass bei einem Bezugsgliedwechsel – also dem Vertauschen der Indizes *i* und *j* – sowohl Zähler als auch Nenner in Gleichung (7.11) ihr Vorzeichen wechseln, und so die linke Seite des Gleichheitszeichens davon unberührt bleibt. Da also die Reihenfolge der Indizierung bei der Bezeichnung eines Relativpols irrelevant ist, folgen wir der Konvention, immer den numerisch kleineren Index zuerst zu schreiben[43].

43 Wir schreiben P_{02} und nicht P_{20}. Bei eindeutigem Kontext lassen wir sogar das "P" weg und notieren 02.

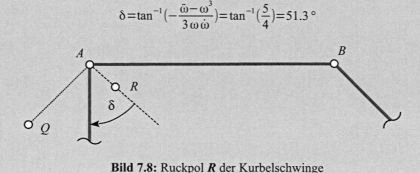

Bei der Bewegung dreier Ebenen *i-j-k* entstehen drei Relativpole *ij, jk* und *ik,* von denen behauptet wird, dass sie auf einer Geraden liegen. Zum Beweis wollen wir diese Behauptung vektoriell formulieren und dabei zur besseren Lesbarkeit die Indizes 0-1-2 verwenden.

Die Parallelität der Differenzen der Polstrecken $\boldsymbol{P}_{10}$–$\boldsymbol{P}_{20}$ und $\boldsymbol{P}_{21}$–$\boldsymbol{P}_{20}$ wird gefordert mittels[44]

$$\left(\boldsymbol{r}_{AP20}-\boldsymbol{r}_{AP10}\right)\left(\tilde{\boldsymbol{r}}_{AP20}-\tilde{\boldsymbol{r}}_{AP21}\right) = 0$$

Die Verwendung der Beziehung (7.11) liefert

$$\left(\frac{\tilde{\boldsymbol{v}}_{A20}}{\omega_{20}}-\frac{\tilde{\boldsymbol{v}}_{A10}}{\omega_{10}}\right)\left(\frac{\boldsymbol{v}_{A21}}{\omega_{21}}-\frac{\boldsymbol{v}_{A20}}{\omega_{20}}\right) = 0$$

Die 3-Ebenen Gleichung für die Geschwindigkeiten des Punkts $\boldsymbol{A}$ lautet $\boldsymbol{v}_{A01}+\boldsymbol{v}_{A12}+\boldsymbol{v}_{A20}=\boldsymbol{0}$ und erlaubt uns, $\boldsymbol{v}_{A20}$ zu ersetzen durch $\boldsymbol{v}_{A20}=\boldsymbol{v}_{A10}+\boldsymbol{v}_{A21}$

$$\left(\frac{\tilde{\boldsymbol{v}}_{A10}}{\omega_{20}}+\frac{\tilde{\boldsymbol{v}}_{A21}}{\omega_{20}}-\frac{\tilde{\boldsymbol{v}}_{A10}}{\omega_{10}}\right)\left(\frac{\boldsymbol{v}_{A21}}{\omega_{21}}-\frac{\boldsymbol{v}_{A10}}{\omega_{20}}-\frac{\boldsymbol{v}_{A21}}{\omega_{20}}\right) = 0$$

Nach Durchführung der Multiplikation bleiben nur noch drei Summanden stehen

$$\frac{\tilde{\boldsymbol{v}}_{A10}\boldsymbol{v}_{A21}}{\omega_{20}\omega_{21}}-\frac{\tilde{\boldsymbol{v}}_{A10}\boldsymbol{v}_{A21}}{\omega_{10}\omega_{21}}+\frac{\tilde{\boldsymbol{v}}_{A10}\boldsymbol{v}_{A21}}{\omega_{10}\omega_{20}} = 0$$

Hieraus können wir den Zähler ausklammern und den Hauptnenner bilden.

$$\tilde{\boldsymbol{v}}_{A10}\boldsymbol{v}_{A21}\frac{\omega_{10}-\omega_{20}+\omega_{21}}{\omega_{10}\omega_{20}\omega_{21}} = 0$$

Der Zähler ist nun einfach zu überführen in die Gestalt (5.24) der 3-Ebenen Gleichung $\omega_{01}+\omega_{12}+\omega_{20}=0$, womit die Behauptung bewiesen ist.

Für die relative Bewegung dreier Glieder gilt also das *Theorem von Aronhold-Kennedy*[45] oder der

3-Polsatz
Die drei relativen Momentanpole dreier bewegter Gliedebenen liegen auf einer Geraden.

44 Ausnahmsweise folgen wir hier nicht der eben verkündeten Vereinbarung zur Indizierung von Relativpolen.

45 Der deutscher Mathematiker Siegfried Aronhold (1819-1884) und der britische Ingenieur Alexander Kennedy (1847-1928) fanden unabhängig voneinander den Satz der drei Momentanpole, jeweils 1872 und 1886.

Beispiel 7.7

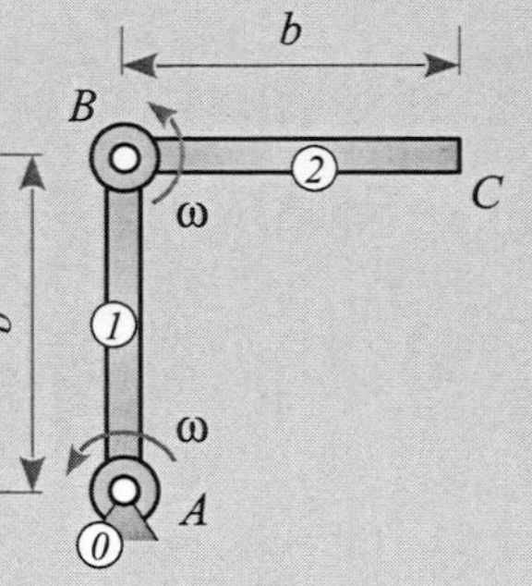

Die zwei seriellen Achsen eines einfachen Handhabungsgeräts werden in ihrer aktuellen Stellung mit derselben Winkelgeschwindigkeit ω angetrieben. Der Pol *01* liegt im Gestelldrehpunkt ***A*** und der Relativpol *12* im Punkt ***B***. Gesucht ist der Pol *02*.

Nach dem 3-Polsatz muss der gesuchte Pol auf der senkrechten Geraden durch die bereits bekannten Pole in ***A*** und ***B*** liegen. Nach Gleichung (7.11) gilt

$$\boldsymbol{r}_{CP02} = \frac{\tilde{\boldsymbol{v}}_{C02}}{\omega_{02}} = \frac{\tilde{\boldsymbol{v}}_{C20}}{\omega_{20}}$$

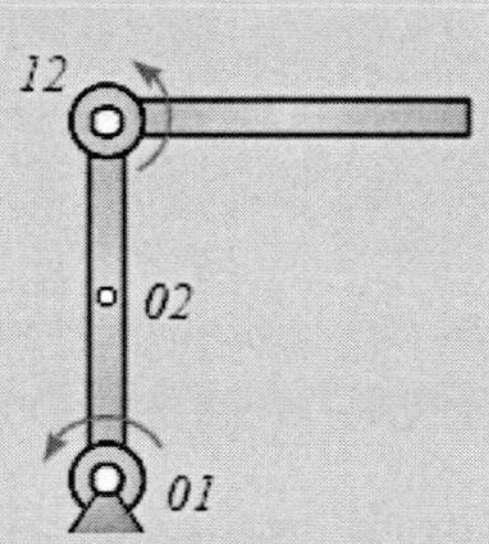

Wir verwenden für die Geschwindigkeiten und Winkelgeschwindigkeiten die 3-Ebenen Gleichungen in der Form

$$\tilde{\boldsymbol{v}}_{C20} = \tilde{\boldsymbol{v}}_{C10} + \tilde{\boldsymbol{v}}_{C21} \quad und \quad \omega_{20} = \omega_{10} + \omega_{21}$$

mit $\boldsymbol{v}_{C10} = \omega_{10}\tilde{\boldsymbol{r}}_{AC}$ und $\boldsymbol{v}_{C21} = \omega_{21}\tilde{\boldsymbol{r}}_{BC}$ und gelangen so zum Vektor

$$\boldsymbol{r}_{CP02} = -\frac{\omega_{10}\boldsymbol{r}_{AC} + \omega_{21}\boldsymbol{r}_{CB}}{\omega_{10} + \omega_{21}} = \ldots = -\begin{pmatrix} b \\ \frac{1}{2}b \end{pmatrix}$$

der – vom Punkt ***C*** aus bestimmten – Lage des Pols *02*.

Bei n Gliedern existieren insgesamt k Relativpole.

$$k = \frac{n}{2}(n-1) \tag{7.12}$$

Zur Ermittlung der Relativpole für Koppelgetriebe gibt es auf der Basis des 3-Polsatzes ein recht anschauliches zeichnerisches Verfahren. Hierbei werden unter Zuhilfenahme eines *Polpolygons* und einer *Polmatrix* die Lagen der Relativpole direkt im Lageplan bestimmt.

Wir erhalten bei Einhaltung der Konvention für die Indizierung am Beispiel eines viergliedrigen Getriebes gemäß Bild 7.9 in der vorteilhaften Matrixschreibweise

01	02	03
	12	13
		23

die zugehörigen sechs Relativpole.

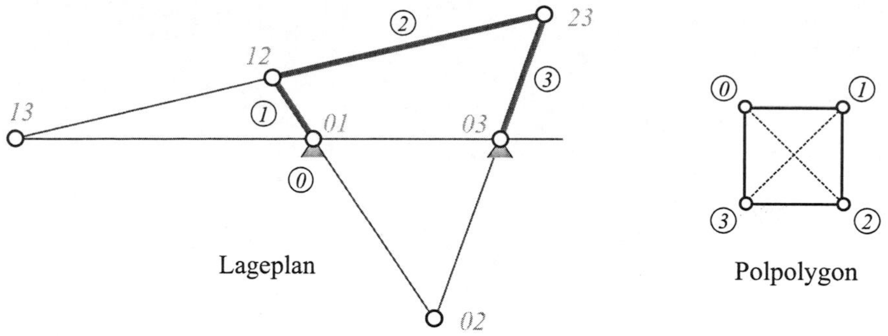

Bild 7.9: Relativpole der Kurbelschwinge

Zum Auffinden der Relativpole mittels der *Polygonmethode* werden folgende Schritte durchgeführt [Vol89]:

1. Nummerierung der Getriebeglieder (Gestell ist *0*).
2. Aufzeichnen eines regulären Polygons mit *n* Punkten – jeder Eckpunkt entspricht einem Glied und erhält dessen Nummer.
3. Pole entsprechen den Kanten / Verbindungslinien des Polygons.
4. Bekannte Pole werden durch dicke oder farbige Linien gekennzeichnet.
5. Unbekannte, gesuchte Pole werden durch gestrichelte oder dünne Verbindungslinien gekennzeichnet.
6. Test, ob eine gestrichelte Linie im Polygon zu zwei verschiedenen *Dreiecken* mit sonst ausschließlich dicken Kanten gehört. Diese zwei Dreiecke repräsentieren jeweils eine *Gerade* durch die zugehörigen Pole im Lageplan.
7. Der gesuchte Pol liegt im Schnittpunkt der Polgeraden im Lageplan. Er wird nun im Polygon mittels *dicker Linie* als zusätzlich bekannter Pol markiert.

Der Satz von den *drei Momentanpolen* gilt auch für Pole, die im Unendlichen liegen (z.B. Schubkurbel). Die Polygonmethode funktioniert auch hier entsprechend problemlos.

7.6 Übersetzung

Wir betrachten zunächst die Übersetzung als Verhältnis von Winkelgeschwindigkeiten bei einem dreigliedrigen Rädergetriebe.

Die Momentanpole *01* und *02* der stationären Räder *1* und *2* liegen im jeweiligen Gestelldrehpunkt. Ausgehend von einem schlupffreien Abrollen der Wälzkreise vollführt das jeweils *große* Rad eine reine relative Drehbewegung um das – festgehalten gedachte – *kleine* Rad. Der Relativpol *12* liegt damit im Berührungspunkt der Wälzkreise – und damit auf einer Geraden mit den Polen *01* und 02, entsprechend des Satzes der *drei Momentanpole*.

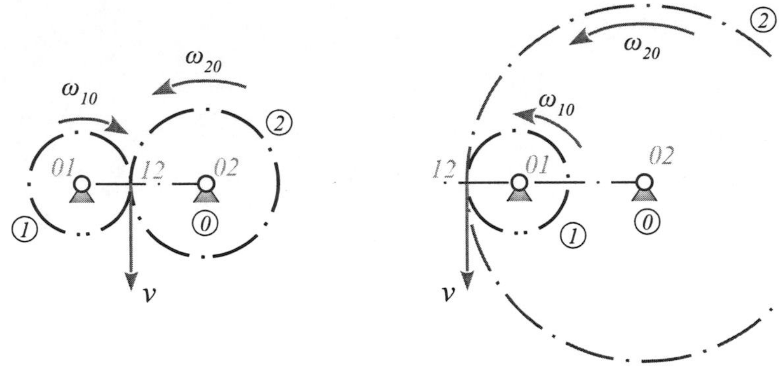

Bild 7.10: Relativpole eines Rädergetriebes

Für die Geschwindigkeit v_{10} bzw. v_{20} im Berührungspunkt gilt

$$v = v_{10} = v_{20} = r_1\omega_{10} = r_2\omega_{20}$$

und somit für die Übersetzung

$$i_{21} = \frac{\omega_{20}}{\omega_{10}} = \frac{r_1}{r_2} \tag{7.13}$$

Bei gleichsinniger Drehbewegung *(Gleichlauf)* erhalten wir eine positive Übersetzung i und bei gegensinnigen Winkelgeschwindigkeiten *(Gegenlauf)* entsprechend eine Negative. Die Übersetzung ist ausdrücklich *nicht* vom Geschwindigkeitszustand eines Getriebes abhängig, sondern von geometrischen Parametern – hier den Wälzkreisradien.

Wir wollen nun diese Überlegungen auf ein ungleichförmig übersetzendes Getriebe anwenden. Die Übersetzung ist hier lediglich ein momentanes Verhältnis, da die Winkelgeschwindigkeiten sowie die Lagen der Relativpole zeitlich veränderlich sind.

In Analogie zu den Rädern in Bild 7.10 können der Kurbel und der Schwinge in Bild 7.11 Wälzkreise zugeordnet werden. Deren Mittelpunkte liegen ebenfalls fest in den Gestelldrehpunkten. Die Radien entsprechen dabei den jeweiligen Abständen der Relativpole auf der Polgeraden.

Tatsächlich rollen hier keine Wälzkreise aufeinander ab, sondern die zugehörigen *Polbahnen,* wie wir im nächsten Unterabschnitt sehen werden. Jedoch entsprechen die Wälzkreise den *Schmiegkreisen* jener Polbahnen im Berührungspunkt mit den korrespondierenden Krümmungsmittelpunkten.

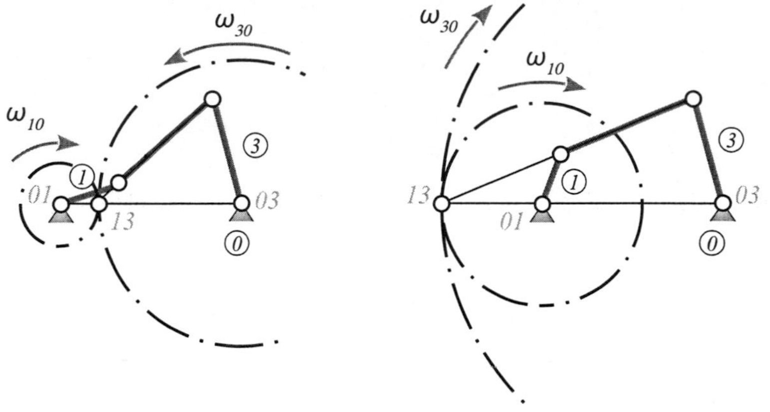

Bild 7.11: Übersetzungen der Kurbelschwinge

Auch ist die Übersetzung unabhängig vom jeweiligen Geschwindigkeitszustand. Vielmehr hängt sie wiederum lediglich von der Getriebegeometrie und den aktuellen Gliedstellungen ab. Es gilt somit für die Kurbelschwinge in Bild 7.11

$$i_{31} = \frac{\omega_{30}}{\omega_{10}} = \frac{r_{01-13}}{r_{03-13}} = \frac{r_1}{r_3}$$

und allgemein der

Satz
Die Übersetzung als Verhältnis der Winkelgeschwindigkeiten zweier Glieder bezogen auf ein Drittes lässt sich als Quotient zweier gerichteter Polstrecken formulieren.

$$i_{jk} = \frac{\omega_{jl}}{\omega_{kl}} = \frac{r_{jk-kl}}{r_{jk-jl}} = \frac{r_k}{r_j} \qquad (7.14)$$

Die Übersetzung ist *positiv*, wenn die Polstrecken *gleiche Richtung* besitzen und *negativ*, wenn sie *entgegengesetzt gerichtet* sind. Die Indizierung erfolgt nach den *nicht gemeinsamen* Indizes in Zähler und Nenner des Quotienten der Winkelgeschwindigkeiten, bzw. nach den *doppelt auftretenden* Indizes im Verhältnis der Polstrecken.

Mit der Kenntnis der Relativpole sowie der Antriebsdrehzahl lässt sich also recht einfach die Abtriebswinkelgeschwindigkeit in der jeweiligen Getriebestellung ermitteln. Bislang haben wir diese mittels direkter Geschwindigkeitsanalyse oder ggf. durch Auswertung der ersten Ableitung der Übertragungsfunktion bestimmt.

Beispiel 7.8

Für die nebenstehende Kurbelschwinge ist die relative Winkelgeschwindigkeit ω_{31} zu ermitteln.

Geg.: $\omega_{10}=\omega, b$

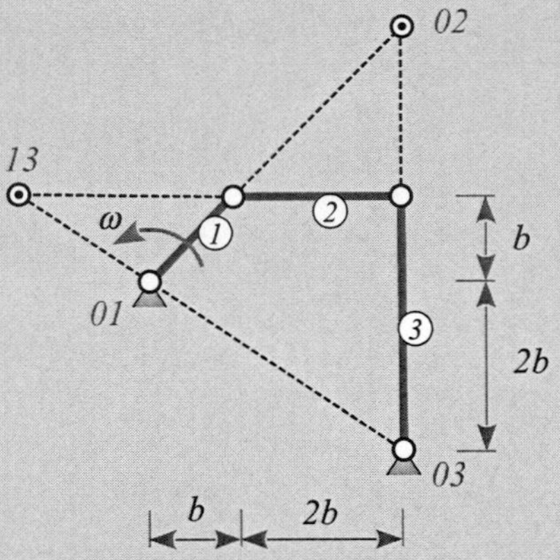

Lösung:
Mit Bezug auf die Ebenen *0-1-3* bestimmen wir die Übersetzung i_{31} anhand der Polstrecken gemäß Gleichung (7.14).

$$i_{31}=\frac{\omega_{30}}{\omega_{10}} = \frac{r_{31-10}}{r_{31-30}}$$

Hierbei ist anzumerken, dass die Indizes *ohne* Rücksicht auf die vereinbarte Polbezeichnung (*kleiner Index zuerst*) belegt werden können. Polstrecken sind in jedem Fall positive Längen.

Der Ähnlichkeit von Dreiecken im Bild entnehmen wir die Beziehungen

$$\frac{r_{13-03}}{r_{13-01}} = \frac{3b}{b}$$

Dieses Verhältnis kann unmittelbar in obiger Beziehung für die Übersetzung genutzt werden

$$i_{31}=\frac{\omega_{30}}{\omega_{10}} = \frac{1}{3}$$

Die Übersetzung ist *positiv*, da beide Polstrecken – von *13* aus – gleichgerichtet sind.

Nunmehr erhalten wir direkt die Winkelgeschwindigkeit der Schwinge

$$\omega_{30} = i_{31} r \omega_{10} = \frac{1}{3}\omega$$

und durch Anwendung der 3-Ebenen Gleichung $\omega_{01}+\omega_{13}+\omega_{30}=0$ die gesuchte Relativwinkelgeschwindigkeit ω_{31}

$$\omega_{31} = \omega_{30}-\omega_{10} = -\tfrac{2}{3}\omega$$

7.7 Polbahnen

Der Momentanpol als augenblicklich geschwindigkeitsloser Punkt einer Gliedebene verändert seine Position im Verlauf der Zeit in Abhängigkeit von der Gliedbewegung.

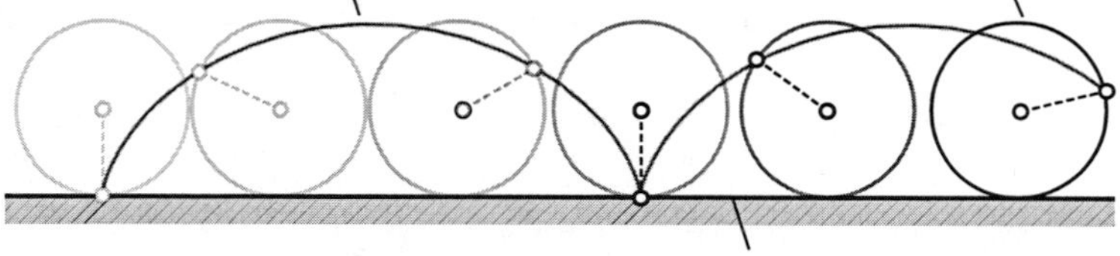

Bild 7.12: Polbahnen des rollenden Rades

Satz
*Der geometrische Ort aller Momentanpole **P** ist die Polbahn.*

Die Polbahn als Punktfolge von Momentanpolen geht aus Gleichung (7.2) hervor und heißt im unbewegten Bezugssystem – der Gestellebene – *Rastpolbahn* und im eigenen bewegten System – der Gliedebene – *Gangpolbahn.* Grundsätzlich sind wir nicht auf das Gestellglied als Bezugssystem beschränkt. Polbahnen lassen sich vielmehr für jede Relativbewegung zweier Mechanismenglieder – als geometrischer Ort aller zugehörigen *Relativpole* – finden.

Satz
Die Relativbewegung zweier Glieder ist identisch mit dem Abrollen ihrer zugehörigen Polbahnen. Der Pol selbst ist hierbei der momentane Wälzpunkt.

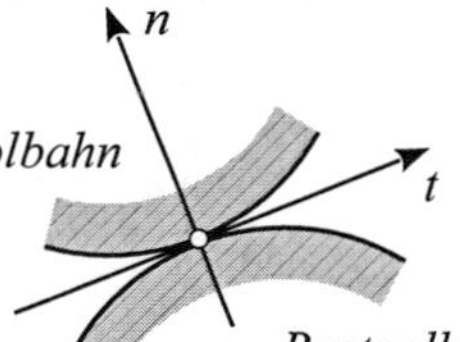

Bild 7.13: Polbahntangente und Polbahnnormale

Im Pol als augenblicklicher Wälzpunkt ist die *Polbahntangente* und *Polbahnnormale* gleichermaßen für Rast- und Gangpolbahn definiert (Bild 7.13). Dadurch werden im Wesentlichen zwei Dinge festgelegt: die tangentiale Richtung, in die sich der Pol verlagern wird und die normale Richtung, in die die Polbeschleunigung zeigt.

Die Bahn eines Gliedpunkts, der gerade zufällig im Pol liegt, berührt dort in Form einer *Schnabelspitze* die Rastpolbahn bzw. ihre Tangente. Er hat sich diesem Punkt in Richtung der Polbahnnormalen angenähert, wird nun umkehren und sich in die Richtung, aus der er gekommen ist, wieder entfernen (Rückkehrpunkt). Dieses Verhalten ist bei den Bahnkurven in Bild 7.12 und 7.15 deutlich zu sehen.

Die Eigenschaft von Gangpolbahn und Rastpolbahn während der Bewegung der zugehörigen Glieder aufeinander abzurollen, wird anhand der Bewegung des *Doppelschiebers* recht anschaulich illustriert (Bild 7.11). Tatsächlich ist der Doppelschieber mit einer Wälzpaarung von feststehendem äußeren Kreis und umlaufendem inneren Kreis kinematisch äquivalent.

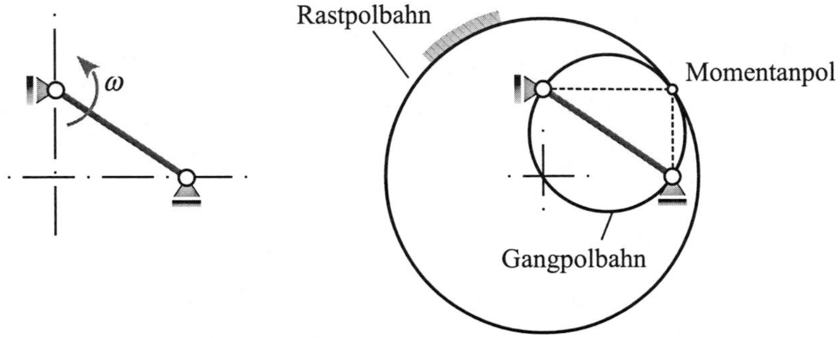

Bild 7.14: Polbahnen des Doppelschiebers

Bild 7.15 zeigt die Rastpolbahn und Gangpolbahn der Koppel einer umlaufenden Doppelschwinge. Auch hier wälzen beide während der Umlaufbewegung aufeinander ab.

Recht häufig bilden Polbahnen nicht solch schöne geschlossene Kurven, wie in den vorliegenden Beispielen gezeigt. So wandert der Momentanpol der Koppel einer Kurbelschwinge regelmäßig in die Unendlichkeit, wenn Kurbel und Schwinge zueinander parallel stehen[46]. Dadurch entstehen separate Kurvenäste, die sich aber dennoch bemühen, weiterhin aufeinander abzurollen.

Im folgenden Abschnitt wird der Momentanpol zusammen mit der *Polbahntangente* und der *Polbahnnormalen* seine hohe Bedeutung beibehalten.

46 Also zweimal pro Umlauf der Kurbel.

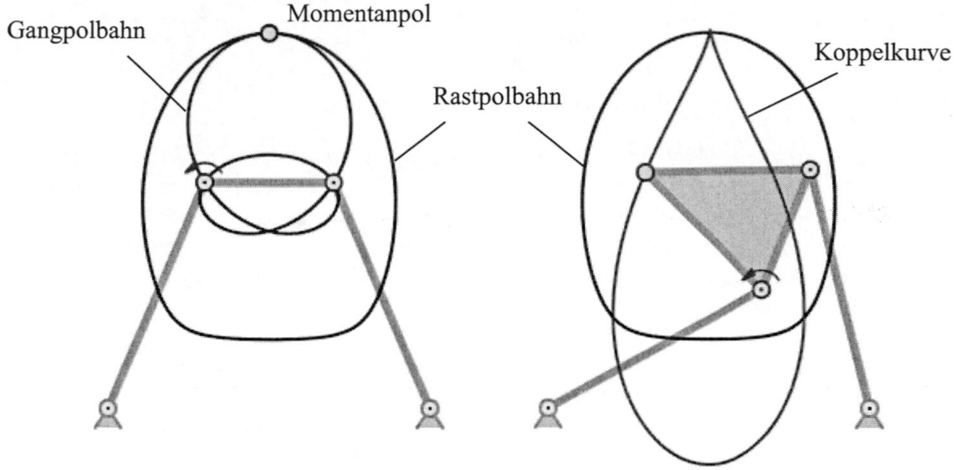

Bild 7.15: Polbahnen und Koppelkurve der umlaufenden Doppelschwinge

Unmittelbare praktische Anwendung finden Polbahnen in *Wälzhebelgetrieben.* Hier werden Abschnitte der Rast- und Gangpolbahn als Kontur der beteiligten Glieder realisiert, um eine schonende, verschleißarme Wälzbewegung in gewünschter Art und Weise zu erzielen.

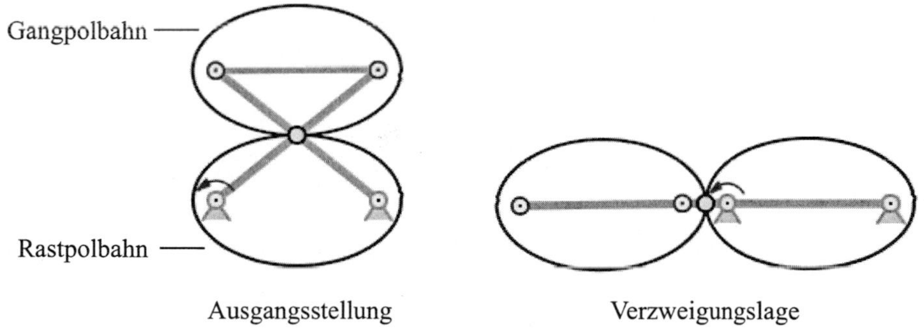

Bild 7.16: Polbahnen des Antiparallelkurbelgetriebes

Rastpolbahn und Gangpolbahn des umlaufenden Antiparallelkurbelgetriebes sind Ellipsen (Bild 7.16). Beim Umlauf des durchschlagenden Getriebes stellen sich zwei Verzweigungslagen ein, in den das Getriebe droht, als Parallelkurbelgetriebe daraus hervor zu gehen. Um dies zu verhindern, wird Koppel und Gestell in der Umgebung jener Lagen mit Fragmenten der abwälzenden Polbahnen ausgestattet. Um damit den Durchlauf jener kritischen Getriebelagen zu unterstützen, wird hier mit einer Hilfsverzahnung gearbeitet – dabei genügt bereits schon *ein* Zahn und *eine* Zahnlücke.

Hinsichtlich eines weiteren anschaulichen Beispiels sei hier auf Kapitel 3 des Lehrbuchs von Karl-Heinz Modler verwiesen [Mod95].

7.8 Zusammenfassung

Die Geschwindigkeit der ebenen Starrkörperbewegung lässt sich als Folge einer reinen Drehung dieses Körpers um seinen *Momentanpol* als augenblicklich geschwindigkeitslosen Punkt im Körpersystem auffassen. Dieselbe Aussage können wir für die Beschleunigung und den *Beschleunigungspol* treffen. Mit der Kenntnis der Lage dieser Pole können die Geschwindigkeiten und Beschleunigungen beliebiger Gliedpunkte analytisch und grafisch einfach bestimmt werden.

Im Zusammenhang mit der relativen Bewegung zweier Glieder zueinander ist ein Relativpol definiert. Hierbei wird die Bewegung eines der Glieder im Bezugssystem des Anderen beobachtet. Erweitern wir die Betrachtung auf drei Glieder, gilt der *3-Polsatz.* Dessen Kenntnis ist hilfreich beim Auffinden aller Relativpole eines Mechanismus. Hat man die Relativpollagen ermittelt, können auf einfache geometrische Weise anhand der Polstrecken momentane Übersetzungen zwischen bewegten Gliedern bestimmt werden.

Der geometrische Ort aller Momentanpole eines Gliedes ist im Bezugssystem die *Rastpolbahn* und im Körpersystem die *Gangpolbahn.* Die Bewegung kann dann als Abwälzbewegung dieser beiden Kurven aufeinander aufgefasst werden. Bei der Gestaltung von Mechanismen kann diese grundlegende Tatsache in manchen Fällen hilfreich konstruktiv ausgenutzt werden.

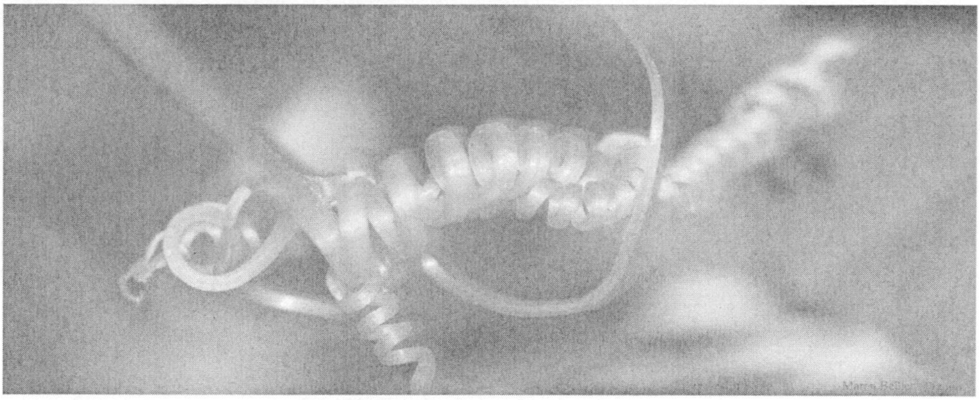

8 Krümmungsverhältnisse

Dem Getriebeanalytiker stellen sich hin und wieder Fragen nach der Krümmung der Bahn von Gliedpunkten in den Weg. Die Fähigkeiten, solche Fragen zielsicher zu beantworten, versetzen ihn dann in die Lage, die Gliedmaße eines Getriebes mit gewünschtem Verhalten festzulegen. Recht häufig ist er hier an konstanter Krümmung oder gar am Fehlen jeglicher Krümmung interessiert. Die Motivation dabei wird möglicherweise geschürt vom Wunsch nach einem sogenannten *Rastgetriebe* oder *Geradführungsgetriebe*.

8.1 Krümmungsmittelpunkt

Ein betrachteter Körperpunkt ***A*** bewegt sich entlang seiner Bahn – Koppelkurve genannt – und befindet sich augenblicklich in der dargestellten Position (Bild 8.1). In jenem Bahnpunkt lässt sich ein stationärer Schmiegkreis definieren, der die Bahnkurve dreipunktig berührt und dessen Radius r damit dem Kurvenkrümmungsradius ρ entspricht.

Wir dürfen unter diesen Voraussetzungen also annehmen, dass sich Punkt ***A*** augenblicklich auf einem Kreis mit der Winkelgeschwindigkeit ω_A um den stationären Mittelpunkt $\boldsymbol{A_0}$ bewegt und wenden daher einfach die Gesetzmäßigkeiten der Kreisbewegung an.

Damit lautet die Geschwindigkeit des Punkts ***A***

$$\boldsymbol{v}_A = \omega_A \tilde{\boldsymbol{r}}_{A_0 A} \qquad (8.1)$$

Die Normalbeschleunigung des Punkts ***A*** aufgrund der Kreisbewegung ist

$$\boldsymbol{a}_{An} = -\omega_A^2 \boldsymbol{r}_{A_0 A} \qquad (8.2)$$

oder unter Verwendung von Gleichung (8.1).

$$\boldsymbol{a}_{An} = \omega_A \tilde{\boldsymbol{v}}_A \qquad (8.3)$$

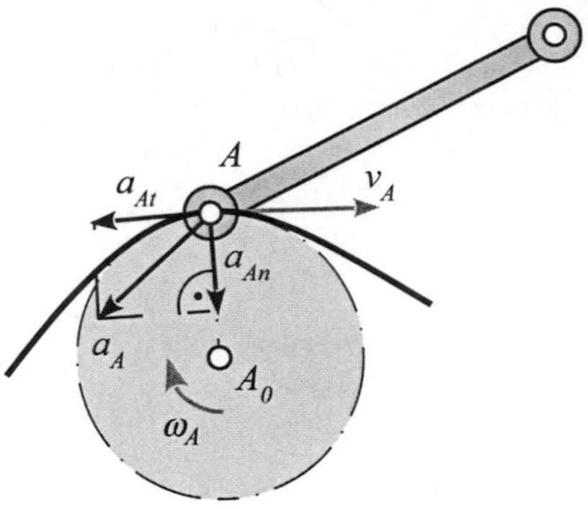

Bild 8.1: Krümmungsmittelpunkt der Bahnkurve eines Körperpunkts

Die Multiplikation mit $\tilde{\boldsymbol{v}}_A$ führt zur Winkelgeschwindigkeit ω_A.

$$\omega_A = \frac{\boldsymbol{a}_{An}\tilde{\boldsymbol{v}}_A}{v_A^2} \tag{8.4}$$

Wegen des projektiven Charakters des Skalarprodukts kann hierin gemäß Bild 8.1 $\boldsymbol{a}_{An}\cdot\tilde{\boldsymbol{v}}_A$ durch $\boldsymbol{a}_A\cdot\tilde{\boldsymbol{v}}_A$ ersetzt werden. Mit dem nun gewonnenen ω_A liefert Gleichung (8.1) die Lage des Krümmungsmittelpunkts $\boldsymbol{A_0}$ von $\boldsymbol{A}$ aus gesehen.

$$\boldsymbol{r}_{AA_0} = \frac{v_A^2}{\boldsymbol{a}_A\tilde{\boldsymbol{v}}_A}\tilde{\boldsymbol{v}}_A \tag{8.5}$$

Im Falle, dass Punkt $\boldsymbol{A}$ augenblicklich geschwindigkeits- oder beschleunigungslos ist bzw. Geschwindigkeit $\boldsymbol{v}_A$ und Beschleunigung $\boldsymbol{a}_A$ gleichgerichtet sind, liegt der Krümmungsmittelpunkt im Unendlichen.

Im Sinne der Relativbewegung sind die Punkte $\boldsymbol{A}$ und $\boldsymbol{A_0}$ absolut gleichberechtigt. Jeder dieser Punkte ist der momentane Krümmungsmittelpunkt im Zusammenhang mit der Bewegung des Gliedes, dem der jeweilige andere Punkt gerade angehört. Deshalb sprechen wir von *zugeordneten* oder *konjugierten Krümmungsmittelpunkten.*

Da nun sowohl der Krümmungsmittelpunkt als auch der Momentanpol $\boldsymbol{P}$, vom Punkt $\boldsymbol{A}$ eines eben bewegten Körpers aus gesehen, orthogonal zur Bewegungsrichtung diese Punkts zu finden ist, gilt dic Kollinearität dieser drei Punkte und damit der

Satz der zugeordneten Krümmungsmittelpunkte

*Ein Punkt **A**, sein Krümmungsmittelpunkt **A₀** und der Momentanpol **P** der ebenen Körperbewegung liegen auf einer Geraden.*

Dies ist von großer praktischer Bedeutung, da mit der Kenntnis zweier Gliedpunkte und ihrer konjugierten Krümmungsmittelpunkte der Momentanpol zeichnerisch einfach über den Schnittpunkt der beiden Polgeraden ermittelt werden kann.

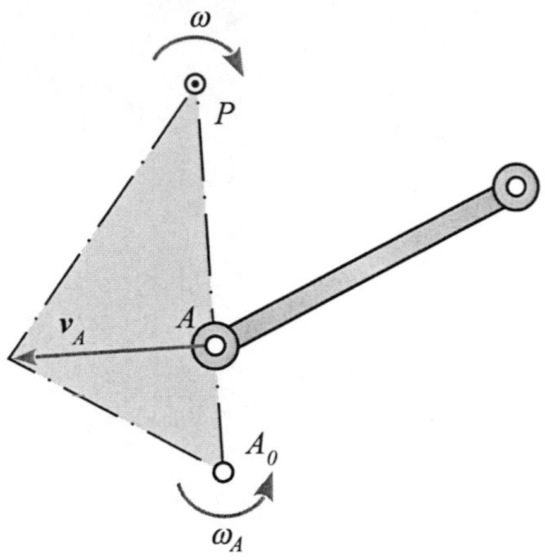

Bild 8.2: konjugierte Krümmungsmittelpunkte und Momentanpol

Wegen der Kollinearität von Pol und Krümmungsmittelpunkten können wir bei den nachfolgenden Beziehungen auf den Vektorcharakter verzichten und hinsichtlich der Strecken[47]

$$r_{PA}+r_{AA_0}+r_{A_0P}=0 \tag{8.6}$$

und Beträge der Geschwindigkeiten

$$\omega \cdot r_{PA}=\omega_A \cdot r_{A_0A}=v_A \tag{8.7}$$

hilfreiche Aussagen formulieren.

Für die einfache Möglichkeit, den Pol zeichnerisch mittels eines Paars konjugierter Krümmungsmittelpunkte zu bestimmen, gibt es eine vektorielle Entsprechung. Als Ansatz wählen wir die zugehörigen Geradengleichungen in Parameterdarstellung

$$\boldsymbol{r}_P=\boldsymbol{r}_A+\lambda_A \boldsymbol{r}_{AA_0} \quad und \quad \boldsymbol{r}_P=\boldsymbol{r}_B+\lambda_B \boldsymbol{r}_{BB_0}$$

47 Dennoch werden diese gerichteten Strecken als vorzeichenbehaftet hinsichtlich einer vereinbarten positiven Richtung angesehen und nicht bloß als schnöde Längen. Insbesondere das Vertauschen der Punktindizes geht mit einem Vorzeichenwechsel einher.

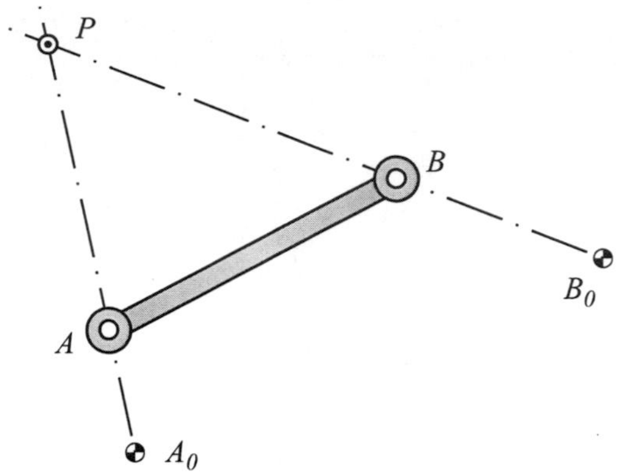

Bild 8.3: Pol und Paar zugeordneter Krümmungsmittelpunkte eines Gliedpunkts

Durch Gleichsetzen dieser Beziehungen und Entsorgung von λ_B durch Multiplikation mit $\tilde{\boldsymbol{r}}_{BB_0}$ erhalten wir

$$\lambda_A \boldsymbol{r}_{AA_0} \tilde{\boldsymbol{r}}_{BB_0} = (\boldsymbol{r}_B - \boldsymbol{r}_A) \tilde{\boldsymbol{r}}_{BB_0}$$

bzw.

$$\lambda_A = \frac{\boldsymbol{r}_{AB} \tilde{\boldsymbol{r}}_{BB_0}}{\boldsymbol{r}_{AA_0} \tilde{\boldsymbol{r}}_{BB_0}}$$

Die Verwendung des Ergebnisses in der Ausgangsbeziehung liefert die gesuchte, rein geometrische Formulierung für die Lage des Pols vom Punkt $\boldsymbol{A}$ aus.

$$\boldsymbol{r}_{PA} = \frac{\boldsymbol{r}_{AB} \tilde{\boldsymbol{r}}_{BB_0}}{\boldsymbol{r}_{AA_0} \tilde{\boldsymbol{r}}_{BB_0}} \boldsymbol{r}_{AA0} \qquad (8.8)$$

Das Problem, dass bei der Parallelität von $\boldsymbol{r}_{AA_0}$ und $\boldsymbol{r}_{BB_0}$ der Nenner hier Null wird, entspricht der zeichnerischen Schwierigkeit, unter solchen Umständen einen Schnittpunkt zu finden. Der Pol hat sich halt als Fernpol in die Unendlichkeit begeben. Beim Vorliegen von Schubgelenken tritt ein ähnliches Problem auf. Hier rücken ja die zugeordneten Krümmungsmittelpunkte unheimlich weit auseinander. Dennoch kann Gleichung (8.8) in solchen Fällen zuverlässig weiter genutzt werden, wenn man nur die Vektoren $\boldsymbol{r}_{AA_0}$ und $\boldsymbol{r}_{BB_0}$ – oder auch nur einen davon – durch ihre Einheitsrichtungsvektoren $\boldsymbol{e}_{AA_0}$ und $\boldsymbol{e}_{BB_0}$ ersetzt.

Es sei ausdrücklich darauf hingewiesen, dass wir ja hier die allgemeinen Krümmungsverhältnisse *einer* Gliedebene betrachten (Bild 8.3). Genau diese Verhältnisse finden wir aber beim gemeinen Viergelenkgetriebe vor. Offensichtlich sind die am Viergelenk gewonnenen Erkenntnisse allgemeingültiger als bislang angenommen und heben dieses Einfachste aller Getriebe in seiner Bedeutung hervor.

8.2 Wendepunkte und Wendepol

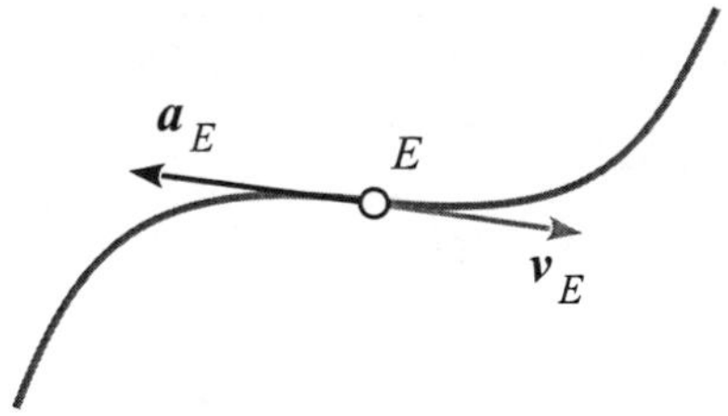

Bild 8.4: Wendepunkt der Bahn eines Gliedpunkts

Körperpunkte, die momentan einen *Wende-* oder *Flachpunkt* – also einen krümmungsfreien Punkt – ihrer Bahn durchlaufen, haben jeweils gleichgerichtete Geschwindigkeits- und Beschleunigungsvektoren. Die Punkte besitzen dann lediglich Tangential- und keine Normalbeschleunigung und gehorchen damit der Bedingung

$$\boldsymbol{a}_E \cdot \tilde{\boldsymbol{v}}_E = 0$$

welche als Sonderfall sowohl vom *Momentanpol* ($\boldsymbol{v}_P = \boldsymbol{0}$), als auch vom *Beschleunigungspol* ($\boldsymbol{a}_Q = \boldsymbol{0}$) erfüllt wird. Wir wollen den 1. Satz von Euler für Geschwindigkeit und Beschleunigung auf einen solchen Punkt $\boldsymbol{E}$ anwenden und wählen – ohne Beschränkung der Allgemeinheit – den geschwindigkeitslosen Momentanpol $\boldsymbol{P}$ als Bezugspunkt.

$$(\boldsymbol{a}_P + \dot{\omega} \tilde{\boldsymbol{r}}_{PE} - \omega^2 \boldsymbol{r}_{PE})(-\omega \boldsymbol{r}_{PE}) = 0$$

Ein Auflösen der Klammern führt zur quadratischen Gleichung in $\boldsymbol{r}_{PE}$

$$\boldsymbol{r}_{PE}^2 - \frac{\boldsymbol{a}_P}{\omega^2} \boldsymbol{r}_{PE} = 0$$

die mittels der quadratischen Ergänzung $\left(\frac{\boldsymbol{a}_P}{2\omega^2}\right)^2$ in die Form

$$\left(\boldsymbol{r}_{PE} - \frac{\boldsymbol{a}_P}{2\omega^2}\right)^2 = \frac{a_P^2}{4\omega^4}$$

einer vektoriellen Kreisgleichung $(\boldsymbol{p} - \boldsymbol{p}_0)^2 = r^2$ gebracht werden kann. Also liegen all jene Punkte eines bewegten Getriebeglieds auf einem Kreis und wir konkretisieren den

Satz
Der Wendekreis *ist der geometrische Ort aller Punkte einer bewegten Gliedebene, die augenblicklich einen Wendepunkt ihrer Bahn durchlaufen und daher keine Normalbeschleunigung besitzen. Momentanpol und Beschleunigungspol liegen auf dem Wendekreis.*

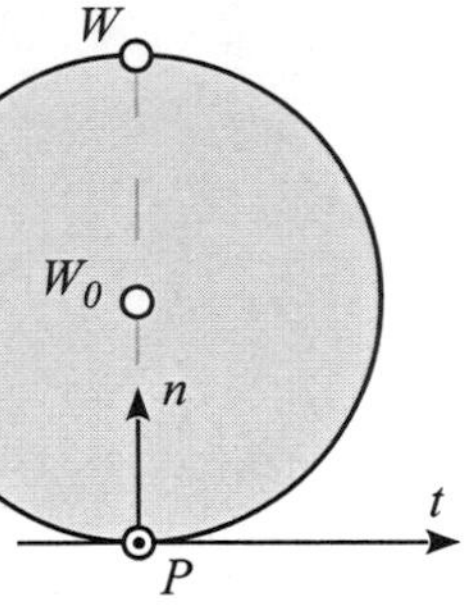

Bild 8.5: Wendekreis und Wendepol

Die Lage des Wendekreismittelpunkts $\boldsymbol{W}_0$ und der Wendekreisradius R_W ergibt sich unmittelbar aus der obigen Kreisgleichung zu

$$\boldsymbol{r}_{PW_0}=\frac{\boldsymbol{a}_P}{2\,\omega^2} \quad \text{und} \quad R_W=\frac{a_P}{2\,\omega^2}$$

Auf dem Wendekreis von besonderem Interesse ist dabei der dem Momentanpol gegenüberliegende Punkt, der *Wendepol* ***W***.

$$\boldsymbol{r}_{PW}=\frac{\boldsymbol{a}_P}{\omega^2} \tag{8.9}$$

Beachtenswerterweise ergibt sich die Lage des Wendepols unmittelbar aus der Kenntnis des Momentanpols in Richtung dessen Polbeschleunigung, die wiederum mit der Richtung der Polbahnnormalen n übereinstimmt.

Um nun die Lage des Wendepols $\boldsymbol{W}$ von einem beliebigen Punkt $\boldsymbol{A}$, anstatt vom Momentanpol $\boldsymbol{P}$ aus zu bestimmen, benutzen wir die Vektorsumme

$$\boldsymbol{r}_{AW}=\boldsymbol{r}_{AP}+\boldsymbol{r}_{PW}$$

und erhalten mit der Lage des Momentanpols $\boldsymbol{r}_{AP}$ nach Gleichung (7.3) und dessen Polbeschleunigung $\boldsymbol{a}_P$ gemäß (7.5) die Position des Wendepols in geometrieloser Form.

$$\boldsymbol{r}_{AW}=\frac{\omega\,\boldsymbol{a}_A-\dot{\omega}\,\boldsymbol{v}_A}{\omega^3} \tag{8.10}$$

Beispiel 8.1

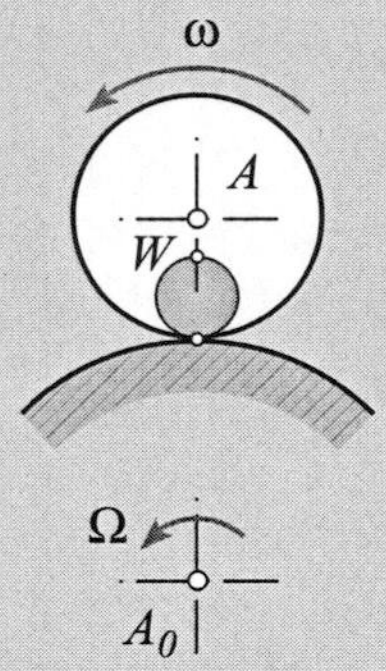

In Anlehnung an Beispiel 7.2 wollen wir den Wendekreis des rollend umlaufenden Rades ermitteln. Die Zutaten zur unmittelbaren Anwendung von Gleichung (8.9) haben wir bereits aus Beispiel 7.3.

Geg.: $\omega, r, R=2r, \boldsymbol{a}_P=\frac{2}{3}\omega^2 r\boldsymbol{e}_y$

Die Lage des Wendepols ***W***, vom Momentanpol ***P*** aus gesehen, ist

$$\boldsymbol{r}_{PW}=\frac{\boldsymbol{a}_P}{\omega^2} = \ldots = \frac{2}{3} r\boldsymbol{e}_y$$

und der Wendepol fällt hierbei mit dem Beschleunigungspol zusammen, es gilt also $\boldsymbol{Q}=\boldsymbol{W}$. Der Wendekreisdurchmesser als Abstand der Punkte ***P*** und ***W*** beträgt $d_W=\frac{2}{3}r$.

8.3 Bressesche Kreise

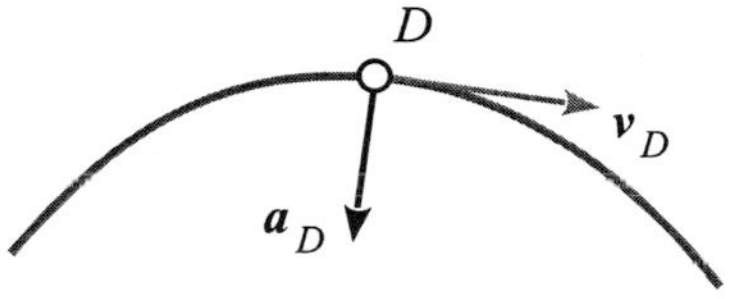

Bild 8.6: Bahnbewegung ohne Tangentialbeschleunigung

Körperpunkte, die augenblicklich keine Tangentialbeschleunigung – also lediglich Normalbeschleunigung – besitzen, haben jeweils orthogonal zueinander gerichtete Geschwindigkeits- und Beschleunigungsvektoren. Sie gehorchen damit der Bedingung

$$\boldsymbol{a}_D \cdot \boldsymbol{v}_D = 0$$

die wiederum vom *Momentanpol* ($\boldsymbol{v}_P = \boldsymbol{0}$) und vom *Beschleunigungspol* ($\boldsymbol{a}_Q = \boldsymbol{0}$) erfüllt wird. Wir setzen die Geschwindigkeit und Beschleunigung nach *Euler-1* für einen solchen Punkt ein. Dabei wird erneut der Momentanpol ***P*** als Bezugspunkt mit bekannten kinematischen Eigenschaften gewählt.

$$\left(\boldsymbol{a}_P + \dot{\omega}\tilde{\boldsymbol{r}}_{PD} - \omega^2 \boldsymbol{r}_{PD}\right)\left(\omega\tilde{\boldsymbol{r}}_{PD}\right)=0$$

Ein Auflösen der Klammern liefert die quadratische Gleichung in $\boldsymbol{r}_{PD}$

$$\boldsymbol{r}_{PD}^2-\frac{\tilde{\boldsymbol{a}}_P}{\dot{\omega}}\boldsymbol{r}_{PD}=0$$

die mittels der quadratischen Ergänzung $(\frac{a_P}{2\dot{\omega}})^2$ in die Form

$$(\boldsymbol{r}_{PD}-\frac{\tilde{\boldsymbol{a}}_P}{2\dot{\omega}})^2=\frac{a_P^2}{4\dot{\omega}^2}$$

einer vektoriellen Kreisgleichung $(\boldsymbol{p}-\boldsymbol{p}_0)^2=r^2$ gebracht werden kann. Damit liegen alle Punkte einer Gliedebene, die obige Bedingung erfüllen, ebenfalls auf einem Kreis.

Satz

Der Tangentialkreis[48] *ist der geometrische Ort aller Punkte einer bewegten Gliedebene, die momentan keine Tangentialbeschleunigung sondern ausschließlich Normalbeschleunigung aufweisen. Momentanpol und Beschleunigungspol liegen auf dem Tangentialkreis.*

Die Lage des Tangentialkreismittelpunkts $\boldsymbol{T}_0$ sowie der Tangentialkreisradius R_T ergibt sich unmittelbar aus der obigen Kreisgleichung zu

$$\boldsymbol{r}_{PT_0}=\frac{\tilde{\boldsymbol{a}}_P}{2\dot{\omega}} \quad \text{und} \quad R_T=\frac{a_P}{2\dot{\omega}}$$

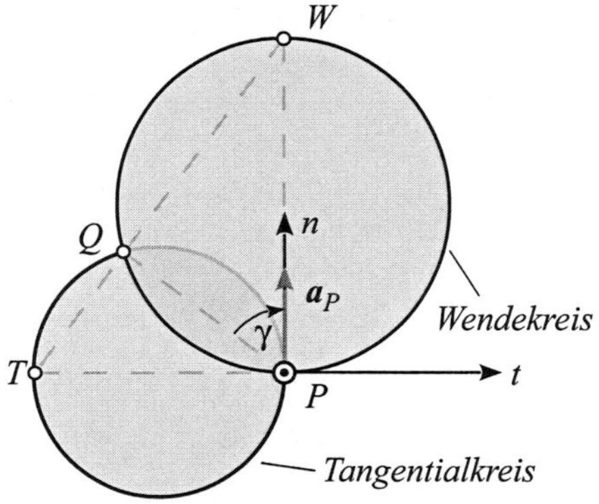

Bild 8.7: Bressesche Kreise

Den Punkt, der dem Momentanpol auf dem Tangentialkreis gegenüber liegt, wollen wir als Tangentialpol $\boldsymbol{T}$ bezeichnen. Seine Lage wird bestimmt mittels

48 Auch *Wechselkreis* genannt.

$$r_{PT} = \frac{\tilde{a}_P}{\dot{\omega}} \tag{8.11}$$

Satz

Wendekreis und Tangentialkreis gemeinsam werden als Bressesche[49] *Kreise bezeichnet. Sie schneiden sich stets im* Momentanpol *und* Beschleunigungspol. *Ihre Mittelpunkte liegen – vom Pol aus gesehen – in orthogonaler Ausrichtung auf der Polbahnnormalen und der Polbahntangente.*

Der Beschleunigungspol $\boldsymbol{Q}$ als Schnittpunkt der *Bresse*schen Kreise leuchtet sofort ein, ist er doch jener Punkt der Gliedebene, der weder Tangential- noch Normalbeschleunigung besitzt. Der Momentanpol als weiterer Schnittpunkt ruft Stirnrunzeln hervor. Er hat doch nachweislich eine Polbeschleunigung und müsste zumindest auf einem der Kreise fehl am Platze sein. Der hierdurch entstehende Knoten im Kopf mag sich auflösen, wenn wir uns in Erinnerung rufen, dass nicht ausdrücklich ein *Fehlen* von Normal- oder Tangentialbeschleunigung, sondern vielmehr die *gleiche* bzw. *orthogonale Richtung* von Geschwindigkeit und Beschleunigung eines Gliedpunkts für die gesuchten geometrischen Örter gefordert war. Dies ist ja an und für sich auch weitgehend gleichbedeutend – halt bis auf den vorliegenden Fall, dass die Geschwindigkeit Null ist. Das von uns verwendete Skalarprodukt interpretiert dabei den Zustand *gleichgerichtet* und *orthogonal* in jedem Fall wohlwollend als zutreffend[50].

Wenn das Getriebeglied keine Winkelbeschleunigung besitzt, dann strebt der Tangentialkreisradius gegen Unendlich. Der Beschleunigungspol liegt dann mit dem Momentanpol und Wendepol auf einer Geraden.

Der Ruckpol liegt weder auf dem Tangentialkreis noch auf dem Wendekreis[51].

Beispiel 8.2

In Weiterführung des Beispiels 7.6 sind die Bresseschen Kreise des Viergelenks zu ermitteln.

Geg.: $\boldsymbol{v}_A = \omega_1 \tilde{\boldsymbol{r}}_1, \omega_2 = -\omega_1, \boldsymbol{a}_A = -\omega_1^2 \boldsymbol{r}_1, \dot{\omega}_2 = -2\omega_1^2$

Zunächst bestimmen wir die Polbeschleunigung anhand von Gleichung (7.5)

$$\boldsymbol{a}_P = \boldsymbol{a}_A - \frac{\dot{\omega}_2}{\omega_2} \boldsymbol{v}_A - \omega_2 \tilde{\boldsymbol{v}}_A \;=\; -2\omega_1^2 (\tilde{\boldsymbol{r}}_1 + \boldsymbol{r}_1)$$

49 Jaques Antoine Charles Bresse (1822 1883), französischer angewandter Mechaniker.

50 Otto Kraemer schlägt in seinem Lehrbuch hierzu pragmatisch vor, man möge sich eine kleine Unterbrechung im Tangentialkreis – wie bei einem Kolbenring – denken, um dem Dilemma hier aus dem Weg zu gehen [Kra87].

51 Vielmehr kann man zeigen, dass der Ruckpol – analog dem Beschleunigungspol – zusammen mit dem Momentanpol ein weiteres Kreispaar bildet.

Den Wendepol finden wir damit vom Momentanpol aus mittels Gleichung (8.9)

$$\boldsymbol{r}_{PW} = -2(\tilde{\boldsymbol{r}}_1 + \boldsymbol{r}_1) = \begin{pmatrix} 2b \\ -2b \end{pmatrix}$$

Der Wendekreis besitzt damit den Durchmesser $d_W = 2\sqrt{2}b$. Die Beziehung (8.11) liefert schließlich den Tangentialpol

$$\boldsymbol{r}_{PT} = \frac{\tilde{\boldsymbol{a}}_P}{\dot{\omega}} = \tilde{\boldsymbol{r}}_1 - \boldsymbol{r}_1 = \begin{pmatrix} -b \\ -b \end{pmatrix}$$

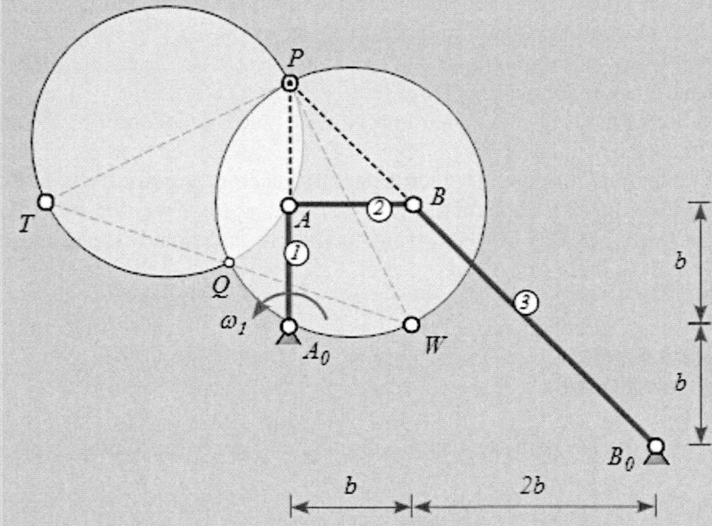

Die Zusammenhänge mit dem Krümmungsverhalten werden an diesem Beispiel sehr anschaulich verdeutlicht:

- Der Momentanpol ist im Schnittpunkt der Kurbel- und Schwingengeraden zu finden. Er liegt mit den Punkten ***A*** und ***B*** und ihren zugeordneten Krümmungsmittelpunkten $\boldsymbol{A_0}$ und $\boldsymbol{B_0}$ jeweils auf einer gemeinsamen Geraden.
- Der Beschleunigungspol liegt – wie der Momentanpol – im Schnittpunkt der Bresseschen Kreise.
- Der – auch zur gleichmäßig angetriebenen Kurbel gehörige – Koppelpunkt ***A*** weist nur Normalbeschleunigung auf und muss deshalb auf dem Tangentialkreis liegen.

8.4 Die Gleichung von Euler-Savary

Wir betrachten die kinematischen Verhältnisse an einem Gliedpunkt $\boldsymbol{A}$ im Zusammenhang mit seinem Krümmungsmittelpunkt und dem körpereigenen Wendekreis.

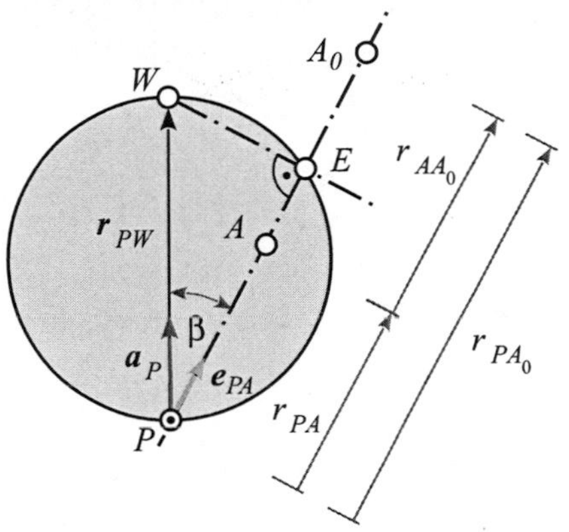

Bild 8.8: Wendekreis und zugehörige Krümmungsmittelpunkte

Erst einmal gehen wir von der Polbeschleunigung $\boldsymbol{a}_P$ gemäß Gleichung (7.5) des betrachteten Gliedes aus und eliminieren den Summanden, der die Winkelbeschleunigung $\dot{\omega}$ enthält, durch Multiplikation dieser Gleichung mit $\tilde{\boldsymbol{v}}_A$.

$$\boldsymbol{a}_P \tilde{\boldsymbol{v}}_A = \boldsymbol{a}_A \tilde{\boldsymbol{v}}_A - \omega v_A^2$$

Die Multiplikation der Gleichung (8.5) ebenfalls mit $\tilde{\boldsymbol{v}}_A$ liefert

$$\boldsymbol{r}_{AA_0} \tilde{\boldsymbol{v}}_A = \frac{v_A^4}{\boldsymbol{a}_A \tilde{\boldsymbol{v}}_A}$$

Dieser Ausdruck lässt sich nach $\boldsymbol{a}_A \tilde{\boldsymbol{v}}_A$ auflösen und in obige Gleichung einsetzen.

$$\boldsymbol{a}_P \tilde{\boldsymbol{v}}_A = \frac{v_A^4}{\boldsymbol{r}_{AA_0} \tilde{\boldsymbol{v}}_A} - \omega v_A^2$$

Mit den bekannten Ausdrücken $\tilde{\boldsymbol{v}}_A = -\omega \boldsymbol{r}_{PA}$ und $\boldsymbol{a}_P = \omega^2 \boldsymbol{r}_{PW}$ können wir nun alle kinematischen Größen hinauswerfen.

$$-\boldsymbol{r}_{PW} \boldsymbol{r}_{PA} = -\frac{r_{PA}^4}{\boldsymbol{r}_{AA_0} \boldsymbol{r}_{PA}} - r_{PA}^2$$

Nach dem *Satz der konjugierten Krümmungsmittelpunkte* sind die Vektoren $\boldsymbol{r}_{AA_0}$ und $\boldsymbol{r}_{PA}$ gleichgerichtet und es können stattdessen deren Strecken verwendet werden.

$$\boldsymbol{r}_{PW}\boldsymbol{r}_{PA} = \frac{r_{PA}^3}{r_{AA_0}} + r_{PA}^2 \tag{8.12}$$

Bild 8.8 entnehmen wir den Zusammenhang der Strecken[52] $r_{PA} + r_{AA_0} - r_{PA_0} = 0$, den wir unter Berücksichtigung der Vorzeichen einpflegen

$$\boldsymbol{r}_{PW}\boldsymbol{r}_{PA} = r_{PA}^2\left(\frac{r_{PA}}{r_{AA_0}} + 1\right) = r_{PA}^2\frac{r_{PA_0}}{r_{AA_0}} \tag{8.13}$$

Die verbleibenden Vektoren $\boldsymbol{r}_{PW}$ und $\boldsymbol{r}_{PA}$ können zerlegt werden in Länge und Einheitsvektor

$$r_{PW}r_{PA}\boldsymbol{e}_{PW}\boldsymbol{e}_{PA} = r_{PA}^2\frac{r_{PA_0}}{r_{AA_0}}$$

Nun gelingt die Division mit r_{PA}

$$r_{PW}\boldsymbol{e}_{PW}\boldsymbol{e}_{PA} = r_{PA}\frac{r_{PA_0}}{r_{AA_0}}$$

Die Strecke r_{AA_0} wird ersetzt durch $r_{AA_0} = r_{PA_0} - r_{PA}$

$$r_{PW}\boldsymbol{e}_{PW}\boldsymbol{e}_{PA} = \frac{r_{PA}r_{PA_0}}{r_{PA_0} - r_{PA}}$$

und die skalaren Gleichungsanteile dann jeweils auf die andere Seite des Gleichheitszeichens transportiert, um mit der zusätzlichen Winkelbeziehung $\cos\beta = \boldsymbol{e}_{PW}\boldsymbol{e}_{PA}$ die *Gleichung von Euler-Savary* zu erhalten.

$$\left(\frac{1}{r_{PA}} - \frac{1}{r_{PA_0}}\right)\cos\beta = \frac{1}{r_{PW}}$$

Diese Beziehung gilt für gleichgerichtete Strecken r_{PA} und r_{PA_0}. In diesem Fall liegen die Punkte $\boldsymbol{A}$ und $\boldsymbol{A_0}$ auf derselben Seite des Polstrahls von $\boldsymbol{P}$ aus gesehen. Wenn der Pol bei entgegen gerichteten Strecken zwischen den den zugeordneten Krümmungsmittelpunkten liegt, erhalten wir stattdessen eine Summe in der Klammer. Letztlich gilt also allgemein

$$\left(\frac{1}{r_{PA}} \pm \frac{1}{r_{PA_0}}\right)\cos\beta = \frac{1}{r_{PW}} \tag{8.14}$$

52 Siehe auch Gleichung (8.6)

Satz
Die Gleichung von Euler-Savary *kennzeichnet den Krümmungszustand der Bahn eines Gliedpunkts während seiner ebenen Bewegung.*

Gleichung (8.13) repräsentiert die *Euler-Savary* Gleichung in ihrer vektoriellen Form. Deren Anwendung hat den Vorteil, sich über Richtungen und Vorzeichen keine Gedanken machen zu müssen.

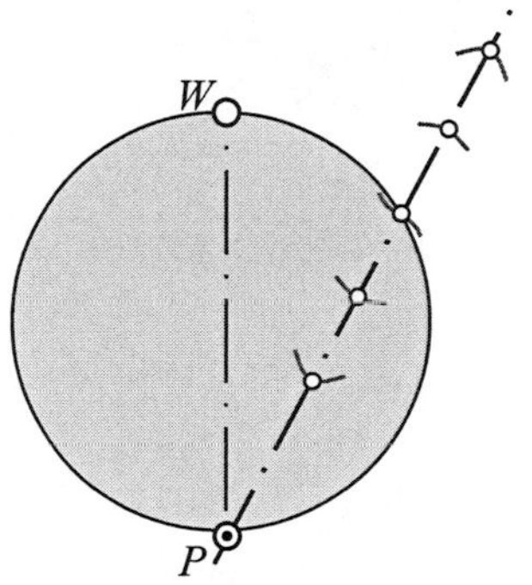

Bild 8.9: Krümmungszustand von Gliedpunktbahnen in Relation zum Wendekreis

Vom Momentanpol aus gesehen sind die Bahnen der Gliedpunkte innerhalb des Wendekreises *konvex* und außerhalb dessen *konkav* gekrümmt [Diz65]. Punkte, die auf dem Wendekreis liegen, haben die Krümmung Null. Damit liegt deren Krümmungsmittelpunkt sehr weit weg und der erste Summand in Gleichung (8.12) verschwindet. So haben Punkte $\boldsymbol{E}$ unmittelbar auf dem Wendekreis die Eigenschaft

$$\boldsymbol{r}_{PW}\boldsymbol{r}_{PE} = r_{PE}^2 \tag{8.15}$$

Die Tangenten jener Kurvenpunkte auf dem Wendekreis laufen stets durch den Wendepol[53].

Bei der Verfügbarkeit zweier Punkte der Gliedebene zusammen mit ihren Krümmungsmittelpunkten lässt sich hieraus zunächst die Pollage gemäß Gleichung (8.8) bestimmen und dann mittels der Gleichung von *Euler-Savary* (8.13) die Lage des Wendepols. Ausgehend von den zwei Gleichungen

$$\boldsymbol{r}_{PW}\boldsymbol{r}_{PA} = r_{PA}^2\left(\frac{r_{PA}}{r_{AA_0}} + 1\right) \quad \text{und} \quad \boldsymbol{r}_{PW}\boldsymbol{r}_{PB} = r_{PB}^2\left(\frac{r_{PB}}{r_{BB_0}} + 1\right)$$

lässt sich nach einigen arithmethischen Umformungen der Vektor $\boldsymbol{r}_{PW}$ extrahieren.

$$\boldsymbol{r}_{PW} = \frac{1}{\boldsymbol{r}_{PA}\tilde{\boldsymbol{r}}_{PB}}\left(r_{PA}^2\left(\frac{r_{PA}}{r_{AA_0}} - 1\right)\tilde{\boldsymbol{r}}_{PB} - r_{PB}^2\left(\frac{r_{PB}}{r_{BB_0}} - 1\right)\tilde{\boldsymbol{r}}_{PA}\right) \tag{8.16}$$

53 Dieses Richtungsverhalten ist verträglich mit der *Schnabelspitze* der Punktbahn im Pol.

Mit Gleichung (8.16) haben wir eine rein geometrische Beziehung zur Ermittlung des Wendepols bei einer Verfügbarkeit zweier Krümmungsmittelpunkte zur Hand.

Wenn Momentanpol und Wendepol einer Gliedebene vorliegen, kann für jeden weiteren Gliedpunkt $\boldsymbol{C}$ dessen Krümmungsmittelpunkt ebenfalls mittels der Gleichung von *Euler-Savary* (8.13) gefunden werden. Hierzu bringen wir sie unter Verwendung von (8.12) in die vorteilhafte Form

$$\frac{r_{PC}}{r_{CC_0}} = \frac{\boldsymbol{r}_{PW}\boldsymbol{r}_{PC}}{r_{PC}^2} - 1 \tag{8.17}$$

um das Ergebnis als Verhältnis der Polstrecke zur gesuchten Strecke zu erhalten. Dessen Vorzeichen weist im positiven Fall auf gleiche Richtung und im negativen Fall auf entgegengesetzte Richtung hin.

Beispiel 8.3

Für zwei weitere Punkte $\boldsymbol{C}$ und $\boldsymbol{D}$ der Koppel des Viergelenks aus Beispiel 8.2 sind die Krümmungsmittelpunkte zu bestimmen.

Geg.: $\boldsymbol{r}_{PA}=\begin{pmatrix}0\\-b\end{pmatrix}, \boldsymbol{r}_{PW}=\begin{pmatrix}b\\-2b\end{pmatrix}, \boldsymbol{r}_{AC}=\begin{pmatrix}\frac{3}{4}b\\\frac{1}{2}b\end{pmatrix}, \boldsymbol{r}_{AD}=\begin{pmatrix}\frac{3}{2}b\\b\end{pmatrix}$

Wir benötigen die Polstrecken $\boldsymbol{r}_{PC}$ und $\boldsymbol{r}_{PD}$

$$\boldsymbol{r}_{PC}=\boldsymbol{r}_{PA}+\boldsymbol{r}_{AC}=\begin{pmatrix}0\\-b\end{pmatrix}+\begin{pmatrix}\frac{3}{4}b\\\frac{1}{2}b\end{pmatrix}=\begin{pmatrix}\frac{3}{4}b\\-\frac{1}{2}b\end{pmatrix} \quad \text{und} \quad \boldsymbol{r}_{PD}=\boldsymbol{r}_{PA}+\boldsymbol{r}_{AD}=\begin{pmatrix}0\\-b\end{pmatrix}+\begin{pmatrix}\frac{3}{2}b\\b\end{pmatrix}=\begin{pmatrix}\frac{3}{2}b\\0\end{pmatrix}$$

Erst wird der Krümmungsmittelpunkt $\boldsymbol{C_0}$ mittels Gleichung (8.17) bestimmt

$$\frac{r_{PC}}{r_{CC_0}} = \frac{\boldsymbol{r}_{PW}\boldsymbol{r}_{PC}}{r_{PC}^2} - 1 = \frac{\begin{pmatrix}b\\-2b\end{pmatrix}\begin{pmatrix}\frac{3}{4}b\\-\frac{1}{2}b\end{pmatrix}}{\begin{pmatrix}\frac{3}{4}b\\-\frac{1}{2}b\end{pmatrix}^2} - 1 = \frac{\frac{7}{4}b^2}{\frac{13}{16}b^2} - 1 = \frac{15}{13}$$

und schließlich genauso Krümmungsmittelpunkt $\boldsymbol{D_0}$.

$$\frac{r_{PD}}{r_{DD_0}} = \frac{\boldsymbol{r}_{PW}\boldsymbol{r}_{PD}}{r_{PD}^2} - 1 = \frac{\begin{pmatrix}b\\-2b\end{pmatrix}\begin{pmatrix}\frac{3}{2}b\\0\end{pmatrix}}{\begin{pmatrix}\frac{3}{2}b\\0\end{pmatrix}^2} - 1 = \frac{\frac{3}{2}b^2}{\frac{9}{4}b^2} - 1 = -\frac{1}{3}$$

Die Strecke vom Punkt zu seinem gesuchten Krümmungsmittelpunkt wird als Vielfaches der zugehörigen Polstrecke interpretiert – im positiven Falle gleich, im negativen Fall entgegengesetzt zur Polstrecke gerichtet.

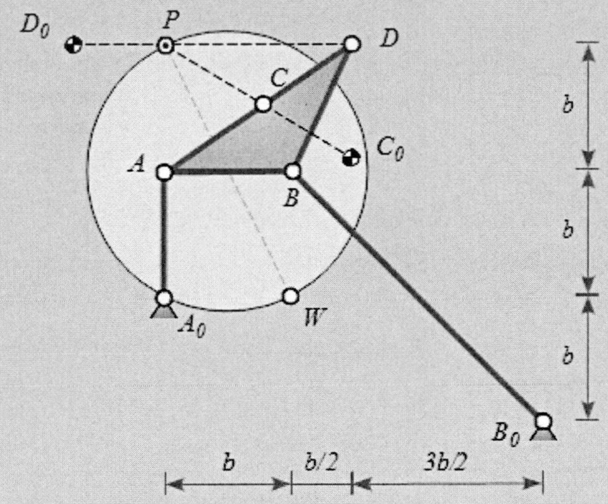

8.5 Die Polwechselgeschwindigkeit

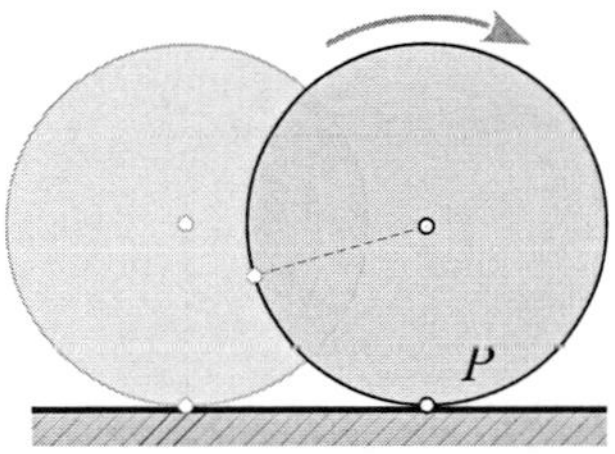

Bild 8.10: Wandern des Pols beim rollenden Rad

Die Bewegung einer Gliedebene geht einher mit dem gegenseitigen Abrollen von Gang- und Rastpolbahn. Der Momentanpol im augenblicklichen Wälzpunkt verändert dabei üblicherweise ständig seine Lage – und muss damit eine eigene Geschwindigkeit besitzen. Diese Geschwindigkeit wollen wir im Folgenden als *Polwechselgeschwindigkeit* ***u*** bezeichnen[54].

54 Wenn man nun an die Definition des Pols als *momentan geschwindigkeitslosen P*unkt denkt, fällt man möglicherweise in eine geistige Schockstarre. Als Ausweg sollte man einfach zulassen, dass der Pol kein physischer Punkt der bewegten Gliedebene ist, sondern vielmehr ein virtueller Punkt mit gewissem Eigenleben.

Bild 8.10 verdeutlicht die Verhältnisse recht anschaulich. Während der Pol sich immer genau unterhalb des Radmittelpunkts mit dessen Geschwindigkeit entlang der Fahrbahn bewegt, verharrt der zugehörige Radpunkt gerade regungslos am Ende seiner Schnabelspitze, wie sie in Bild 7.12 zu sehen ist.

Bekir Dizioglu hat in seinem Lehrbuch eine recht elegante Herleitung der Polwechselgeschwindigkeit formuliert [Diz65]. Dazu betrachtet er einen beliebigen Punkt $\boldsymbol{B}$ der Gliedebene. Dessen Geschwindigkeit nach Euler mit dem Pol $\boldsymbol{P}$ als Bezugspunkt lautet

$$\boldsymbol{v}_B = \omega\,\tilde{\boldsymbol{r}}_{PB} = \omega\left(\tilde{\boldsymbol{r}}_B - \tilde{\boldsymbol{r}}_P\right)$$

Die formale Ableitung nach der Zeit führt zur Beschleunigung in $\boldsymbol{B}$

$$\boldsymbol{a}_B = \dot{\omega}\,\tilde{\boldsymbol{r}}_{PB} + \omega\,\dot{\tilde{\boldsymbol{r}}}_B - \omega\,\dot{\tilde{\boldsymbol{r}}}_P$$

Hierin ist $\dot{\boldsymbol{r}}_B$ wiederum gleich $\boldsymbol{v}_B = \omega\,\tilde{\boldsymbol{r}}_{PB}$ und $\dot{\boldsymbol{r}}_P$ die gesuchte Polwechselgeschwindigkeit $\boldsymbol{u}$.

$$\boldsymbol{a}_B = \dot{\omega}\,\tilde{\boldsymbol{r}}_{PB} - \omega^2\,\boldsymbol{r}_{PB} - \omega\,\tilde{\boldsymbol{u}}$$

Ein Vergleich der Summanden mit denen in der Beschleunigung von $\boldsymbol{B}$ nach dem ersten Satz von Euler

$$\boldsymbol{a}_B = \boldsymbol{a}_P + \dot{\omega}\,\tilde{\boldsymbol{r}}_{PB} - \omega^2\,\boldsymbol{r}_{PB}$$

liefert die Erkenntnis, dass

$$\boldsymbol{a}_P = -\omega\,\tilde{\boldsymbol{u}}$$

sein muss. Berücksichtigt man noch den Zusammenhang der Polbeschleunigung $\boldsymbol{a}_P$ mit dem Wendekreisdurchmesser $\boldsymbol{r}_{PW}$ gemäß Gleichung (8.8), resultiert die Beziehung

$$\boldsymbol{u} = \frac{\tilde{\boldsymbol{a}}_P}{\omega} = \omega\,\tilde{\boldsymbol{r}}_{PW} \qquad (8.18)$$

für die Polwechselgeschwindigkeit. Dieses Ergebnis ist in mehrfacher Hinsicht interessant. Zum Einen wird bestätigt, dass die Bahntangente im Pol gleichzeitig Tangente des Wendekreises ist und zum Anderen, dass die Polwechselgeschwindigkeit in Richtung und Betrag mit der Geschwindigkeit des Wendepols $\boldsymbol{W}$ übereinstimmt. Interpretieren wir Gleichung (8.18) nach dem ersten Satz von Euler, so können wir den Wendepol sogar – im Gegensatz zum Momentanpol – als festen Punkt der Gliedebene auffassen.

8.6 Zusammenfassung

Gliedpunkte laufen während der Getriebebewegung ihre Koppelbahn entlang. Damit ist zu jeder Mechanismenstellung für jeden Gliedpunkt die Krümmung seiner Bahn definiert. In jenem Bahnpunkt lässt sich zudem der zugehörige Krümmungsmittelpunkt bestimmen.

Nach dem *Satz der zugeordneten Krümmungsmittelpunkte* wird ein Zusammenhang zwischen der Lage eines Punkts, der seines Krümmungsmittelpunkts sowie der Pollage des betreffenden Glieds hergestellt. Dies ist von großer Bedeutung bei der Analyse von Mechanismen. Einerseits kann bei zwei bekannten Krümmungsmittelpunkten recht einfach der Momentanpol bestimmt werden. Andererseits hilft die *Gleichung von Euler-Savary,* bei gegebenem Pol zu einem Punkt die Lage seines Krümmungsmittelpunkts zu ermitteln.

Häufig sind solche Punkte der bewegten Gliedebene von besonderem Interesse, die gerade einen krümmungslosen Wende- oder Flachpunkt ihrer Bahn durchlaufen. Bemerkenswerterweise liegen diese Punkte auf einem Kreis – dem *Wendekreis*, zu dem der Pol P und der ihm gegenüberliegende Wendepol W gehört.

Eine analoge Eigenschaft weisen diejenigen Gliedpunkte auf, die augenblicklich keine Tangential- sondern reine Normalbeschleunigung in Bezug auf ihre Bahn besitzen. Sie liegen auf dem *Tangentialkreis.*

Wendekreis und Tangentialkreis zusammen werden als *Bressesche Kreise* bezeichnet und leisten Hilfestellung bei der Suche nach *Geradführungs-* und *Rastgetrieben.*

9 Kraftanalyse

Wenn neben den Bewegungsgrößen nun zusätzlich die Kräfte eingeführt werden, müssen zwei mögliche grundlegende Aufgabenstellungen unterschieden werden[55]:

- Ermittlung der Kräfte bei vorgegebener Bewegung
- Ermittlung des Bewegungsverhaltens bei vorgegebenen Kräften

Es seien hier vorrangig Problemstellungen der ersten Art *(Bewegung gegeben – Kräfte gesucht)* diskutiert. Diese betreffen die Mehrzahl der praktischen Aufgabenstellungen, wonach Getriebe in erster Linie ein gewünschtes – durch Antriebe realisiertes – Bewegungsverhalten aufweisen sollen[56].

Während der Bewegung eines Mechanismus wirken nun also Kräfte auf die beteiligten Glieder. Die Kenntnis jener Kräfte ist notwendig zur Dimensionierung der Bauteile, aus denen im nachfolgenden Konstruktionsprozess die Glieder und Gelenke gebildet werden. Die Kräfte wirken zum einen von außen als *eingeprägte Kräfte*, zum anderen machen Sie sich als *innere Kräfte* in den Gelenken bemerkbar. Es werden zu deren Analyse die Gesetzmäßigkeiten der Kinetostatik herangezogen, wobei entweder die *quasistatische* Untersuchung auf eine Berücksichtigung der Trägheitskräfte verzichtet oder die *kinetische* Betrachtung eben diese mit einbezieht. Wenn Kraftelemente, wie *Federn* oder *Dämpfer* integriert sind, ist die Kenntnis der kinematischen Größen notwendig. Diese sind jedoch meist bereits durch eine Vorlaufuntersuchung bekannt. In jedem Fall wollen wir die Elastizität von Getriebebauteilen hier unberücksichtigt lassen und nach wie vor das Starrkörperprinzip beibehalten.

9.1 Schnittprinzip

Ausgehend von der Betrachtung eines belasteten Getriebegliedes werden für die quasistatische Kraftanalyse die Gleichgewichtsbedingungen aufgestellt (Bild 9.1). Grundüberlegung hier ist das Herauslösen eines Körpers aus seiner Umgebung und gleichzeitiges Antragen aller Kräfte, die von außen auf ihn einwirken – eben das *Freischneiden*. Entsprechend der Anzahl

55 Diese werden auch als erste und zweite *Wittenbauersche Grundaufgaben* bezeichnet.

56 Grundaufgabe der zweiten Art wäre etwa ein ausgelenktes Pendel, das unter dem Einfluss der Schwerkraft schwingende Bewegungen vollführt.

Freiheitsgrade eines ebenen, ungebundenen Körpers können wir für ihn drei Gleichgewichtsbedingungen aufstellen[57].

Die Eigenschaft des Moments, im räumlichen Fall ein Vektor zu sein, resultiert aus dem zugrunde liegenden Kreuzprodukt[58]. Bei den hier ausschließlich vorliegenden ebenen Problemstellungen lässt sich ein Moment jedoch auf eine vorzeichenbehaftete skalare Größe reduzieren, welche sich wegen der Äquivalenz zum Kreuzprodukt aus der Vorschrift

$$M_A = \boldsymbol{F} \cdot \tilde{\boldsymbol{r}}_{AB}$$

für das Moment M_A einer im Punkt B angreifenden Kraft F bezüglich des Punkts A ergibt.

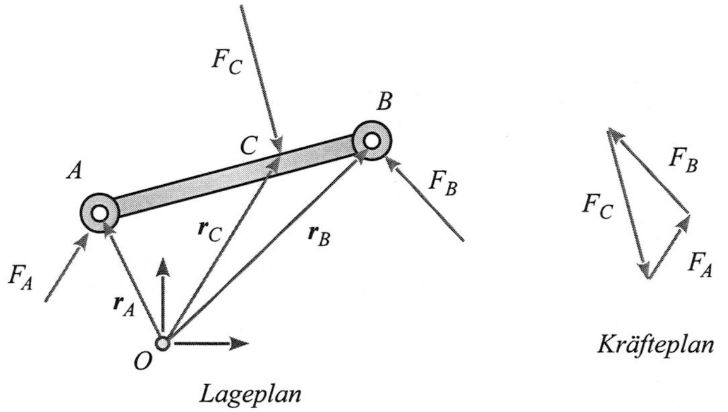

Bild 9.1: belastetes Getriebeglied

Die Gleichgewichtsbedingungen für einen einzelnen freigeschnittenen Körper lauten

$$\begin{aligned} \sum \boldsymbol{F} &\equiv \Sigma \boldsymbol{F}_i = \boldsymbol{0} \\ \sum M_{(O)} &\equiv \Sigma M_i + \Sigma \boldsymbol{F}_i \tilde{\boldsymbol{r}}_i = 0 \end{aligned} \tag{9.1}$$

Für die Weiterbehandlung dieser Gleichungen in ihrer vektoriellen Form sind diejenigen Kräfte mit bekannter Richtung vorzugsweise in die Schreibweise $F\, \boldsymbol{e}_F$ zu überführen, um so eine Trennung zwischen unbekannter Kraftgröße und bekannter Kraftrichtung zu erreichen.

In der technischen Mechanik ist es üblich, die Vektorgleichungen in ihrer Komponentenform zu schreiben.

$$\begin{aligned} \sum F_x &\equiv \Sigma F_{xi} = 0 \\ \sum F_y &\equiv \Sigma F_{yi} = 0 \\ \sum M_{(O)} &\equiv \Sigma M_i - \Sigma F_{xi} y_i + \Sigma F_{yi} x_i = 0 \end{aligned} \tag{9.2}$$

57 Bei Vorliegen eines *zentralen Kräftesystems* oder Stäben bzw. Seilen genügt die Aufstellung zweier Beziehungen des Kräftegleichgewichts.

58 Das Moment einer in B angreifenden Kraft F bezüglich Punkt A lautet im Raum $\boldsymbol{M}_{(A)} = \boldsymbol{r}_{AB} \times \boldsymbol{F}$

Die Erweiterung dieses Ansatzes von einem Körper auf einen Mechanismus mit n Gliedern führt schließlich auf die Gesamtanzahl von $3(n-1)$ Gleichungen – wobei das Gestell üblicherweise nicht freigeschnitten wird. Darin befinden sich wiederum $g_1 + 2g_2$ unbekannte Reaktionskräfte der Gelenke, sowie zusätzlich entsprechend dem Freiheitsgrad F unbekannte Antriebskräfte, wie sie sich aus der *Grüblerschen* Bedingung (2.2) ergeben. Damit haben wir genauso viele Gleichungen wie unbekannte Größen.

Das Charmante an Mechanismen ist, dass mit Ihnen üblicherweise keine überbestimmten Strukturen einhergehen.

Beispiel 9.1

Die Koppel eines Viergelenks wird durch die Kraft $\boldsymbol{Q}$ belastet. Welches Gleichgewicht haltende Antriebsmoment ist in dieser Getriebestellung notwendig und welche Gelenkkräfte wirken ?

Geg.: $b, \boldsymbol{Q} = \begin{pmatrix} -F \\ -F \end{pmatrix}$

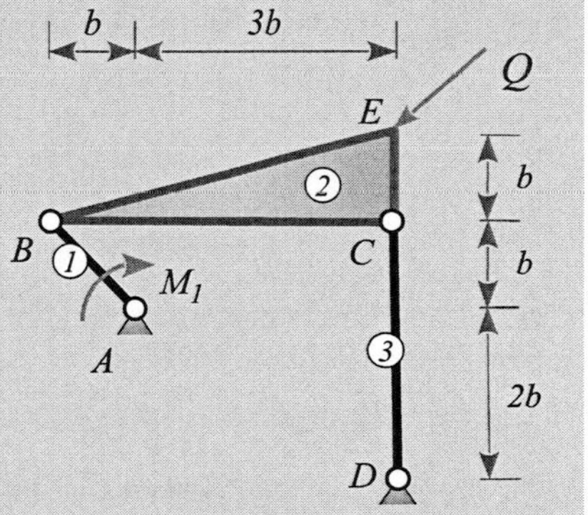

Ausgangspunkt für das Aufstellen der Gleichgewichtsbedingungen ist das Freikörperbild. Hieraus entnehmen wir die drei Gleichungen für Kurbel und Koppel. Die Schwinge in ihrer Eigenschaft als Stab wird nicht freigeschnitten, sondern als Gelenk mit naturgemäß bekannter Kraftrichtung behandelt.

$$(1)\quad \Sigma \boldsymbol{F} \equiv \boldsymbol{A}-\boldsymbol{B} = \boldsymbol{0}$$

$$\Sigma M_{(A)} \equiv M_1 - \boldsymbol{B}\tilde{\boldsymbol{r}}_{AB} = 0$$

$$(2)\quad \Sigma \boldsymbol{F} \equiv \boldsymbol{B}-S_3\boldsymbol{e}_y+\boldsymbol{Q} = \boldsymbol{0}$$

$$\Sigma M_{(B)} \equiv (-S_3\boldsymbol{e}_y)\tilde{\boldsymbol{r}}_{BC}+\boldsymbol{Q}\tilde{\boldsymbol{r}}_{BE} = 0$$

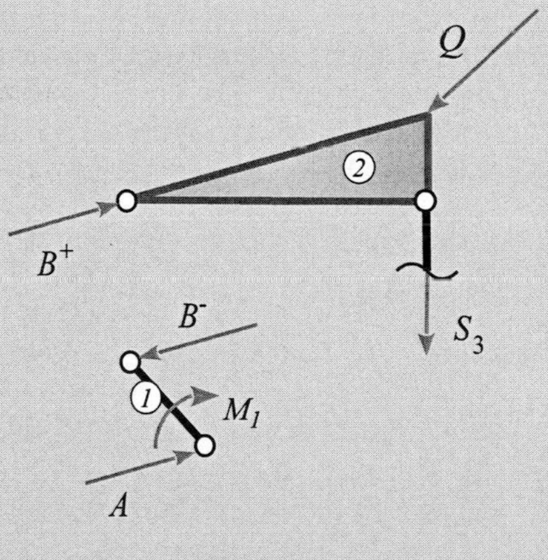

Freikörperbild

Hierbei ist zu beachten, das die inneren Gelenkkräfte immer paarweise auftreten und jeweils entgegengesetzt gerichtet anzutragen sind *(actio = reactio)*.

Die letzte Gleichung kann unmittelbar nach S_3 aufgelöst werden.

$$S_3 = \frac{\boldsymbol{Q}\tilde{\boldsymbol{r}}_{BE}}{\boldsymbol{e}_y\tilde{\boldsymbol{r}}_{BC}} = \ldots = -\frac{3}{4}F$$

Damit liefert die dritte Gleichung die Lagerkraft ***B***,

$$\boldsymbol{B} = S_3\boldsymbol{e}_y - \boldsymbol{Q} = \ldots = \begin{pmatrix} 1 \\ \frac{1}{4} \end{pmatrix} F$$

die nach der ersten Gleichung identisch mit der Kraft in ***A*** ist. Die zweite Beziehung liefert schließlich das gesuchte Antriebsmoment

$$M_1 = \boldsymbol{B}\tilde{\boldsymbol{r}}_{AB} = \ldots = -\frac{5}{4}Fb$$

Während der Antriebsauslegung liegt das Augenmerk auf den – den Freiheitsgraden zugeordneten – Kräften oder Momenten. Die Gelenkkräfte interessieren jetzt häufig noch nicht, so dass das Schnittprinzip als zu aufwendig empfunden wird.

9.2 Leistungsprinzip

Das Leistungsprinzip gestattet die Ermittlung gesuchter Antriebskräfte und -momente, ohne die inneren Gelenkkräfte berücksichtigen zu müssen. Es ist sehr anschaulich und empfiehlt sich für die meisten praktische Problemstellungen. Zwar ist die Kenntnis des Geschwindigkeitszustands erforderlich, jener ist bei getriebetechnischen Aufgaben allerdings meist ohnehin bereits bestimmt.

Das Leistungsprinzip lehnt sich an das *Prinzip der virtuellen Verschiebung* der Mechanik an und besagt:

Satz

Die Kräfte und Momente in einem Mechanismus befinden sich im Gleichgewicht, wenn die Summe ihrer Leistungen gleich Null ist.

Diese Aussage lässt sich mittels folgender Beziehung formalisieren.

$$\sum P \equiv \Sigma \boldsymbol{F}_i \boldsymbol{v}_i + \Sigma M_i \omega_i = 0 \qquad (9.3)$$

Es sind lediglich jene Kraftanteile wirksam, die in Bewegungsrichtung verlaufen. Hierfür sorgt in Gleichung (9.3) der projektive Charakter des Skalarprodukts. Reibungskräfte können getrost im Leistungssatz berücksichtigt werden. Hierbei sind die Kräfte naturgemäß stets entgegengesetzt zur Bewegung gerichtet und der Leistungsanteil entsprechend immer negativ – im Sinne einer *Verlustleistung*.

Beispiel 9.2

Das Antriebsmoment des Viergelenks aus Beispiel 9.1 soll mittels des Leistungsprinzips bestimmt werden.

Hierzu wird eine Antriebswinkelgeschwindigkeit ω angenommen. Geometrie und die Belastung $\boldsymbol{Q}$ im Koppelpunkt $\boldsymbol{E}$ ist gegeben.

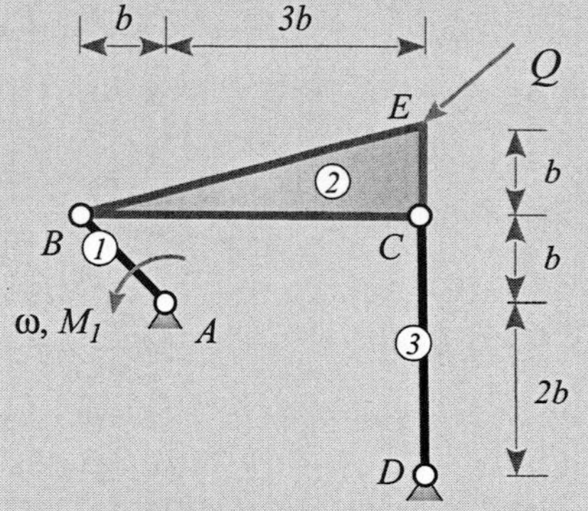

Geg.: $b, \boldsymbol{Q}=\begin{pmatrix}-F\\-F\end{pmatrix}$

Um Gleichung (9.3) einsetzen zu können, muss erst die Geschwindigkeit des Punkts $\boldsymbol{E}$ ermittelt werden. Hierzu verwenden wir den 1. Satz von Euler.

$$\boldsymbol{v}_E = \omega \tilde{\boldsymbol{r}}_{AB} + \omega_2 \tilde{\boldsymbol{r}}_{BE}$$

mit der Koppelwinkelgeschwindigkeit ω_2 des Viergelenks nach Gleichung (6.7)

$$\omega_2 = -\omega \frac{\tilde{\boldsymbol{r}}_{AB}\boldsymbol{r}_{DC}}{\tilde{\boldsymbol{r}}_{BC}\boldsymbol{r}_{DC}}$$

bilanzieren wir die Leistungen zu Null

$$M_1\omega - \boldsymbol{Q}\omega\left(\tilde{\boldsymbol{r}}_{AB} + \frac{\tilde{\boldsymbol{r}}_{AB}\boldsymbol{r}_{DC}}{\tilde{\boldsymbol{r}}_{BC}\boldsymbol{r}_{DC}}\tilde{\boldsymbol{r}}_{BE}\right) = 0$$

und erhalten unmittelbar das Antriebsmoment

$$M_1 = \boldsymbol{Q}\left(\tilde{\boldsymbol{r}}_{AB} + \frac{\tilde{\boldsymbol{r}}_{AB}\boldsymbol{r}_{DC}}{\tilde{\boldsymbol{r}}_{BC}\boldsymbol{r}_{DC}}\tilde{\boldsymbol{r}}_{BE}\right) = \begin{pmatrix}-F\\-F\end{pmatrix}\left(\begin{pmatrix}-1\\-1\end{pmatrix}b - \frac{\begin{pmatrix}-1\\1\end{pmatrix}\begin{pmatrix}0\\3\end{pmatrix}b^2}{\begin{pmatrix}0\\4\end{pmatrix}\begin{pmatrix}0\\3\end{pmatrix}b^2}\begin{pmatrix}-1\\4\end{pmatrix}b\right) = \ldots = -\frac{5}{4}Fb$$

Die angenommene Winkelgeschwindigkeit der Kurbel geht in der Tat nicht in das Ergebnis ein. Es genügen sogar kleine angenommene *(virtuelle)* Verschiebungen statt der realen Geschwindigkeiten – wenn diese nur mit jenen verträglich sind.

9.3 Ausgleich statischer Antriebskräfte oder -momente

Die Leistung von Antrieben steht häufig unmittelbar mit den statischen Gewichtskräften der beteiligten Getriebeglieder im Zusammenhang. Hier können möglicherweise Gegengewichte oder Kraftelemente, wie Federn, ausgleichend entgegenwirken und die resultierende Antriebsleistung verringern. Ein vollständiger Ausgleich der Kraftgrößen über den gesamten Bewegungsverlauf hinweg gelingt nur in wenigen einfachen Fällen. Häufig genügt es jedoch bereits, für eine spezifische, mittlere Getriebestellung die Antriebskraft oder das Antriebsmoment zu kompensieren. Als Beispiel denke man an den Komfort, den Federn bieten, wenn Motorhauben oder Garagentore per Handkraft zu öffnen oder schließen sind, indem diese *"mithelfend"* unsere körperliche Anstrengung reduzieren.

Für die Wahl einer solchen geeigneten *"Mittelstellung"* des Mechanismus ist es nicht notwendig, aber hilfreich, den Verlauf der Antriebskraft oder -leistung über den Bewegungsbereich zu kennen. Hierbei sind Simulationswerkzeuge allgemein recht dienlich.

Zur formalen Behandlung solcher Problemstellungen bietet sich das Leistungsprinzip gemäß Gleichung (9.3) an, indem in der gewählten Getriebestellung die jeweilige Antriebskraft oder das betreffende Antriebsmoment zu Null gefordert wird. Der Mechanismus befindet sich dann gewissermaßen in einer *Gleichgewichtslage,* die er beibehält, wenn nicht äußere Kräfte ihn zwingen, diese zu verlassen.

Beispiel 9.3

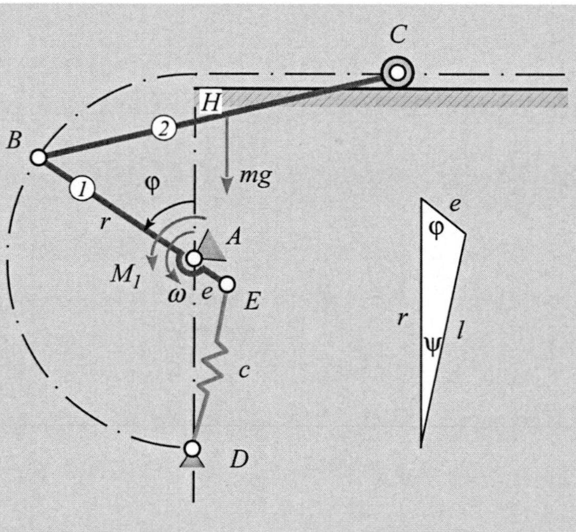

Wir identifizieren das durch eine oben liegende Laufschiene geführte nebenstehende Garagentor als exzentrische Schubkurbel.

Die Kurbel *1* der Länge r verbindet das untere Ende des Torblatts *2* der Länge $2r$ mit der Garagenwand. Das obere Ende des Torblatts läuft in einer horizontalen Laufschiene. Es ist die Masse m dieses Torblatts zu berücksichtigen. Alle weiteren Glieder seien masselos.

Die Kurbel ist über das Lager A hinaus um eine kleine Länge e verlängert und mit diesem Ende E über eine Zugfeder der Steifigkeit c mit dem Punkt D des Fundaments verbunden. In vollständig geöffneter Stellung (Punkt B ganz oben) ist die Feder ungespannt.

Wir suchen die notwendige Federkonstante c so, dass in der gezeichneten Stellung ein vollständiger Ausgleich des Antriebsmoments M_1 erfolgt.

Geg.: $m, r, e = \frac{1}{10} r, \varphi = 60°$

Geometrie:

Die bestehenden Gliedlagen lassen sich beschreiben durch die Vektoren

$$\boldsymbol{r}_{AB} = \frac{r}{2}\begin{pmatrix} -\sqrt{3} \\ 1 \end{pmatrix}, \quad \boldsymbol{r}_{BC} = \frac{r}{2}\begin{pmatrix} \sqrt{17} \\ 1 \end{pmatrix}$$

Wir benötigen zudem die aktuelle Länge l der Feder. Dazu wenden wir den Kosinussatz an.

$$l=\sqrt{r^2+e^2-2re\cos\varphi}=\ldots=\frac{\sqrt{91}}{10}r;\quad l_0=r-e=\frac{9}{10}r$$

Die Richtung der Federkraft soll über den Einheitsvektor $\boldsymbol{e}_{ED}$ erfasst werden.

$$\boldsymbol{e}_{ED}=-\begin{pmatrix}\sin\psi\\ \cos\psi\end{pmatrix}=-\frac{1}{l}\begin{pmatrix}e\sin\varphi\\ r-e\cos\varphi\end{pmatrix}=-\frac{1}{2\sqrt{91}}\begin{pmatrix}\sqrt{3}\\ 19\end{pmatrix}$$

Kinematik:

Es wird die Geschwindigkeit aller Punkte benötigt, an denen Kräfte angreifen. Die Anwendung des Eulerschen Satzes auf den Laufpunkt C ergibt

$$\omega\tilde{\boldsymbol{r}}_{AB}+\omega_2\tilde{\boldsymbol{r}}_{BC}=\dot{s}\boldsymbol{e}_x$$

woraus nach Multiplikation mit $\boldsymbol{e}_y$ die Winkelgeschwindigkeit ω_2 des Tors *2* resultiert.

$$\omega_2=-\omega\frac{\tilde{\boldsymbol{r}}_{AB}\boldsymbol{e}_y}{\tilde{\boldsymbol{r}}_{BC}\boldsymbol{e}_y}$$

Damit bekommen wir nun die begehrte Geschwindigkeit des Punkts *H*.

$$\boldsymbol{v}_H=\omega\tilde{\boldsymbol{r}}_{AB}+\frac{1}{2}\omega_2\tilde{\boldsymbol{r}}_{BC}=\omega\left(\tilde{\boldsymbol{r}}_{AB}-\frac{1}{2}\frac{\tilde{\boldsymbol{r}}_{AB}\boldsymbol{e}_y}{\tilde{\boldsymbol{r}}_{BC}\boldsymbol{e}_y}\tilde{\boldsymbol{r}}_{BC}\right)=\ldots=\omega\frac{r}{2}\begin{pmatrix}\frac{1}{2}\sqrt{\frac{3}{17}}-1\\ -\frac{1}{2}\sqrt{3}\end{pmatrix}$$

Die Geschwindigkeit des Punkts E lautet

$$\boldsymbol{v}_E=\omega\tilde{\boldsymbol{r}}_{AE}=\ldots=\omega\frac{r}{20}\begin{pmatrix}1\\ \sqrt{3}\end{pmatrix}$$

Leistungssatz:

Die Leistung aller Kräfte und Momente ist

$$\sum P\ \equiv\ M_1\omega+m\boldsymbol{g}\boldsymbol{v}_H+c(l-l_0)\boldsymbol{e}_{ED}\boldsymbol{v}_E\ =\ 0$$

wobei in der angegebenen Stellung das Antriebsmoment M_1 verschwinden soll. d.h.

$$c\ =\ \frac{m}{l-l_0}\frac{\boldsymbol{g}\boldsymbol{v}_H}{\boldsymbol{e}_{ED}\boldsymbol{v}_E}=\ldots=88.4\frac{mg}{r}$$

für die Federkonstante. Praktischerweise wird dann jeweils eine Feder mit der halben Federrate auf beiden Seiten des Tores montiert.

9.4 Stabilität von Gleichgewichtslagen

Gewissermaßen in Umkehr der Problemstellung des vorangegangenen Abschnitts werden jetzt nicht die *Kräfteverhältnisse* zu einer *vorgegebenen Gleichgewichtslage*, sondern *zugehörige Gleichgewichtslagen* bei *vorgegebenen Kräfteverhältnissen* gesucht. Tatsächlich lassen sich dann mitunter mehrere Gleichgewichtslagen identifizieren, die wir dann hinsichtlich ihrer *Stabilität* in

- stabile
- indifferente
- instabile / labile

Gleichgewichtslagen einteilen [Gro06]. Im Wesentlichen wollen wir einen Mechanismus, der unter dem Einfluss von Gewichts- und Federkräften sowie ggf. weiteren äußeren statischen Kräften steht, sich selbst überlassen und schauen, welche Gliedlagen er letztlich einnimmt.

Als wichtiger Umstand ist hier zu notieren, dass zur Ermittlung der Gleichgewichtslagen die Potentialfunktion U herangezogen wird und daher ausschließlich *konservative Kräfte*[59] – die also ein Potential ausbilden können – berücksichtigt werden.

> ***Satz***
> *Eine mechanische Struktur befindet sich im statischen Gleichgewicht, wenn die Summe aller potentiellen Energien einen Extremwert erreicht.*

Dieser Satz geht aus dem Arbeitssatz der Mechanik hervor. Das *Potential U(**q**)* wird als Funktion ein oder mehrerer generalisierter Koordinaten $\boldsymbol{q}$ formuliert. Wenn wir uns nun hier auf zwangläufige Mechanismen – und damit auf eine einzelne unabhängige Variable q – beschränken, dann lautet die Bedingung für das Gleichgewicht

$$\frac{dU}{dq}=0 \tag{9.4}$$

Die Stabilität lässt sich dann anhand der zweiten Ableitung beurteilen.

$$\frac{d^2U}{dq^2}=\begin{cases} >0 & \textit{stabil} \\ =0 & \textit{indifferent} \\ <0 & \textit{instabil} \end{cases} \tag{9.5}$$

Das Potential von Kräften – speziell Gewichtskräften – wird bezüglich einer ausgezeichneten Richtung und eines jeweils vereinbarten Nullniveaus beurteilt. Das Potential einer Linearfeder der Federkonstante c mit dem Federweg s beträgt $E_S=\frac{1}{2}c\,s^2$ und das Potential einer Drehfeder mit der Federkonstante c_T ermitteln wir aus $E_\varphi=\frac{1}{2}c_T\,\varphi^2$.

Sehr häufig ist die Potentialfunktion sowie ihre Ableitung nichtlinear. Die Nullstellensuche ist dann entsprechend oft zweckmäßigerweise mittels numerischer Verfahren zu bewerkstelligen.

59 Die Arbeit *konservativer Kräfte* hängt nicht vom Verlauf der Bewegungsbahn ab.

In den folgenden Beispielen wird in solchen Fällen stattdessen eine Linearisierung der Gleichungen durchgeführt.

Beispiel 9.4

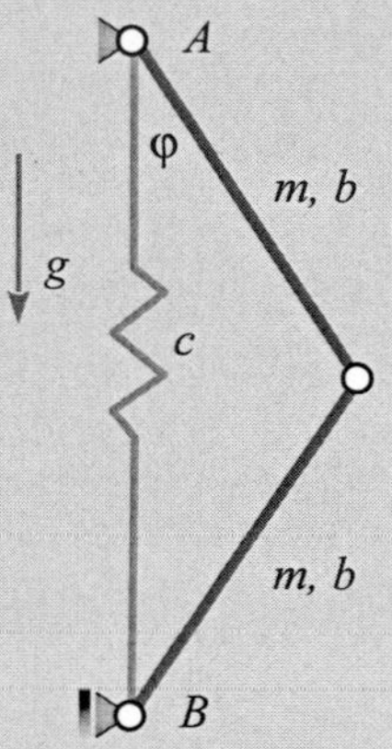

Die beiden Glieder einer gleichschenkligen Schubkurbel haben die Masse *m* und die Länge *b*. Zwischen den Punkten *A* und *B* ist eine Linearfeder der Federkonstante *c* und der ungespannten Länge l_0 montiert. Bei welchem Winkel φ stellt sich Gleichgewicht ein?

Geg.: $mg = cb\,,\, l_0 = \frac{b}{2}$

Das Nullniveau der Schenkel wird in den Punkt *A* gelegt. Damit erhalten wir für das Potential

$$U(\varphi) = \frac{1}{2}c\left(2b\cos\varphi - \frac{b}{2}\right)^2 - 2mgb\sin\varphi$$

Die Gleichgewichtslagen ermitteln wir gemäß Gleichung (9.4) über die Nullstellen der Ableitung

$$U'(\varphi) = \left(mg - cb\left(2\cos\varphi - \frac{1}{2}\right)\right)\sin\varphi \;=\; 0$$

und bekommen

$$\varphi_1 = 0° \quad und \quad \varphi_2 = \cos^{-1}\left(\frac{mg}{2cb} + \frac{1}{4}\right) \;=\; 41.4°$$

Mit dem Stabilitätskriterium (9.5)

$$U'' \;=\; \left(mg + \frac{cb}{2}\right)\cos\varphi - 2\,cb\cos 2\varphi \;=\; mg\left(\frac{3}{2}\cos\varphi - 2\cos 2\varphi\right)$$

beurteilen wir die gefundenen Gleichgewichtslagen durch Einsetzen

$$U''(\varphi_1) = -\frac{mg}{4} \;(instabil) \quad und \quad U''(\varphi_2) = 0.87\,mg \;(stabil)$$

9.5 Trägheitskräfte

Bei ungleichmäßig übersetzenden Mechanismen verursachen die ständig beschleunigten bzw. verzögerten Massen der Glieder dynamische Kräfte am Antrieb, im Gestell und in den Gelenken. Diese können bei langsam laufenden Getrieben unberücksichtigt bleiben, bei schnell laufenden Getrieben dominieren üblicherweise jedoch diese generell unerwünschten *Trägheitskräfte*. Die Auswirkungen sind:

- Schwingungserregung des Gestells bei periodisch umlaufenden Getrieben
- Drehzahlschwankungen in den Antrieben
- Periodisch wechselnde Belastung in Bauteilen und Lagern (Verschleiß)

Diesen Effekten tritt der Getriebekonstrukteur entgegen, indem er einerseits versucht, die bewegten Massen klein zu halten (Leichtbau) und andererseits das Getriebe strukturell so gestaltet, dass sich die Trägheitskräfte der bewegten Massen gegenseitig ausgleichen.

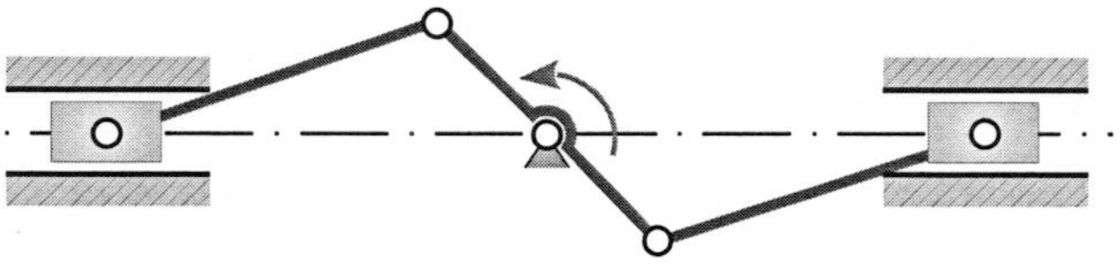

Bild 9.2: Massenausgleich beim Boxermotor

Dabei wird ein vollständiger Massenausgleich über den gesamten Bewegungsbereich nur selten gelingen oder gleichzeitig mit weiteren unangenehmen Wirkungen erkauft werden. Dies kann in einer erheblichen Zunahme der Gesamtmasse oder in sperrigen, konstruktiv schwierig realisierbaren geometrischen Abmessungen resultieren [Vol79].

Zur Ermittlung der Trägheitskräfte wird die Masse m und das Massenträgheitsmoment J gemäß dem *D'Alembert'schen Prinzip* in Gleichung (9.1) zusätzlich berücksichtigt. Dies führt auf die Beziehungen

$$\begin{aligned} \sum \boldsymbol{F} &\equiv \Sigma \boldsymbol{F}_i - \Sigma m_i \boldsymbol{a}_i = \boldsymbol{0} \\ \sum M &\equiv \Sigma M_i + \Sigma \boldsymbol{F}_i \tilde{\boldsymbol{r}}_i - \Sigma J_i \dot{\omega}_i = 0 \end{aligned} \qquad (9.6)$$

Mit diesen werden entsprechend dem Schnittprinzip alle Mechanismenglieder einzeln behandelt. Vorteilhafterweise liefern die Gleichungen (9.6) dann alle Gelenkkräfte und -momente in der jeweiligen Getriebestellung infolge der Trägheitskräfte.

Genauso gut können die trägen Massen während der Anwendung des Leistungsprinzips Berücksichtigung finden.

$$\sum P \equiv \Sigma \boldsymbol{F}_i \boldsymbol{v}_i + \Sigma M_i \omega_i - \Sigma m_i \boldsymbol{a}_i \boldsymbol{v}_i - \Sigma J_i \dot{\omega}_i \omega_i = 0 \qquad (9.7)$$

Beispiel 9.5

Die Koppel eines Doppelschiebers ist als Stab der Masse m aufzufassen. Punkt A bewegt sich mit konstanter Geschwindigkeit $\dot{s}$. Gesucht ist die in A angreifende Kraft F zur Gewährleistung dieser Bewegung.

Geg.: $s, \dot{s} = const, l, m, J = \frac{1}{12} m l^2$

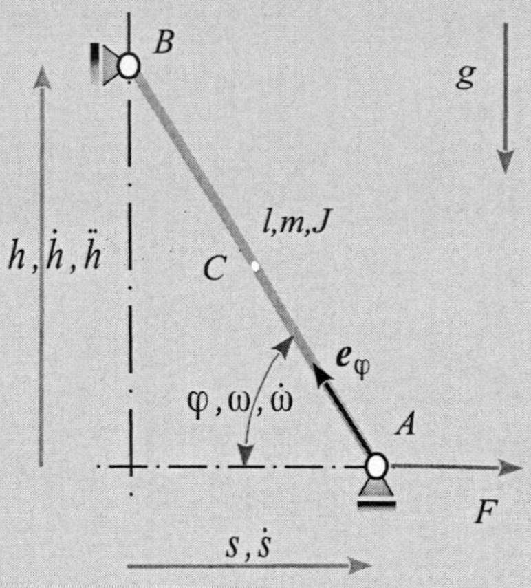

Kinematik:

Es wird der Satz von Euler auf die Koppel angewendet.

$$\dot{h}\,\boldsymbol{e}_y = \dot{s}\,\boldsymbol{e}_x + \omega\, l\, \tilde{\boldsymbol{e}}_\varphi \quad mit \quad \boldsymbol{e}_\varphi = \begin{pmatrix} -\cos\varphi \\ \sin\varphi \end{pmatrix}$$

Multiplikation mit $\boldsymbol{e}_x$ liefert dann unmittelbar den Zusammenhang zwischen der Winkelgeschwindigkeit ω der Koppel und der Geschwindigkeit des Punkts A.

$$\dot{s} = \omega\, l \sin\varphi$$

Damit lässt sich die Geschwindigkeit des Punkts C gewinnen.

$$\boldsymbol{v}_C = \dot{s}\,\boldsymbol{e}_x + \omega \frac{l}{2} \tilde{\boldsymbol{e}}_\varphi = \ldots = \omega \frac{l}{2} \begin{pmatrix} \sin\varphi \\ \cos\varphi \end{pmatrix}$$

Die analoge Vorgehensweise wird für die Beschleunigungen durchgeführt.

$$\ddot{h}\,\boldsymbol{e}_y = \dot{\omega}\, l\, \tilde{\boldsymbol{e}}_\varphi - \omega^2 l\, \boldsymbol{e}_\varphi$$

Hieraus resultiert wiederum durch Multiplikation mit $\boldsymbol{e}_x$ die Winkelbeschleunigung $\dot{\omega}$ der Koppel

$$\dot{\omega} = \frac{\omega^2}{\tan\varphi}$$

und führt so zur Beschleunigung des Punkts C,

$$\boldsymbol{a}_C = \dot{\omega} \frac{l}{2} \tilde{\boldsymbol{e}}_\varphi - \omega^2 \frac{l}{2} \boldsymbol{e}_\varphi = \ldots = -\frac{\omega^2 l}{2 \sin\varphi} \begin{pmatrix} 0 \\ 1 \end{pmatrix} = a_c\, \boldsymbol{e}_y$$

die rein vertikal gerichtet ist.

Leistungssatz:

Wir wenden nun den Leistungssatz an

$$\sum P \equiv F\,\boldsymbol{e}_x\cdot\dot{s}\,\boldsymbol{e}_x + mg(-\boldsymbol{e}_y)\cdot\boldsymbol{v}_C - m\,\boldsymbol{a}_C\cdot\boldsymbol{v}_C - J\,\dot{\omega}\,\omega = 0$$

und erhalten mit den bereits gewonnenen kinematischen Erkenntnissen

$$F\,\omega\,l\sin\varphi = \frac{1}{3}\frac{m\,\omega^3 l^2}{\tan\varphi} - \frac{1}{2}mg\,\omega\,l\cos\varphi$$

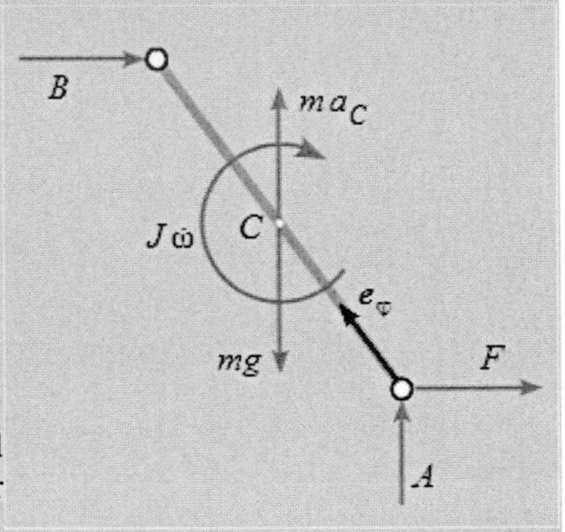

und hieraus schließlich die gesuchte Kraft *F*.

$$F = \frac{m}{\tan\varphi}\left(\frac{\omega^2 l}{3\sin\varphi} - \frac{g}{2}\right)$$

Kräfteansatz:

Alternativ schneiden wir die Koppel frei und formulieren die Gleichgewichtsbedingung der Kräfte,

$$\Sigma \boldsymbol{F} \equiv F\,\boldsymbol{e}_x + A\,\boldsymbol{e}_y + B\,\boldsymbol{e}_x + m\,a_C\,\boldsymbol{e}_y - mg\,\boldsymbol{e}_y = \boldsymbol{0}$$

deren Multiplikation mit $\boldsymbol{e}_x$ auf $B=-F$ führt. Die Summe aller Momente um *A* lautet

$$\Sigma M_{(A)} \equiv B\,\boldsymbol{e}_x\cdot l\,\boldsymbol{e}_\varphi - mg\,\boldsymbol{e}_y\cdot\frac{l}{2}\tilde{\boldsymbol{e}}_\varphi - ma_C\,\boldsymbol{e}_y\cdot\frac{l}{2}\tilde{\boldsymbol{e}}_\varphi - J\,\dot{\omega} = 0$$

Mit der bereits bekannten Kraft *B* kann die Gleichung bereits nach dem Term mit *F* aufgelöst und die kinematischen Beziehungen darin eingebaut werden.

$$F\,l(-\sin\varphi) = \tfrac{1}{2}mgl\cos\varphi - \tfrac{1}{2}ml\left(-\frac{1}{2}\frac{\omega^2 l}{\sin\varphi}\right)(-\cos\varphi) - \tfrac{1}{12}ml^2\frac{\omega^2}{\tan\varphi}$$

Wenige arithmetische Umformungen später erhalten wir erneut

$$F = \frac{m}{\tan\varphi}\left(\frac{\omega^2 l}{3\sin\varphi} - \frac{g}{2}\right)$$

für die gesuchte Kraft *F*.

9.6 Zusammenfassung

Der Schwerpunkt liegt hier auf Betrachtungen von Problemstellungen der Art:

Bewegungsverhalten gegeben – Kräfte gesucht.

Das *Schnittprinzip* ist ein ganzheitlicher Ansatz zur Ermittlung der Kräfteverhältnisse in Mechanismen. Es liefert neben den Antriebskräften alle Lager- und Gelenkkräfte, indem die Gleichgewichtsbedingungen (9.1) bzw. (9.2) aller beteiligten Glieder, mit Ausnahme des Gestells, formuliert werden.

Sind in erster Linie die Antriebskräfte und -momente gesucht, bietet sich das *Leistungsprinzip* (9.3) an. Damit werden ausschließlich alle äußeren Kräfte berücksichtigt, die inneren Gelenk- und Lagerkräfte spielen keine Rolle. Wegen seiner Einfachheit besitzt das Leistungsprinzip einen hohen praktischen Nutzwert. Es setzt jedoch die Kenntnis des Geschwindigkeitsverhaltens des Mechanismus voraus.

Das Leistungsprinzip eignet sich zudem hervorragend, um Kraftelemente wie *Federn* oder *Gegengewichte* so zu dimensionieren, dass eine vorgegebene Getriebestellung zur *Gleichgewichtslage* wird, in der Antriebskräfte oder Haltekräfte verschwinden.

Die umgekehrte Aufgabenstellung gibt die Kräfteverhältnisse vor und sucht die zugehörigen Gleichgewichtslagen. Hierbei ist die Summe der potentiellen Energien, bzw. die Bestimmung ihrer Extremwerte nach Gleichung (9.4) maßgeblich. Zudem lassen sich die ermittelten Gleichgewichtslagen hinsichtlich ihrer Stabilität als *stabile, indifferente* oder *instabile* Lagen klassifizieren.

Bei schnell laufenden Mechanismen ist der Anteil der *Trägheitskräfte* signifikant. Zu deren Berücksichtigung ist Schwerpunktlage, Masse und Massenträgheitsmoment der bewegten Glieder von Nöten. Wenn nun noch die Beschleunigungsgrößen zur Verfügung stehen, können die Trägheitskräfte nach dem *D'Alembertschen Prinzip* in die Gleichgewichtsbedingungen eingebaut werden oder deren Leistungen in den *Leistungssatz* einfließen.

10 Maßsynthese

Das fertige Getriebe als Arbeitsziel des Konstrukteurs entsteht nach der erfolgreichen Beendigung einer Reihe von Arbeitsschritten in möglicherweise iterativen Durchläufen:

1. Formulierung einer gewissen Anzahl praktischer Forderungen an das Getriebe.
   a. Geometrische Forderungen hinsichtlich *Längen, Wege, Winkel, Bahnkurven.*
   b. Kinematische Forderungen bezüglich *Geschwindigkeit, Beschleunigung* und *Ruck.*
   c. Dynamische Forderungen hinsichtlich *Kraft-, Momentübertragung, Massen-* und *Leistungsausgleich.* (s. Maschinendynamik).
2. Auswahl eines geeigneten Getriebetyps (*Typ- oder Struktursynthese*). Üblicherweise wird ein möglichst einfaches Getriebe angestrebt (geringe Gliedanzahl, einfache Gelenktypen wie *Drehgelenke*). Dies setzt grundlegende Kenntnisse in der *Systematik* und *Ordnung* der Getriebe voraus.
3. Bestimmung der Gliedabmessungen des Getriebes (*Maßsynthese*). Hier wird primär auf die Methoden der *Getriebeanalyse* zurückgegriffen.
4. Konstruktive Gestaltung des Getriebes. Dieser Vorgang ist interdisziplinär und verlangt Kenntnisse der *Maschinenelemente*, *Werkstoffkunde* und *Fertigungstechnik*.

Entsprechend der Bewegungsaufgabe wird zwischen der Synthese von *Führungsgetrieben* und *Übertragungsgetrieben* unterschieden. Bei einem Führungsgetriebe wird eine Reihe von ausgezeichneten Lagen ein und desselben Getriebeglieds – die wir nachfolgend als *homologe Lagen* bezeichnen wollen – oder die Bahn von Gliedpunkten mit besonderen Anforderungen verknüpft. Bei der Synthese eines Übertragungsgetriebes steht dessen Übertragungsfunktion im Mittelpunkt der Betrachtung. Hier werden beispielsweise Winkel eines Gliedes – etwa des Antriebsgliedes – dem Winkel oder Weg eines anderen Gliedes desselben Getriebes – möglicherweise des Abtriebsgliedes – zugeordnet.

10.1 Zweilagensynthese

Die Aufgabe, einen Mechanismus zur Erfüllung zweier vorgegebener Lagen eines Gliedes zu entwerfen, ist recht einfach zu lösen und bietet dabei dem Konstrukteur komfortable Freiheit in der Berücksichtigung weiterer Nebenbedingungen. Bild 10.1 zeigt hierzu unterschiedliche Lösungsansätze.

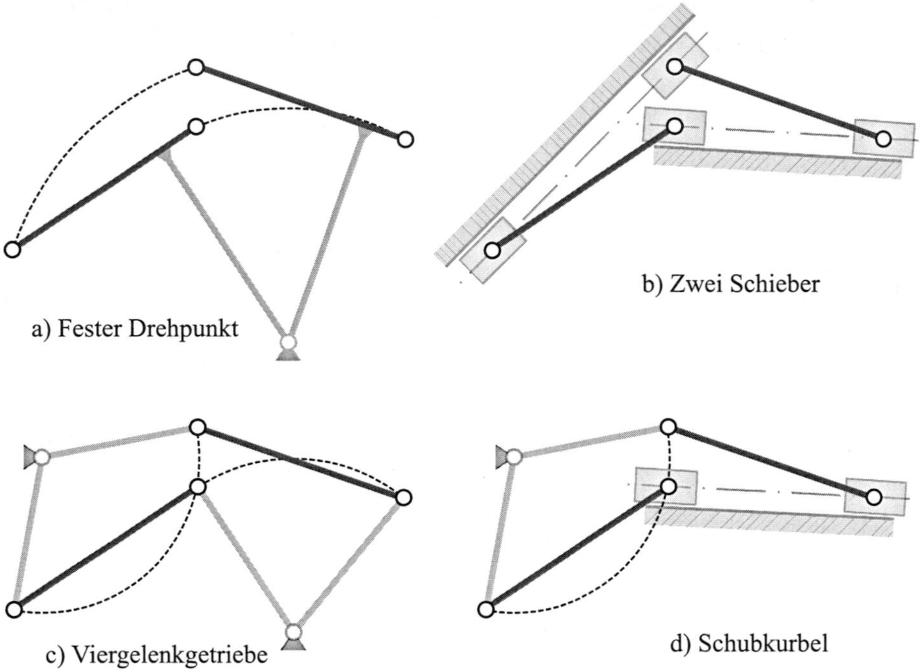

Bild 10.1: Mechanismen zur Lösung des 2-Lagen Problems

Die pragmatische Lösung des 2-Lagen Problems basiert auf einer einfachen Schwenkbewegung des Gliedes um den zu ermittelnden *Drehpol P* gemäß Bild 10.1a.

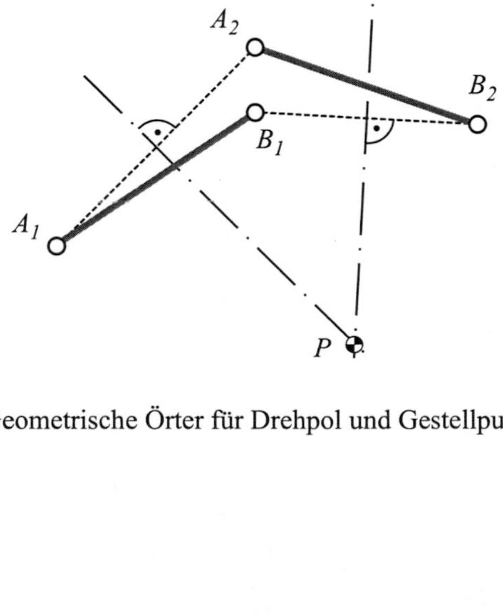

Bild 10.2: Geometrische Örter für Drehpol und Gestellpunkte des Viergelenks

Wir erhalten den Drehpol zeichnerisch konstruktiv im Schnittpunkt P der Mittelsenkrechten der zwei Strecken A_1A_2 und B_1B_2 gemäß Bild 10.2. Rechnerisch vektoriell können wir ihn nach Gleichung (5.7) ermitteln und hierin auch die vorgegebene Geometrie einbauen.

$$\boldsymbol{r}_{A_1P}=\frac{1}{2}\left(\boldsymbol{r}_{A_1A_2}-\frac{\tilde{\boldsymbol{r}}_{A_1B_1}\boldsymbol{r}_{A_2B_2}}{\boldsymbol{r}^2_{A_1B_1}-\boldsymbol{r}_{A_1B_1}\boldsymbol{r}_{A_2B_2}}\tilde{\boldsymbol{r}}_{A_1A_2}\right) \tag{10.1}$$

Hin und wieder liegt der Drehpol sehr weit von den beiden Gliedlagen entfernt und ist dann meist unbrauchbar. In solchen Fällen können zwei Drehpunkte frei auf den bereits bestimmten Mittelsenkrechten von A_1A_2 und B_1B_2 gewählt werden. Diese werden schließlich über jeweils ein weiteres binäres Glied mit den Punkten A und B verbunden. So erhalten wir ein Viergelenkgetriebe nach Bild 10.1c mit den neuen Gliedern als Schwingen und dem zu positionierenden Glied als Koppel. Die Lage der Gestellpunkte A_0 und B_0 läßt sich ebenfalls vektoriell ermitteln.

$$\boldsymbol{r}_{A_1A_0}=\frac{1}{2}\left(\boldsymbol{r}_{A_1A_2}+\lambda_A\tilde{\boldsymbol{r}}_{A_1A_2}\right) \quad und \quad \boldsymbol{r}_{B_1B_0}=\frac{1}{2}\left(\boldsymbol{r}_{B_1B_2}+\lambda_B\tilde{\boldsymbol{r}}_{B_1B_2}\right) \tag{10.2}$$

Die Parameter λ_A und λ_B sind dabei frei wählbar und es können so üblicherweise konstruktive Nebenbedingungen – wie Einschränkungen im Bauraum – zusätzlich erfüllt werden.

Alternativ können Mechanismen zur 2-Lagen Synthese mittels Schubgelenke realisiert werden (Bild 10.2 b+d).

Der Sonderfall, in dem die beiden Gliedlagen dieselbe Orientierung aufweisen, kann nicht durch das Schwenken um einen festen Drehpol gelöst werden. Ein Viergelenkgetriebe ist dennoch möglich – etwa ein Parallelogrammlenker – genauso wie die Lösungsvarianten mittels Schieber in Bild 10.1.

10.2 Dreilagensynthese

Drei vorgegebe Lagen eines Getriebeglieds lassen sich ebenfalls mit einem Viergelenkgetriebe realisieren. Die Konstruktion ist wiederum recht einfach, denn es liegen nun jeweils drei Punktlagen A_1, A_2, A_3 und B_1, B_2, B_3 vor, die ja einen Kreis eindeutig festlegen. Im Mittelpunkt dieser beiden Kreise liegt dann der zugehörige Gestellpunkt A_0 und B_0.

In der zeichnerische Vorgehensweise finden wir beispielsweise den Gestellpunkt A_0 im Schnittpunkt der Mittelsenkrechten von A_1A_2 und A_2A_3, wie in Bild 10.3 gezeigt. Wenn die drei Punktlagen A_1, A_2, A_3 – gewollt oder zufällig – auf einer gemeinsamen Geraden liegen, ist der Kreismittelpunkt ein Fernpunkt und die Punkte können dann nur mittels Schieber erreicht werden. Die analytisch vektorielle Vorgehensweise stützt sich hierbei auf die Beziehung (hier Ermittlung von A_0 – für B_0 analog).

$$\boldsymbol{r}_{A_1A_0}=\frac{1}{2}\left(\boldsymbol{r}_{A_1A_2}+\frac{\boldsymbol{r}_{A_1A_3}\boldsymbol{r}_{A_2A_3}}{\tilde{\boldsymbol{r}}_{A_1A_2}\boldsymbol{r}_{A_2A_3}}\tilde{\boldsymbol{r}}_{A_1A_2}\right) \tag{10.3}$$

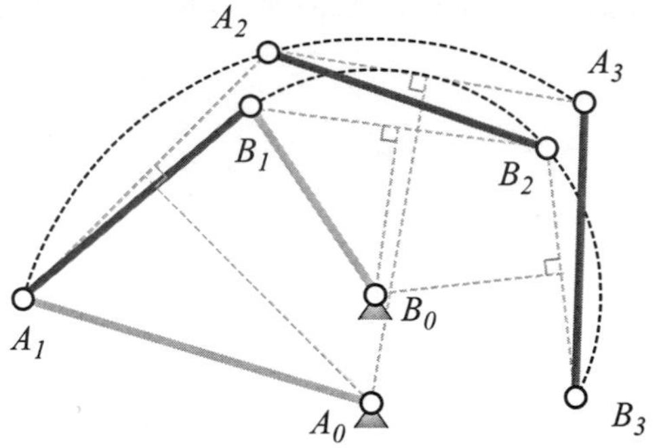

Bild 10.3: Ermittlung der Gestellpunkte eines Viergelenks bei drei Lagen

Im Gegensatz zur 2-Lagen Synthese hat man nun keine Freiheit mehr in der Positionierung der Gestellpunkte. Dennoch bleibt eine gewisse Variabilität über die vorangegangene Wahl der Gliedpunkte *A* und *B* erhalten.

Führen wir auf dem betreffenden Glied in Bild 10.3 eine feinere Punkteunterteilung durch, so bekommen wir eine zugehörige Kurve, auf der die gefundenen Mittelpunkte liegen[60].

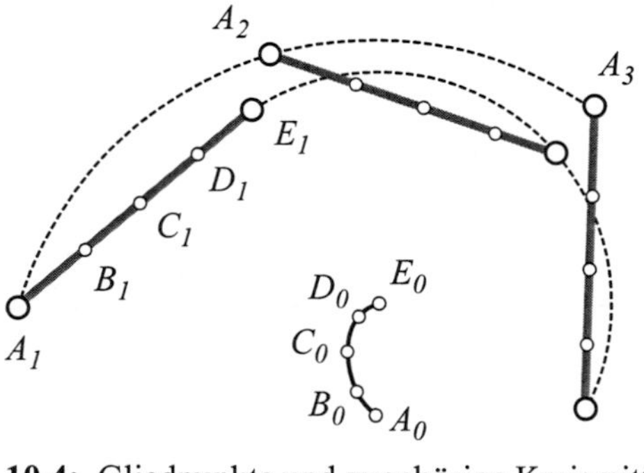

Bild 10.4: Gliedpunkte und zugehörige Kreismittelpunkte

Bild 10.4 zeigt die jeweilige Zuordnung von Gliedpunkten und Kreismittelpunkten. Einerseits bleibt so eine bereits angesprochene gewisse Freiheit der Punktewahl erhalten, andererseits deutet sich hiermit auch eine Möglichkeit an, selbst zu vier vorgegebenen Gliedlagen die Gestellpunkte eines geeigneten Viergelenks zu finden. Hierzu wird analog zur Vorgehensweise in Bild 10.4 zunächst die Kurve der Mittelpunkte zu den Gliedlagen *1-2-3* gewonnen und anschließend mit der Kurve aus den homologen Lagen *2-3-4* auf einen möglichen Schnittpunkt geprüft. Existieren solche Schnittpunkte der beiden Kurven, dann sind jene potentielle Gestellpunkte und der zugehörige Gliedpunkt ist Anlenkpunkt der jeweiligen Schwinge.

60 Ohne Beweis sei angeführt, dass bei Gliedpunkten, die gemeinsam eine Gerade bilden, die zugehörigen Mittelpunkte auf einer Kurve zweiten Gades liegen [Kra87].

Selbst zu fünf homologen Gliedlagen kann noch ein Viergelenkgetriebe gefunden werden. Hierbei ist sowohl die *Kreispunktkurve* im Gliedsystem, als auch die zugehörige *Mittelpunktkurve* im Rastsystem zu finden, die sich aus jeweils vier homologen Lagen ergeben. Wenn es nun solche Punkte überhaupt gibt, deren fünf homologe Lagen auf einem Kreis liegen, dann lassen sich jene über Schnittpunkte zweier Mittelpunktkurven bestimmen[61]. Diese hier lediglich angesprochenen Syntheseverfahren für mehr als drei Gliedlagen werden nicht weiter vertieft. Zur weiterführende Literatur diesbezüglich sei verwiesen auf [Diz67], [Mod95], [Vol79].

Haben wir nun ein Getriebe mit den vorstehenden Verfahren gewonnen, ist es im Nachgang zu analysieren. Hierbei interessiert uns besonders:

- Sind die ermittelten Getriebestellungen überhaupt erreichbar, oder gehören die etwa zu verschiedenen Zusammenbaumöglichkeiten?
- Werden die Getriebestellungen in der gewünschten Reihenfolge eingenommen? Dies wird durch die verwendeten Verfahren nicht garantiert.
- Ist das Getriebe über alle gewünschten Lagen hinweg durchlauffähig?
- Werden je nach Antriebssituation die minimal zulässigen Übertragungswinkel auch nicht unterschritten?

10.3 Zweiwinkelzuordnung

Bei Übertragungsgetrieben ist die Stellung der Koppel eher uninteressant. Stattdessen ist beim Gelenkviereck hier die relative Bewegung von *Kurbel / Schwinge* bzw. *Schwinge / Schwinge* von Bedeutung.

Besteht beispielsweise das Bedürfnis, einen Antriebswinkelbereich $\Delta\varphi$ der Kurbel einem Abtriebswinkelbereich $\Delta\psi$ der Schwinge zuzuordnen, wird damit eine implizite Vorgabe der Übertragungsfunktion formuliert.

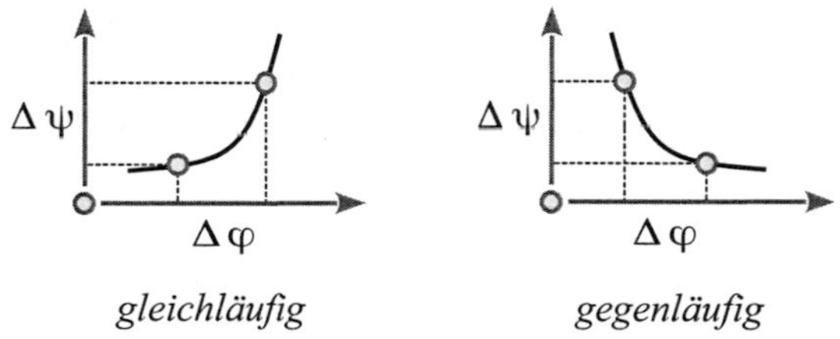

Bild 10.5: Zuordnung zweier Kurbel- und Schwingwinkel

Das zu bestimmende Viergelenkgetriebe wird dabei die gewünschte Übertragungsfunktion in *zwei Punkten* exakt einhalten, sonst jedoch davon abweichen.

61 Diese besonderen, zu fünf homologen Lagen gehörigen Kreismittelpunkte heißen *Burmestersche Punkte.*

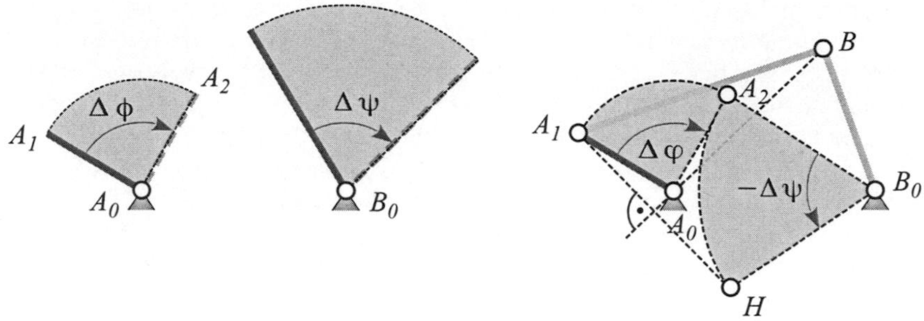

Bild 10.6: Zweiwinkelzuordnung nach Volmer

Die Konstruktion eines solchen Getriebes nach Volmer gehorcht den Schritten [Vol89]:

1. Wahl der Gestellpunkte A_0 und B_0.
2. Festlegung des Punkts A_1 und damit der Kurbelstellung und -länge.
3. "Drehen" der Kurbel um A_0 mit $\Delta\varphi$ führt zu Punkt A_2.
4. "Drehen" des Punkts A_2 um B_0 mit $-\Delta\psi$ führt zu Hilfspunkt H.
5. Die Mittelsenkrechte der Strecke A_1H ist geometrischer Ort für den Punkt B.
6. Günstige Lösungen resultieren, wenn die Mittelsenkrechte und die Strecke BB_0 annähernd einen rechten Winkel bilden.

Sollte die Konstruktion kein brauchbares Ergebnis liefern, kann mit einer anderen Lage von Punkt A erneut begonnen werden.

10.4 Umkehrlagen der Kurbelschwinge

Die Auslegung von Kurbelschwingen über eine Umkehrlagenvorgabe hat in der Praxis eine große Bedeutung. Deshalb sei in Ergänzung zu den Ausführungen in Kapitel 3.2 diese Thematik näher beleuchtet.

In Erweiterung der Aufgabenstellung des vorangegangenen Abschnitts der Zweiwinkelzuordnung soll nunmehr der gesamte Winkelbereich $\Delta\psi$ zwischen den Umkehrlagen der Schwinge einem Antriebswinkelbereich $\Delta\varphi$ der Kurbel zugeordnet werden. Dies erfolgt üblicherweise in der Gleichlaufphase von Kurbel und Schwinge.

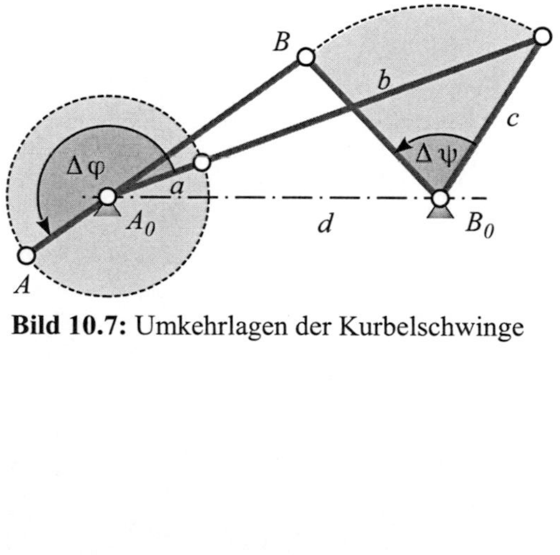

Bild 10.7: Umkehrlagen der Kurbelschwinge

Für die Vorgabe lediglich einer Umkehrlage und der Winkelbereiche $\Delta\varphi$ und $\Delta\psi$ stellt Volmer eine zeichnerische Totlagenkonstruktion vor [Vol89].

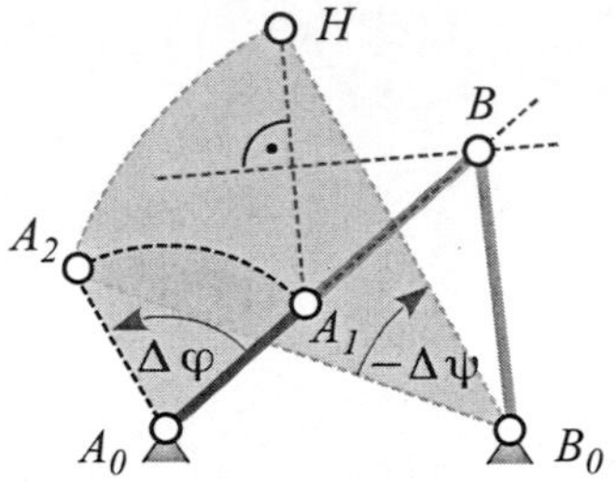

Bild 10.8: Umkehrlagenkonstruktion nach Volmer

1. Wahl der Gestellpunkte A_0 und B_0.
2. Festlegung des Punkts A_1 und damit der Kurbelstellung und -länge.
3. "Drehen" der Kurbel um A_0 mit $\Delta\varphi$ führt zu Punkt A_2.
4. "Drehen" des Punkts A_2 um B_0 mit $-\Delta\psi$ führt zu Hilfspunkt H.
5. Punkt B liegt dann im Schnittpunkt der Mittelsenkrechten zur Strecke A_1H und der Geraden A_0A_1.

Bei einer Berücksichtigung beider Umkehrlagen von Kurbelschwingen hat sich in der Praxis die *Totlagenkonstruktion nach Alt* bewährt. Bei Vorgabe der Winkelbereiche $\Delta\varphi$ und $\Delta\psi$ ist zunächst folgende Relation zu beachten, um brauchbare Kurbelschwingen zu erhalten.

$$\frac{\pi}{2}+\frac{\Delta\psi}{2} < \Delta\varphi < \frac{3\pi}{2}+\frac{\Delta\psi}{2} \quad mit \quad 0 < \Delta\psi < \pi \tag{10.4}$$

Damit steht immer noch eine unendlich große Anzahl von Kurbelschwingen zur Verfügung. Es lassen sich somit zwei weitere Gliedlängen festlegen. Üblicherweise wird hier die Schwingenlänge und eine weitere Größe festgelegt oder stattdessen das Getriebe hinsichtlich seines Übertragungs- oder Beschleunigungsverhaltens optimiert. Auf der Grundlage der *Alt'schen Totlagenkonstruktion* wurden in der Vergangenheit von Getriebekonstrukteuren leistungsfähige Auslegungstafeln und Berechnungsvorschriften erarbeitet. Diesbezüglich sei auf weiterführende Literatur [Diz67], [Vol89], [Mod95] und vor allem auf die Richtlinie [VDI2130] verwiesen.

Ein mögliches Vorgehen sei hier an einer Vorgabe der Winkelbereiche $\Delta\varphi$ und $\Delta\psi$, sowie der Kurbellänge a und der Schwingenlänge c verdeutlicht.

Nach Bild 10.9 rechts können wir folgende zwei geschlossenen Vektorzüge formulieren, wobei die Indizes a und i die *äußere* und *innere* Umkehrlage kennzeichnen.

$$\boldsymbol{r}_a-\boldsymbol{c}_a=\boldsymbol{d} \tag{10.5}$$

$$\boldsymbol{r}_i-\boldsymbol{c}_i=\boldsymbol{d} \tag{10.6}$$

Die Längen der Vektoren ergeben sich unmittelbar aus den Gliedlängen und der Winkel α ist die Differenz des Kurbelwinkels $\Delta\varphi$ und $180\,°$.

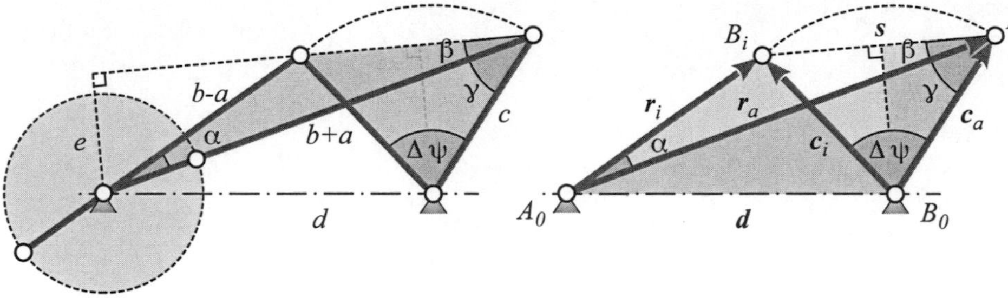

Bild 10.9: Geometrische Verhältnisse in den Umkehrlagen der Kurbelschwinge

$$\alpha=\Delta\varphi-\pi \tag{10.7}$$

Der Hubweg s des Schwingenendpunkts B zwischen den Endpunkten B_a und B_i gehorcht dabei der trigonometrischen Beziehung

$$s=2c\sin\frac{\Delta\psi}{2} \tag{10.8}$$

Zur Bestimmung der Koppellänge b werden die Gleichungen (10.5) und (10.6) subtrahiert und in die Form

$$\boldsymbol{r}_a-\boldsymbol{r}_i=\boldsymbol{c}_a-\boldsymbol{c}_i$$

gebracht. Das Quadrieren dieser Gleichung liefert,

$$(b+a)^2-2\boldsymbol{r}_a\boldsymbol{r}_i+(b-a)^2 = 2c^2-2\boldsymbol{c}_a\boldsymbol{c}_i$$

wobei die Skalarprodukte den Kosinus des jeweils eingeschlossenen Winkels beinhalten.

$$\boldsymbol{r}_a\boldsymbol{r}_i=(b+a)(b-a)\cos\alpha \quad \textit{und} \quad \boldsymbol{c}_a\boldsymbol{c}_i=c^2\cos\Delta\psi$$

Damit bekommen wir dieselben Ergebnisse, wie bei einer zweifachen Anwendung des Kosinussatzes und können nach einigen arithmetischen Umformungen sowie der Verwendung des trigonometrischen Zusammenhangs $1-\cos\Delta\psi=\sin^2\frac{\Delta\psi}{2}$ die Beziehung nach der gesuchten Koppellänge b auflösen.

$$b^2=\frac{2c^2\sin^2\frac{\Delta\psi}{2}-a^2(1+\cos\alpha)}{1-\cos\alpha} \tag{10.9}$$

Im weiteren Verlauf nunmehr auf der Suche nach der Gestelllänge d ermitteln wir zunächst den Winkel β über die Anwendung von Sinussatz und Kosinusbeziehungen im Dreieck $A_0B_aB_i$.

$$\sin\beta = \frac{b-a}{s}\sin\alpha \quad und \quad \cos\beta = \frac{(b+a)-(b-a)\cos\alpha}{s} \tag{10.10}$$

Mittels der Gleichung (10.10) kann jetzt auch direkt die Versetzung e der Kurbelschwinge bestimmt werden.

$$e = (b+a)\sin\beta = \frac{b^2-a^2}{s}\sin\alpha \tag{10.11}$$

Genau genommen interessiert uns der Winkel γ auf dem Weg zu d mehr als β. Es gilt die folgende Entsprechung im halben rechtwinkligen Dreieck $B_0B_aB_i$.

$$\sin(\beta+\gamma) = \cos\frac{\Delta\psi}{2} \quad und \quad \cos(\beta+\gamma) = \sin\frac{\Delta\psi}{2}$$

Die Additionstheoreme der Trigonometrie lauten in diesem Zusammenhang

$$\sin(\beta+\gamma) = \sin\beta\cos\gamma + \cos\beta\sin\gamma$$
$$\cos(\beta+\gamma) = \cos\beta\cos\gamma - \sin\beta\sin\gamma$$

und gestatten die Auflösung nach den Winkelbeziehungen für γ.

$$\sin\gamma = \cos\frac{\Delta\psi}{2}\cos\beta - \sin\frac{\Delta\psi}{2}\sin\beta = \cos\left(\frac{\Delta\psi}{2}+\beta\right)$$
$$\cos\gamma = \sin\frac{\Delta\psi}{2}\cos\beta + \cos\frac{\Delta\psi}{2}\sin\beta = \sin\left(\frac{\Delta\psi}{2}+\beta\right)$$

Letztlich gelangen wir zur fehlenden Länge d durch Quadrieren von Gleichung (10.5)

$$d^2 = (\mathbf{r}_a - \mathbf{c}_a)^2 = (b+a)^2 - 2\mathbf{r}_a\mathbf{c}_a + c^2$$

mit $\mathbf{r}_a\mathbf{c}_a = (b+a)c\cos\gamma$ und den soeben ermittelten Winkelbeziehungen von β und γ.

$$d^2 = c^2 + (b^2-a^2)\frac{\sin\left(\frac{\Delta\psi}{2}-\alpha\right)}{\sin\frac{\Delta\psi}{2}} \tag{10.12}$$

Im Falle einer zentrischen Kurbelschwinge verschwindet der Winkel α und Gleichung (10.12) geht in ihren Sonderfall in Form der Gleichung (3.7) über. Mit den weiteren Zusammenhängen aus Abschnitt 3.2 bis 3.4 lassen sich notwendige zusätzliche Getriebekenngrößen bestimmen.

10.5 Satz von Roberts

Nach dem *Satz von Roberts*[62] lassen sich zu einem Gelenkviereck zwei weitere Viergelenkgetriebe ermitteln, die dieselbe Koppelkurve erzeugen können. Diese Gesetzmäßigkeit wurde

62 Samuel Roberts (1827-1913), britischer Mathematiker.

etwas später von *Tschebyschew*[63] unabhängig auf völlig andere Weise gefunden.

***Satz von* Roberts / Tschebyschew**
Jede Koppelkurve eines Viergelenkgetriebes lässt sich durch zwei weitere Gelenkvierecke erzeugen.

Dieses Theorem hat einen hohen praktischen Nutzwert in der Getriebekonstruktion. Bevor hierauf näher eingegangen wird, seien zunächst die geometrischen Zusammenhänge zur Ermittlung der Ersatzgetriebe veranschaulicht.

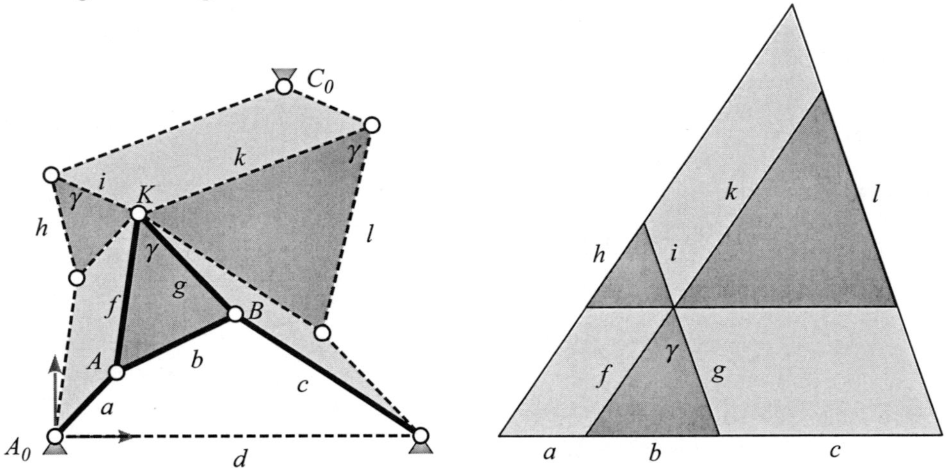

Bild 10.10: Konstruktion der Ersatzgelenkvierecke nach *Roberts*

Die zeichnerische Vorgehensweise gemäß Bild 10.10 ist

1. Übertragen der Kurbel-, Koppel und Schwingenlänge *a, b, c* in dieser Reihenfolge auf eine gemeinsame Gerade *(vollständige Strecklage)*.
2. Errichten des Koppeldreiecks über der Koppellänge *b*.
3. Antragen an den freien Enden von *a* und *c* jeweils eine parallele Gerade zu *f* und *g*.
4. Ziehen einer parallelen Geraden zur Grundlinie durch die Spitze des Koppeldreiecks.
5. Verlängern der Seiten *f* und *g* des Koppeldreiecks bis zu den äußeren Dreieckseiten.
6. Rückübertragung der gefundenen Gliedlängen der Ersatzgelenkvierecke an das Ursprungsviergelenk.

Die Hilfskonstruktion in Bild 10.10 rechts ist übrigens ein funktionsfähiger Mechanismus. Die gezeigte Stellung erhalten wir, indem Kurbel und Schwinge in Bild 10.10 links aus ihren Lagern A_0 und B_0 gelöst und mit der Koppel in eine gemeinsame Strecklage gezogen werden.

Für den Beweis des *Satzes von Roberts* betrachten wir zuerst das Koppeldreieck. Zwischen dessen Seiten ***b*** und ***f*** lässt sich ein parametrischer Zusammenhang in Gestalt einer Ähnlichkeitsabbildung formulieren.

63 Pafnuti L. Tschebyschew (1821-1894), russischer Mathematiker.

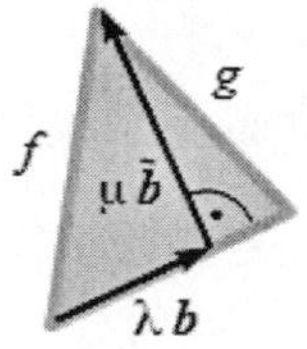

Bild 10.11: Parametrische Beschreibung des Koppeldreiecks

$$\boldsymbol{f} = \lambda \boldsymbol{b} + \mu \tilde{\boldsymbol{b}} = \boldsymbol{S}_f \boldsymbol{b} \qquad mit \quad \boldsymbol{S}_f = \begin{pmatrix} \lambda & -\mu \\ \mu & \lambda \end{pmatrix} \tag{10.13}$$

Das Quadrieren von Gleichung (10.13) führt auf das konstante Längenverhältnis S_f.

$$S_f = \frac{f}{b} = \sqrt{\lambda^2 + \mu^2}$$

Nunmehr benutzen wir den Vektorzug im Bild 10.10 links außen vom Ursprung $\boldsymbol{A_0}$ nach $\boldsymbol{C_0}$ zur Ermittlung dieses dritten Gestellpunkts.

$$\boldsymbol{r}_{A_0 C_0} = \boldsymbol{f} + \boldsymbol{h} + \boldsymbol{k}$$

Hiermit, sowie der Anwendung der obigen Dreiecksbeziehung (10.13) auch auf die zum Koppeldreieck ähnlichen Dreiecke, erhalten wir.

$$\boldsymbol{r}_{A_0 C_0} = \lambda \boldsymbol{b} + \mu \tilde{\boldsymbol{b}} + \lambda \boldsymbol{a} + \mu \tilde{\boldsymbol{a}} - (\lambda \boldsymbol{c} + \mu \tilde{\boldsymbol{c}})$$

Die Berücksichtigung der Maschengleichung $\boldsymbol{a} + \boldsymbol{b} - \boldsymbol{c} - \boldsymbol{d} = \boldsymbol{0}$ des Gelenkvierecks führt schließlich unmittelbar zur Lage des gesuchten Gestellpunkts.

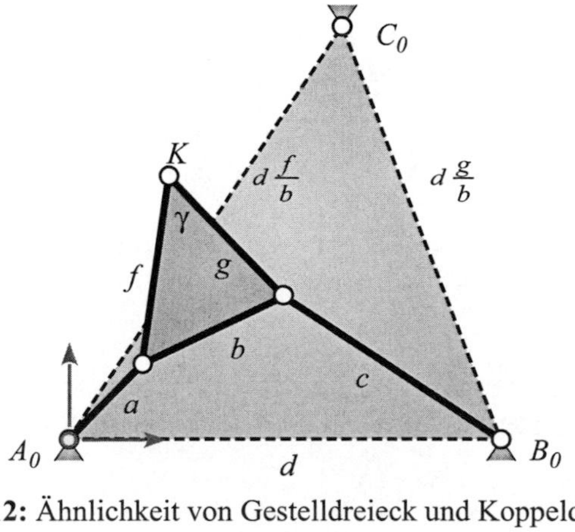

Bild 10.12: Ähnlichkeit von Gestelldreieck und Koppeldreieck

$$\boldsymbol{r}_{A_0C_0} = \lambda\boldsymbol{d}+\mu\tilde{\boldsymbol{d}} = \boldsymbol{S}_f\boldsymbol{d}$$

Die Tatsache, dass die Lage des Punktes $\boldsymbol{C_0}$ ausschließlich von zeitlich unveränderlichen Größen abhängt, also ein gestellfester Punkt ist, reicht zum Beweis. Übrigens zeigt das Ergebnis, dass die drei Gestellpunkte wiederum ein zum Koppeldreieck *ähnliches* Dreieck bilden.

Die Gliedlängen der zusätzlich gefundenen Gelenkvierecke ergeben sich wegen der Ähnlichkeitsgesetze rechnerisch aus den Verhältnissen in Bild 10.13.

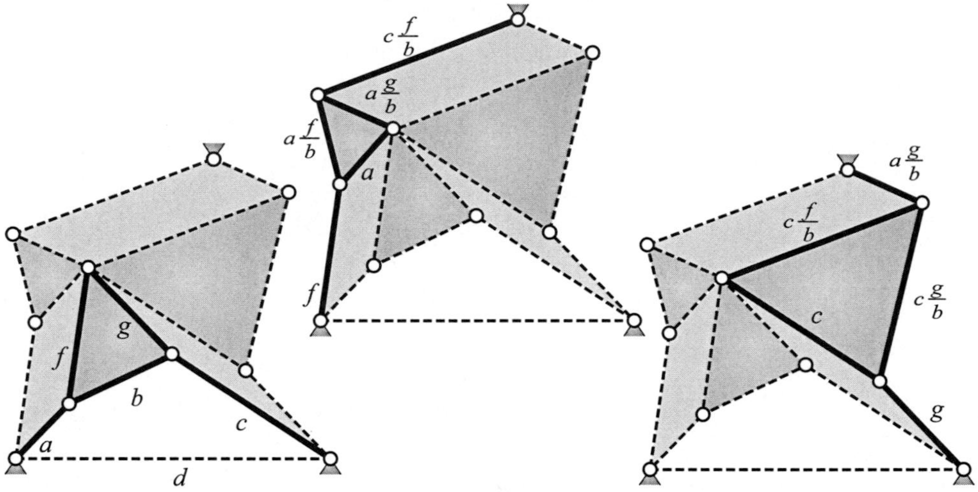

Bild 10.13: Gliedlängen der Ersatzviergelenke

Die Gelenkvierecke sind nun hinsichtlich ihrer Umlauffähigkeit gemäß der Grashofschen Bedingung (3.1) zu überprüfen. Dabei kann nachgewiesen werden, dass als *Roberts'sche Tripel* stets folgende Getriebetypen zusammen auftreten [Mod95]:

- *Kurbelschwinge / Doppelschwinge / Kurbelschwinge*
- *Doppelschwinge / Doppelschwinge / Doppelschwinge*

Weiterhin gilt für den ersteren Fall die praktisch ebenfalls bedeutsame Gesetzmäßigkeit, dass sich die beiden Kurbeln stets mit gleicher Drehrichtung und Winkelgeschwindigkeit bewegen.

Es sei ohne nähere Betrachtung darauf hingewiesen, dass zur Schubkurbel und Schubschwinge lediglich jeweils *ein* Ersatzgetriebe gefunden werden kann. Zur Kurbelschleife gibt es dagegen *kein* Ersatzgetriebe ([Mod95]).

10.6 Anwendungen des Satzes von Roberts

Wenn man ein Viergelenkgetriebe gefunden hat, das die gewünschte Koppelkurve erzeugt, kann jedoch der unglückliche Fall eintreten, dass jenes mit dem zulässigen Bauraum nicht harmoniert. Unter diesen Umständen kann der Getriebekonstukteur also davon ausgehen, dass es zwei weitere Ersatzgelenkvierecke zur Generierung derselben Koppelkurve gibt. Er wird diese dann mit dem vorgestellten Verfahren auffinden und ebenfalls auf Eignung überprüfen.

Gemäß Bild 10.14 wird zu einer Kurbelschwinge im ersten Schritt jenes Roberts'sche Ersatzgetriebe gesucht, das ebenfalls eine umlaufende Kurbel hat. Das ehemalige Koppeldreieck wird nun auf ein binäres Glied reduziert und mit der Koppel des Ersatzgelenkvierecks im

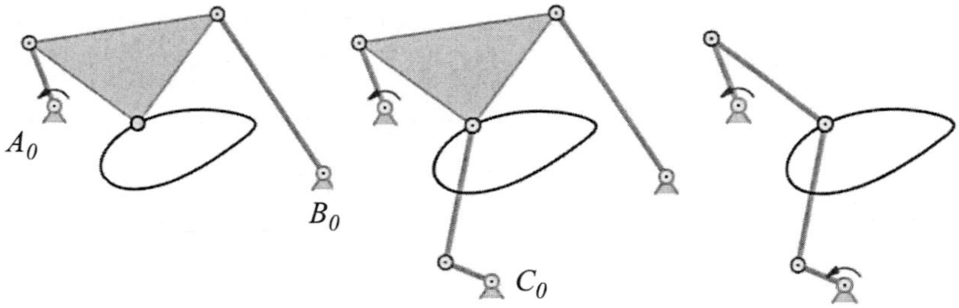

Bild 10.14: Fünfgliedriges Getriebe aus Roberts'schen Gelenkvierecken

Koppelpunkt verbunden. Wie man sieht, bleibt die ursprüngliche Koppelkurve wunschgemäß erhalten und die Bauraumsituation hat sich möglicherweise wegen Wegfalls des störenden Lagers B_0 verbessert . Nun gilt es noch, die Herausforderung zu meistern, dass das entstandene fünfgliedrige Koppelgetriebe den Freiheitsgrad $F = 2$ besitzt. Hier lässt sich ausnutzen, dass beide Kurbeln synchron mit der Übersetzung $i = 1$ umlaufen. Ein Gleichlauf kann somit über zwei Zahnradstufen oder einen Zahnriemen erzwungen werden.

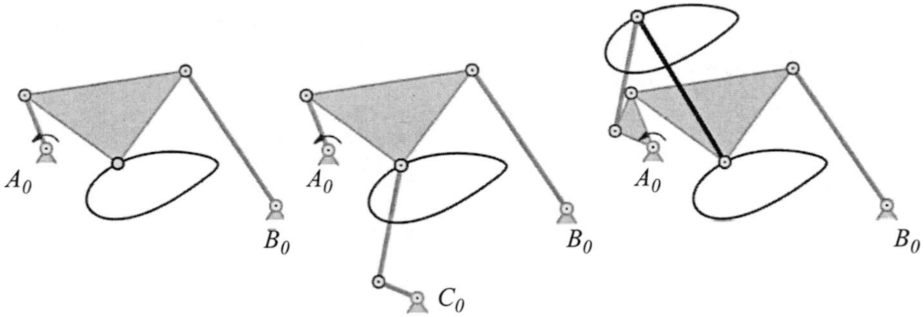

Bild 10.15: Sechsgliedriges Getriebe aus Roberts'schen Gelenkvierecken

Die Roberts'schen Getriebe können auch genutzt werden, um eine gewünschte Koppelkurve mehrfach zu erzeugen. Solche Lösungen sind beispielsweise in der Fördertechnik oder im Landmaschinenbau gefragt.

Hierzu wird wiederum zu einer Kurbelschwinge mit geeigneter Koppelkurve das Ersatzgetriebe mit der zweiten Kurbel ermittelt. Die zugehörige Kurbel mit der Koppel wird vom Gestellpunkt C_0 in den Gestellpunkt A_0 parallel verschoben. Die beiden Kurbeln werden nun zu einem ternären Glied "verschmolzen". Das Ende der verschobenen Koppel, das vorher im gemeinsamen Koppelpunkt angelenkt war, wird jetzt durch ein neues Koppelglied drehgelenkig mit dem ehemaligen Koppelpunkt verbunden. Damit vollführt diese neue Koppel nunmehr eine *Kurvenschiebung* entlang der Koppelkurve, bei der ihre Orientierung stets erhalten bleibt.

10.7 Exakte Geradführungen

Exakte Geradführungen lassen sich pragmatisch einfach durch Einsatz eines Schiebeglieds realisieren. Alle Punkte des Schiebers werden dabei naturgemäß linear geführt. Die Koppel des *Doppelschiebers* in Bild 10.16 links weist damit zwei exakt gerade geführte Punkte auf.

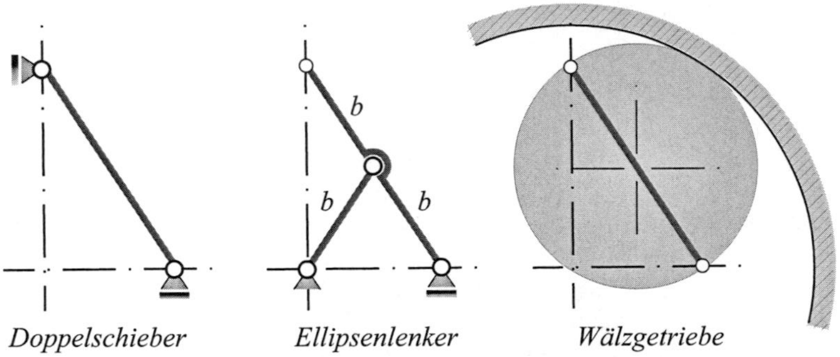

Bild 10.16: Exakte Geradführungen

Kinematisch gleichwertig zum Doppelschieber ist der *Ellipsenlenker*. Die Endpunkte dessen Koppelglieds bewegen sich auf Geraden, der Mittelpunkt auf einem Kreis und alle anderen Punkte auf Ellipsen. Der Ellipsenlenker wird gern als Hubgetriebe für kurze Wege eingesetzt und weist hierfür vorteilhafte Kräfteverhältnisse auf. Das ebenfalls kinematisch äquivalente Wälzgetriebe in Bild 10.16 rechts geht aus der Rastpolbahn und Gangpolbahn des Doppelschiebers hervor, wie wir es bereits in Kapitel 7 diskutiert haben (Bild 7.12).

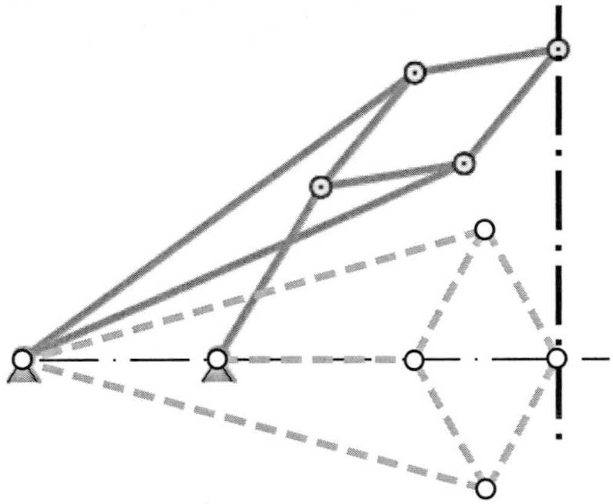

Bild 10.17: Inversor von Peaucellier[64]

64 Charles-Nikolas Peaucellier (1832-1913), französischer General.

Lange Zeit hatte man geglaubt, dass es nicht möglich sei, eine exakte Führung eines Punkts auf einer Geraden durch ein Koppelgetriebe zu realisieren, das ausschließlich Drehgelenke besitzt. Schließlich fand Peaucellier 1864 ein solches Getriebe, das als *Inversor von Peaucellier* bekannt ist (Bild 10.17). Der Mechanismus basiert auf einer achtgliedrigen kinematischen Kette, ist zweifelsohne genial und hat dennoch keinen nennenswerten praktischen Einsatz erfahren, da die recht hohe Zahl an Gelenken und deren unvermeidliches Gelenkspiel Führungs- und Bewegungsprobleme bereitete. So wandte man sich lieber einfacheren, robusteren Getrieben mit lediglich angenäherter Geradführung zu.

10.8 Angenäherte Geradführungen

Mechanismen zur Erfüllung der Bewegungsaufgabe, die eine geradlinige Führung eines Koppelpunkts verlangt, müssen diese besondere Führungseigenschaft nicht immer über den gesamten Bewegungsbereich aufweisen. Häufig genügt es, wenn sich der Punkt der Koppel über eine bestimmte Strecke hinweg mit hinreichender Güte entlang einer geradlinigen Bahn bewegt. In diesem Fall sprechen wir von einer *angenäherten Geradführung* des Getriebes.

Während jener geradlinigen Bewegung weist der entsprechende Gliedpunkt die Eigenschaft der fehlenden Normalbeschleunigung infolge des nicht gekrümmten Bahnabschnitts auf. Genau dieses Verhalten haben wir allerdings bereits in Kapitel 8 näher untersucht und solche Gliedpunkte auf dem Wendekreis gefunden. Nun zeigt die Erfahrung, dass es genügt, wenn ein Koppelpunkt im Verlauf seiner Bewegung einmal auf den Wendekreis zu liegen kommt, damit seine Bahn in der Nachbarschaft dieser ausgezeichneten Getriebestellung Geradführungseigenschaften aufweist. Die Kenntnis des Wendekreises eines Glieds erhält damit also ihren hohen praktischen Nutzwert. In einer alternativen Vorgehensweise suche man für ein gegebenes Gelenkviereck Koppelkurven mit D-Form mit sichtbarem geradlinigen Anteil.

Als Beispiel betrachten wir zunächst den *Wattschen Lenker*. James Watt hatte auf der Suche nach einem Geradführungsmechanismus für seine Dampfmaschine folgende genial intuitive Überlegung angestellt (Bild 10.18):

> *Wenn sich Koppelpunkt A und Punkte in seiner Umgebung auf nach links gekrümmten Bahnen und Koppelpunkt B mit seinen benachbarten Punkten auf nach rechts gekrümmten Bahnen bewegen, dann muss es irgendwo zwischen A und B einen Punkt der Koppel geben, dessen Bahn keine Krümmung besitzt.*

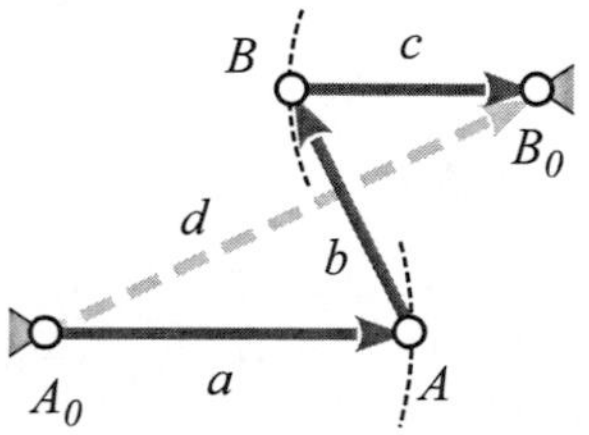

Bild 10.18: Wattscher Lenker

Wir wollen die Lage des momentan geradlinig bewegten Koppelpunkts C in Bild 10.18 analytisch ermitteln. Hierbei ist allerdings weder der Momentanpol noch der Wendekreis hilfreich, da wegen der Parallelität der beiden Schwingen die Koppel augenblicklich eine reine Translation vollführt und der Momentanpol der Koppel weit in der Ferne liegt. Die zeitliche Ableitung der Maschengleichung $\boldsymbol{a}+\boldsymbol{b}+\boldsymbol{c}-\boldsymbol{d}=\boldsymbol{0}$ lautet

$$\omega_1 \tilde{\boldsymbol{a}} + \omega_2 \tilde{\boldsymbol{b}} + \omega_3 \tilde{\boldsymbol{c}} = \boldsymbol{0} \tag{10.14}$$

Eine Multiplikation mit $\boldsymbol{a}$ liefert wegen Parallelität von $\boldsymbol{a}$ und $\boldsymbol{c}$ $\omega_2 \tilde{\boldsymbol{b}}=0$ und damit $\omega_2=0$ infolge der bereits prognostizierten Translation der Koppel, die in diesem Fall rein vertikal gerichtet ist. Multiplizieren wir Gleichung (10.14) dagegen mit $\tilde{\boldsymbol{a}}$, erhalten wir die Winkelgeschwindigkeit $\omega_3=-\omega_1 \frac{a}{c}$. Die zweite Ableitung der Maschengleichung liefert nun

$$\dot{\omega}_1 \tilde{\boldsymbol{a}} - \omega_1^2 \boldsymbol{a} + \dot{\omega}_2 \tilde{\boldsymbol{b}} - \omega_2^2 \boldsymbol{b} + \dot{\omega}_3 \tilde{\boldsymbol{c}} - \omega_3^2 \boldsymbol{c} = \boldsymbol{0}$$

Nach einer Multiplikation dieser Beziehung mit $\boldsymbol{a}$ und Verwendung der bereits gewonnenen Erkenntnisse lösen wir nach der Winkelbeschleunigung $\dot{\omega}_2$ auf

$$\dot{\omega}_2 = \omega_1^2 a^2 \frac{1+\frac{a}{c}}{\boldsymbol{a}\tilde{\boldsymbol{b}}}$$

Jetzt betrachten wir die Beschleunigung eines beliebigen Punkts C auf der Koppelgeraden festgelegt durch den Parameter λ.

$$\ddot{\boldsymbol{r}}_{AC} = \dot{\omega}_1 \tilde{\boldsymbol{a}} - \omega_1^2 \boldsymbol{a} + \dot{\omega}_2 \lambda \tilde{\boldsymbol{b}}$$

Zudem fordern wir von diesem Punkt C, keine horizontale Normalbeschleunigung, sondern ausschließlich Tangentialbeschleunigung in Bezug auf seine vertikale Bahn zu besitzen. Wir filtern den Punkt folglich durch Multiplikation der vorstehenden Beziehung mit dem horizontal gerichteten Vektor $\boldsymbol{a}$ heraus, indem wir das Ergebnis zu Null zwingen, also $\ddot{\boldsymbol{r}}_{AC}\boldsymbol{a}=0$. Diese Maßnahme führt nach einigen Vereinfachungen zum gesuchten Parameter λ.

$$\lambda = \frac{c}{a+c} \tag{10.15}$$

Die Lage des geradgeführten Koppelpunkts C ergibt sich dann durch Einsetzen.

$$\boldsymbol{r}_{AC} = \frac{c}{a+c}\boldsymbol{b} \tag{10.16}$$

Diese Beziehung kann geometrisch als Verhältnis von Längen interpretiert werden. In Bild 10.18 liegt der gesuchte Punkt C demnach im Schnittpunkt von Koppel- und Gestellgerade. Für den Sonderfall $a=c$ liegt C daher genau in der Mitte der Koppel. Der *Wattsche Lenker* ist eine nicht umlauffähige Doppelschwinge mit einer 8-förmigen Koppelkurve mit geradlinigen Anteilen[65] (Bild 10.19).

65 Diese Form der Koppelkurve wird als *Lemniskate* bezeichnet. Der Wattsche Lenker trägt daher die alternative Bezeichnung *Lemniskatenlenker*.

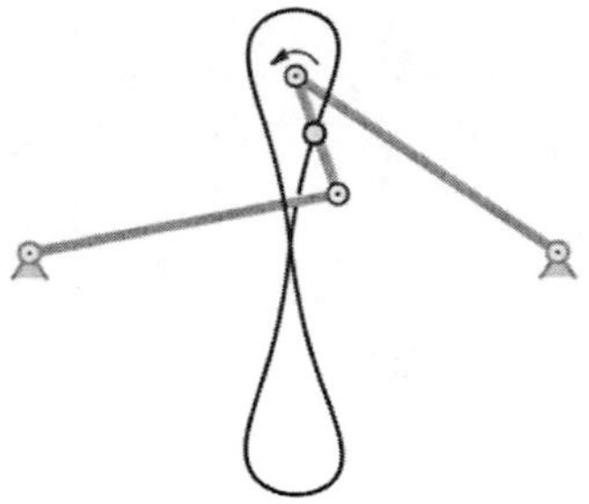

Bild 10.19: Koppelkurve des Wattschen Lenkers

In der Fahrwerkstechnik wird der Wattsche Lenker zur Querführung zwischen der starren (Hinter)Achse und der Karosserie eingesetzt[66] (Bild 10.20 links).

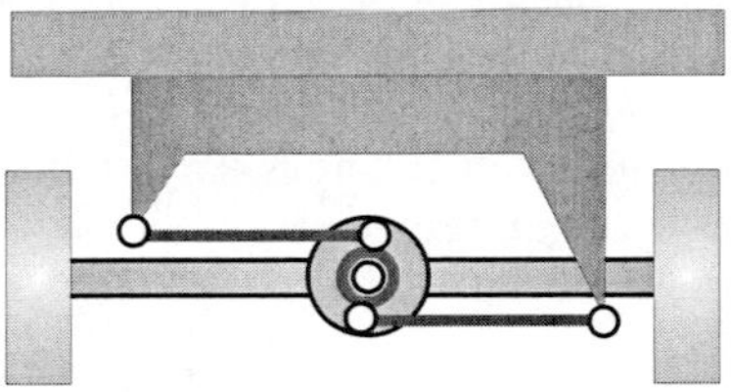

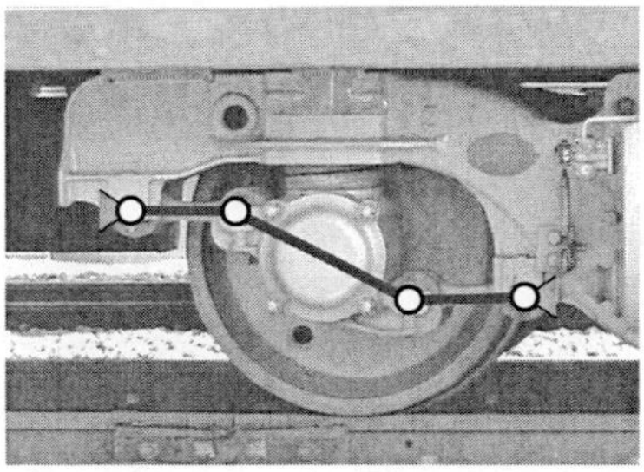

Bild 10.20: Anwendungen des Wattschen Lenkers

Bei Schienenfahrzeugen wird er als Radaufhängung verwendet, um die rein vertikale Bewegung beim Einfedern zu gewährleisten (Bild 10.20 rechts).
Ein weiteres Koppelgetriebe mit angenäherter Geradführung ist der *Evans Lenker*[67]. Diesen kann man sich aus dem Ellipsenlenker mit exakter Geradführung hervorgegangen denken, indem der horizontal geführte Schieber in Bild 10.16 stattdessen durch eine Schwinge auf eine flache Kreisbahn gezwungen wird.

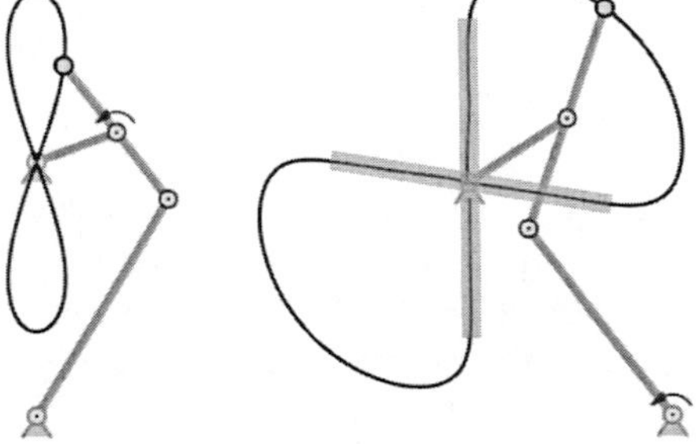

Bild 10.21: Koppelkurven des Evans Lenkers

66 Er wird dort als *Wattgestänge* bezeichnet.
67 Oliver Evans (1755-1819), US-amerikanischer Ingenieur.

Der Evans Lenker ist ein Roberts'sches Ersatzgetriebe des Wattschen Lenkers und umgekehrt.

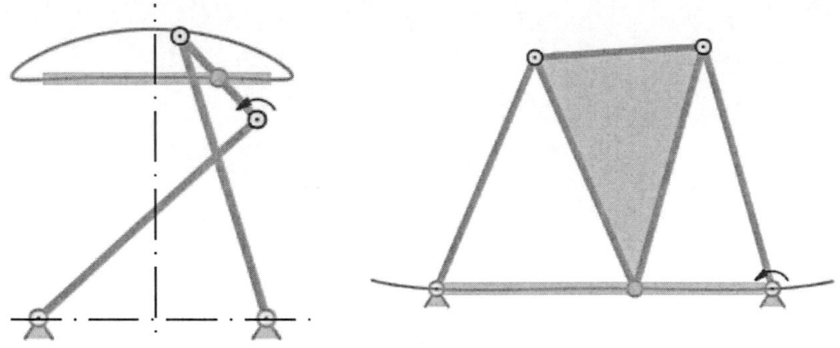

Bild 10.22: Geradführungsgetriebe nach Tschebyschew (links) und Roberts[68] (rechts)

Weitere Getriebe mit angenäherter Geradführung sind die umlauffähige Doppelschwinge von Tschebyschew in Bild 10.22 links und die nicht umlauffähige Doppelschwinge nach Roberts (Bild 10.22 rechts).

Mit einem zentrischen Schubkurbelgetriebe lassen sich neben einer bereits vorgestellten exakten Gradführung auch angenäherte Geradführungsbewegungen realisieren. Wir wollen nun ein solches Getriebe über die Betrachtung der Krümmungsverhältnisse mittels des Wendekreises auslegen.

Wenn ein Getriebe eine symmetrische Koppelkurve erzeugt, ist es grundsätzlich hilfreich und sinnvoll die Untersuchung in der zugehörigen Mittelstellung des Getriebes durchzuführen. Bei der hier betrachteten zentrischen Schubkurbel ist das die Strecklage von Kurbel und Koppel.

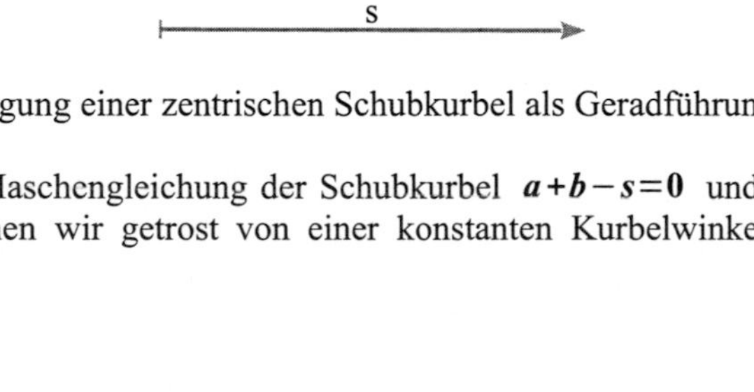

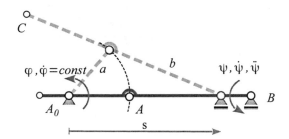

Bild 10.23: Auslegung einer zentrischen Schubkurbel als Geradführungsgetriebe

Wir beginnen mit der Maschengleichung der Schubkurbel $\boldsymbol{a}+\boldsymbol{b}-\boldsymbol{s}=\boldsymbol{0}$ und deren zeitlichen Ableitungen. Dabei gehen wir getrost von einer konstanten Kurbelwinkelgeschwindigkeit $\dot{\varphi}=const$ aus.

68 Richard Roberts (1789-1864), engl. Ingenieur. Nicht zu verwechseln mit dem Mathematiker *Samuel Roberts.*

$$\begin{aligned} a\,\boldsymbol{e}_\varphi + b\,\boldsymbol{e}_\psi - s\,\boldsymbol{e}_x &= \mathbf{0} \\ \dot\varphi\,a\,\tilde{\boldsymbol{e}}_\varphi + \dot\psi\,b\,\tilde{\boldsymbol{e}}_\psi - \dot s\,\boldsymbol{e}_x &= \mathbf{0} \\ -\dot\varphi^2\,a\,\boldsymbol{e}_\varphi + \ddot\psi\,b\,\tilde{\boldsymbol{e}}_\psi - \dot\psi^2\,b\,\boldsymbol{e}_\psi - \ddot s\,\boldsymbol{e}_x &= \mathbf{0} \end{aligned} \tag{10.17}$$

In der zu betrachtenden Strecklage gilt $\boldsymbol{e}_\varphi = \boldsymbol{e}_\psi = \boldsymbol{e}_x$ und $\dot s = 0$. Die Multiplikation der Geschwindigkeitsform der Maschengleichung mit $\tilde{\boldsymbol{e}}_x$ liefert die Winkelgeschwindigkeit der Koppel $\dot\psi = \frac{a}{b}\dot\varphi$. Nach Gleichung (7.3) erhalten wir die Pollage der Koppel mittels

$$\boldsymbol{r}_{AP} = \frac{1}{\dot\psi}\tilde{\boldsymbol{v}}_A = b\,\boldsymbol{e}_x$$

zusammenfallend mit dem Schiebepunkt *B* – wie es auch die Methode des etwas längeren Hinschauens geliefert hätte. Zur Ermittlung der Polbeschleunigung benötigen wir die Winkelbeschleunigung $\ddot\psi$ der Koppel. Diese ergibt sich durch Multiplikation der Beschleunigungsform von Gleichung (10.17) mit $\tilde{\boldsymbol{e}}_x$ erwartungsgemäß zu $\ddot\psi = 0$ und führt dann zur Polbeschleunigung

$$\boldsymbol{a}_P = \boldsymbol{a}_A + \ddot\psi\,\tilde{\boldsymbol{r}}_{AP} - \dot\psi^2\,\boldsymbol{r}_{AP} = -\dot\varphi^2\,a\,\frac{a+b}{b}\,\boldsymbol{e}_x$$

Zur Bestimmung des Wendekreises nutzen wir Gleichung (8.9),

$$\boldsymbol{r}_{PW} = \frac{\boldsymbol{a}_P}{\dot\psi^2} = -b\,\frac{a+b}{a}\,\boldsymbol{e}_x$$

die die Lage des Wendepols *W* vom Pol *P* aus gesehen liefert. Der Wendepol liegt auf der Koppelgeraden und seine unmittelbare Wahl als gerade geführter Koppelpunkt *C* bietet sich an, da er wegen der vorliegenden Symmetrie die gewünschte Gerade sogar vierpunktig berührt (Bild 10.24).

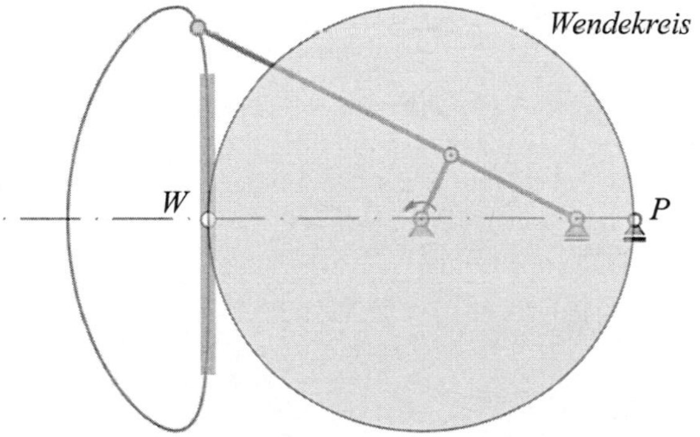

Bild 10.24: Koppelkurve der Geradführung und Wendekreis zur Mittelstellung

Dieser Getriebetyp hat sich in der Vergangenheit primär als Schreibgestänge zur Diagrammaufzeichnung in Verbindung mit Papiertrommeln bewährt. Grundsätzlich taugt er jedoch für allgemeine Bewegungsaufgaben mit der Forderung nach einer Punktgeradführung.

10.9 Koppelrastgetriebe

Nicht selten wird bei der Bewegungsübertragung eine zeitweilige Rastphase des Abtriebsglieds bei gleichmäßigem Antrieb gewünscht. Während dieser Ruhephase kann etwa ein Montage- oder Verpackungsvorgang, die Übergabe eines Handhabungsobjekts oder ein Füge- oder Trennvorgang in der Fertigungstechnik erfolgen.

Das getriebetechnische Prinzip zur Realisierung einer Rast[69] mittels eines Koppelgetriebes erweist sich auf den ersten Blick als erstaunlich einfach.

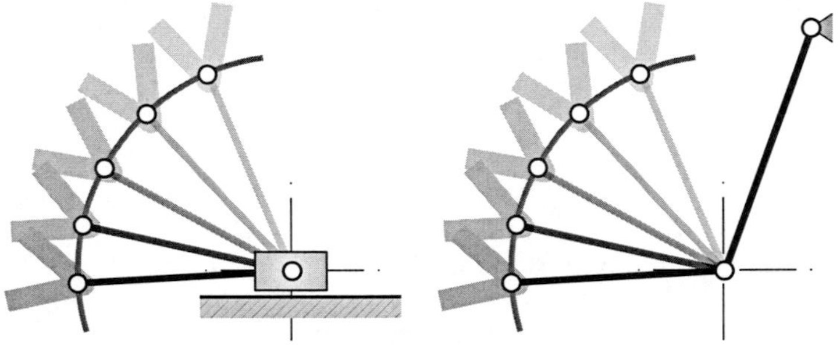

Bild 10.25: Rast eines Abtriebsglieds als Schieber oder Schwinge

Man suche sich dazu einen Punkt, dessen Koppelkurve ein kreisbogenförmiges Stück von praktisch hinreichender Genauigkeit aufweist. In diesem Punkt wird drehgelenkig ein weiteres Koppelglied angeschlossen, dessen anderes Ende im Mittelpunkt des Kreisbogens mit einem Schieber oder einer Schwinge als Abtriebsglied ebenfalls drehgelenkig verbunden ist. Dieses Abtriebsglied wird nun, während sich der Koppelpunkt auf dem Kreisbogenstück bewegt, stillstehen. Ausgehend von einem viergliedrigen Getriebe erweitert man dieses also zu einem sechsgliedrigen Rastgetriebe.

Bild 10.26 zeigt eine Koppelkurve mit Kreisbogenabschnitt und dem zugehörigen Krümmungskreis, in dessen Mittelpunkt das rastende Glied angelenkt werden kann. Nach einem zeichnerisch, konstruktiven Verfahren von Lichtenheldt[70] läßt sich zu einem vorgegebenen Winkel des Rastkreisbogens und Schwingwinkel des Abtriebsglieds ein entsprechendes Koppelrastgetriebe ermitteln.

69 Es wird hier zwischen *Stillstand* und *Rast* eines Getriebeglieds unterschieden. Beim Ersteren ist die Geschwindigkeit Null, beim Letzteren verschwindet darüberhinaus auch die Beschleunigung.

70 Willibald Lichtenheldt (1901-1980), Professor der Getriebetechnik an der TU Dresden.

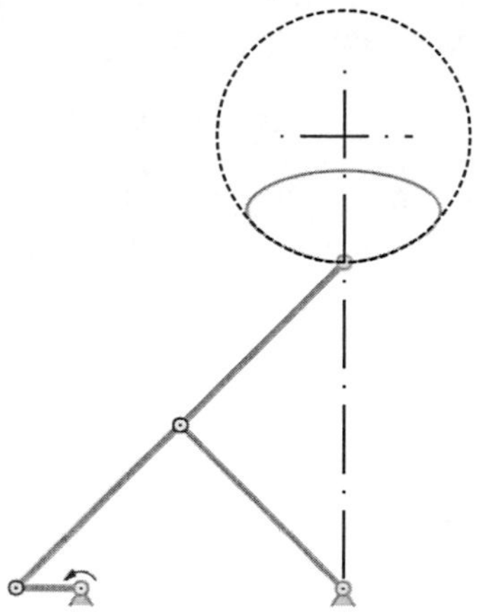

Bild 10.26: Koppelkurve mit angenähertem Kreisbogenstück

Auf eine tiefergehende Betrachtung diesbezüglich sei hier verzichtet. Vielmehr möge der Verweis auf [Vol79], [Mod95], [Slu08], [VDI2728] genügen.

10.10 Zusammenfassung

Die Maßsynthese setzt die vorangegangene Wahl eines geeigneten Getriebetyps – die Struktursynthese – für die jeweils zu lösenden Bewegungsaufgabe voraus.

Bei der Synthese von Führungsgetrieben wird eine gewisse Zahl von Gliedlagen vorgegeben und ein Koppelgetriebe derart dimensioniert, dass jene Lagen im Verlauf der Getriebebewegung eingenommen werden. Beim Viergelenkgetriebe können theoretisch bis zu fünf Gliedlagen der Koppel vorgegeben werden. In der Praxis sind zwei oder drei Lagenvorgaben meist ausreichend. Die entsprechende Vorgehensweise zur Lösung solcher Aufgaben erfolgt grafisch konstruktiv und ist recht anschaulich.

Übertragungsgetriebe werden üblicherweise spezifiziert durch die Angabe eines Verhältnisses von Winkelbereichen oder Winkel-/Wegbereich. Zur Auslegung von Kurbelschwingen und Schubkurbelgetrieben werden entsprechende zeichnerische Verfahren vorgestellt. Einen hohen praktischen Stellenwert hat die Vorgabe von Winkel- oder Wegbereichen, die darüber hinaus zwischen Umkehrlagen des Abtriebsglieds liegen sollen.

Bewegungsaufgaben, die eine bestimmte Gestalt von Koppelkurven verlangen, können vielfach mit viergliedrigen Mechanismen gelöst werden. Hilfreich ist in diesem Zusammenhang der *Satz von Roberts* zur dreifachen Erzeugung von Koppelkurven. Damit lassen sich möglicherweise ungünstige Bauraumverhältnisse mittels eines äquivalenten Ersatzgetriebes neu bewerten.

Einen hohen praktischen Nutzwert besitzen die Geradführungsgetriebe. Neben einigen wenigen Getrieben zur Realisierung einer exakten Führung eines Punkts auf einer Geraden, haben sich hier vor allem Koppelgetriebe zur angenäherten Geradführung bewährt. Aus der Artenvielfalt der viergliedrigen Mechanismen gibt es einige Varianten mit besonderen Gliedabmessungen, die jene Forderung hinreichend genau erfüllen.

Ähnlich zur Aufgabe nach der Führung eines Gliedpunkts auf einer Geraden ist die Forderung zur Führung auf einem Kreisbogenstück. Hat man ein Getriebe mit entsprechender Koppelkurve gefunden, läßt sich dieses zu einem Rastgetriebe erweitern, bei dem das Abtriebsglied eine Weile ruhend in einer bestimmten Stellung verharrt.

11 Numerische Mechanismenanalyse

Zu den vertrauten Hilfsmitteln des Konstrukteurs gehört leistungsfähige Software, die neben der Hauptaufgabe der Modellbildung zusätzlich vielfältige Simulations- und Analyseaufgaben durch anerkannte Methoden des Ingenieurwesens an dem virtuellen Produktmodell durchzuführen imstande ist. Hierzu zählen auch die Werkzeuge zur Mechanismensimulation, die entweder rein kinematische Getriebeanalyse und -synthese betreiben oder ganzheitlich die Kräfte in einer kinetostatischen oder dynamische Untersuchung von Mechanismen einbeziehen.

Die numerische Analyse starrer Körper bedient sich dabei üblicherweise einer sehr abstrahierenden Beschreibung kinematischer und kinetischer Verhältnisse. Eine überraschend simple und dennoch recht leistungsfähige Vorgehensweise hat sich bei der Implementierung sog. *Physik-Engines* bewährt. Es hierbei wird ein Verfahren verfolgt, das auf sequentiellen Impulsen basiert und damit verschiedene Vorteile in Bezug auf die Ergebnisse der mechanischen Simulation erzielt.

In diesem Hauptabschnitt werden die Grundlagen der impulsbasierten Methode zur numerischen Analyse von Systemen ebener starrer Körper – also Mechanismen – näher beleuchtet.

11.1 Generalisierte Koordinaten

Den Gliedern eines Mechanismus wird jeweils ein implizites Koordinatensystem zugewiesen. Gliedspezifische Punkte oder Richtungen beziehen sich dann stets auf jenes körpereigene Koordinatensystem. Die Lage, Geschwindigkeit und Beschleunigung eines Gliedes wird dann durch die relative Position und Orientierung und deren Ableitungen bezüglich eines globalen Bezugskoordinatensystems beschrieben. Diese – dem Freiheitsgrad eines ebenen Körpers entsprechenden – drei Angaben bezeichnen wir als *generalisierte Koordinaten.* Es werden die kartesischen Koordinaten und der Drehwinkel im Sinne eines rechtshändigen Systems gewählt, wie wir sie bereits in Kapitel 5 eingeführt haben.

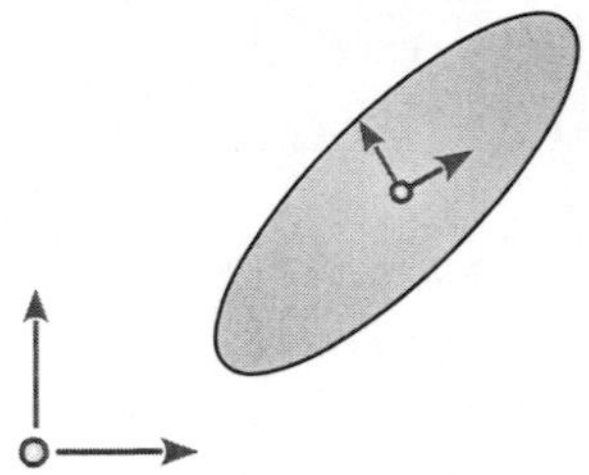

Bild 11.1: Relative Lage von lokalem zu globalem Koordinatensystem

$$q = \begin{pmatrix} x \\ y \\ \varphi \end{pmatrix} \; ; \quad \dot{q} = \begin{pmatrix} \dot{x} \\ \dot{y} \\ \dot{\varphi} \end{pmatrix} \; ; \quad \ddot{q} = \begin{pmatrix} \ddot{x} \\ \ddot{y} \\ \ddot{\varphi} \end{pmatrix} \tag{11.1}$$

11.2 Bindungsgleichung

Eine Bindung zwischen zwei Gliedern schränkt deren relative Beweglichkeit ein. Sie wird beschrieben durch eine Gleichung, die von den generalisierten Koordinaten der beiden Glieder und möglicherweise der Zeit t abhängt[71]. Wir versehen die Glieder mit den Indizes i und j fassen deren generalisierte Koordinaten zu einem Vektor zusammen.

$$q = \begin{pmatrix} q_i \\ q_j \end{pmatrix} \; ; \quad \dot{q} = \begin{pmatrix} \dot{q}_i \\ \dot{q}_j \end{pmatrix} \; ; \quad \ddot{q} = \begin{pmatrix} \ddot{q}_i \\ \ddot{q}_j \end{pmatrix} \tag{11.2}$$

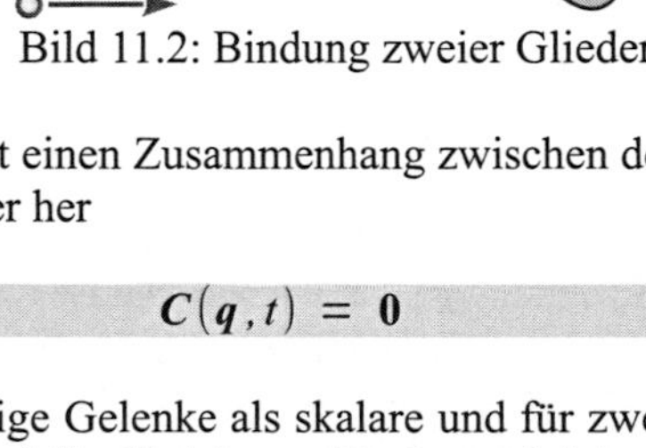

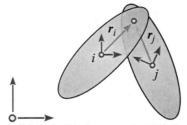

Bild 11.2: Bindung zweier Glieder

Die Bindungsgleichung stellt einen Zusammenhang zwischen den generalisierten Koordinaten der beiden beteiligten Glieder her

$$C(q, t) = 0 \tag{11.3}$$

und erweist sich für einwertige Gelenke als skalare und für zwei- und möglicherweise höherwertige Bindungen als vektorielle Gleichung. Bindungsgleichungen sind üblicherweise nichtlinear.

---

71 Genau genommen beschränken wir uns auf *zweiseitige, geometrische, rheonome* Bindungen.

Die formale Ableitung der Bindungsgleichung (11.3) nach der Zeit t liefert die Geschwindigkeitsform der Bindungsgleichung.

$$\dot{C} = \frac{\partial C}{\partial q}\frac{dq}{dt}+\frac{dC}{dt} = J\dot{q}+C_t = 0 \qquad (11.4)$$

Hierin ist $\dot{q}$ der Vektor der generalisierten Geschwindigkeiten, $C_t=\frac{dC}{dt}$ die unmittelbare zeitliche Ableitung der Bindungsgleichung und $J=\frac{\partial C}{\partial q}$ die *Jacobi-Matrix*[72], die für die weiteren Betrachtungen von zentraler Bedeutung ist. Die Zeilen der Jacobi Matrix geben die Richtungen an, in denen die beteiligten Körper in ihrer Beweglichkeit eingeschränkt sind. Die nochmalige Differentiation liefert die Beschleunigungsform der Bindungsgleichung.

$$\ddot{C}=J\ddot{q}+((J\dot{q})_q+2J_t)\dot{q}+C_{tt}=0 \qquad (11.5)$$

Der Ausdruck $(J\dot{q})_q$ steht hier als Abkürzung für $\frac{\partial(J\dot{q})}{\partial q}$.

Während die Bindungsgleichung nichtlinear in den generalisierten Koordinaten ist, sind ihre Ableitungen linear in den generalisierten Geschwindigkeiten und Beschleunigungen.

Beispiel 11.1

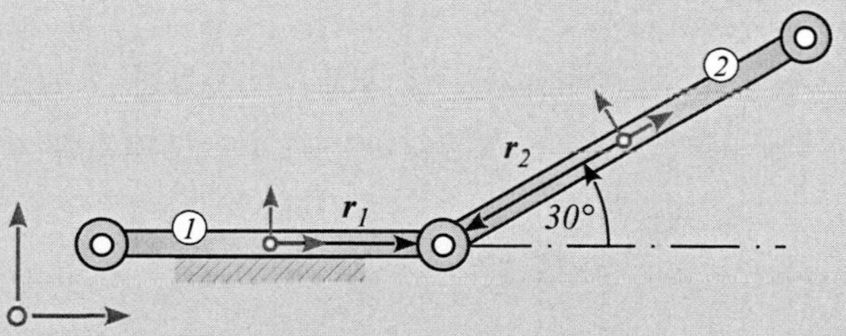

Zwei Glieder 1 und 2 sind durch ein Drehgelenk verbunden. Glied 1 ist unbeweglich und Glied 2 dreht mit positiver, konstanter Winkelgeschwindigkeit ω_0. Glied 1 besitzt die Länge $2b$ und Glied 2 die Länge $4b$. Es ist die Bindungsgleichung der Lage, Geschwindigkeit und Beschleunigung aufzustellen.

Geg.: $b, \omega_0, \varphi_2=30°$

Wir bezeichnen die Lage der lokalen Gliedkoordinatensysteme mit o_1 und o_2. Damit gilt die vektorielle Bindungsgleichung

$$o_2+r_2-o_1-r_1=0$$

Die konstante Winkelgeschwindigkeit von 2 bezüglich 1 wird beschrieben durch

$$\dot{\varphi}_2-\dot{\varphi}_1-\omega_0=0$$

72 Carl Gustav Jacob Jacobi (1804-1851), deutscher Mathematiker.

Die benötigte Winkellagebeziehung gewinnen wir durch Integration

$$(\varphi_2-\varphi_{20})-(\varphi_1-\varphi_{10})-\omega_0 t=0$$

Die Bindungsgleichung der *Lage* lautet nun

$$\boldsymbol{C}=\begin{pmatrix}-x_1-r_1\cos\varphi_1+x_2-r_2\cos\varphi_2\\-y_1-r_1\sin\varphi_1+y_2-r_2\sin\varphi_2\\-(\varphi_1-\varphi_{10})+(\varphi_2-\varphi_{20})-\omega_0 t\end{pmatrix}=\boldsymbol{0}$$

Die Bindungsgleichung der *Geschwindigkeit* wird durch Ableitung der Lagebeziehung nach der Zeit gewonnen und erhält die Gestalt nach Gleichung (11.4)

$$\dot{\boldsymbol{C}}=\underbrace{\begin{pmatrix}-1&0&r_1\sin\varphi_1&1&0&r_2\sin\varphi_2\\0&-1&-r_1\cos\varphi_1&0&1&-r_2\cos\varphi_2\\0&0&-1&0&0&1\end{pmatrix}}_{\boldsymbol{J}}\underbrace{\begin{pmatrix}\dot{x}_1\\\dot{y}_1\\\dot{\varphi}_1\\\dot{x}_2\\\dot{y}_2\\\dot{\varphi}_2\end{pmatrix}}_{\dot{\boldsymbol{q}}}+\underbrace{\begin{pmatrix}0\\0\\-\omega_0\end{pmatrix}}_{\boldsymbol{C}_t}=\begin{pmatrix}0\\0\\0\end{pmatrix}$$

Diese drei Gleichungen mit sechs unbekannten Geschwindigkeiten sind so nicht lösbar. Nutzen wir nun die Tatsache, dass Glied 1 fixiert ist, gilt plötzlich

$$\dot{x}_1=\dot{y}_1=\dot{\varphi}_1=0$$

und das Gleichungssystem reduziert sich auf

$$\begin{pmatrix}1&0&r_2\sin\varphi_2\\0&1&-r_2\cos\varphi_2\\0&0&1\end{pmatrix}\begin{pmatrix}\dot{x}_2\\\dot{y}_2\\\dot{\varphi}_2\end{pmatrix}=\begin{pmatrix}0\\0\\\omega_0\end{pmatrix}$$

mit der Lösung

$$\dot{\boldsymbol{q}}_2=\begin{pmatrix}\dot{x}_2\\\dot{y}_2\\\dot{\varphi}_2\end{pmatrix}=\begin{pmatrix}-r_2\dot{\varphi}_2\sin\varphi_2\\r_2\dot{\varphi}_2\cos\varphi_2\\\omega_0\end{pmatrix}=\omega_0\begin{pmatrix}-b\\b\sqrt{3}\\1\end{pmatrix}$$

Zur Bestimmung der Beschleunigungen verwenden wir Gleichung (11.5). Darin ist die Jacobi-Matrix $\boldsymbol{J}$ bereits bekannt. Sie hängt genauso wie der Vektor $\boldsymbol{C}_t$ nicht explizit von der Zeit t ab, daher gilt $\boldsymbol{J}_t=\boldsymbol{0}$ und $\boldsymbol{C}_{tt}=\boldsymbol{0}$.

Es bleibt also noch die Ermittlung von $(\boldsymbol{J}\,\dot{\boldsymbol{q}})_q = \frac{\partial(\boldsymbol{J}\,\dot{\boldsymbol{q}})}{\partial \boldsymbol{q}}$. Wir differenzieren also

$$\boldsymbol{J}\,\dot{\boldsymbol{q}} = \begin{pmatrix} -\dot{x}_1 + \dot{\varphi}_1 r_1 \sin\varphi_1 + \dot{x}_2 + \dot{\varphi}_2 r_2 \sin\varphi_2 \\ -\dot{y}_1 - \dot{\varphi}_1 r_1 \cos\varphi_1 + \dot{y}_2 - \dot{\varphi}_2 r_2 \cos\varphi_2 \\ -\dot{\varphi}_1 + \dot{\varphi}_2 \end{pmatrix}$$

nach den generalisierten Koordinaten $\boldsymbol{q}$ und erhalten

$$(\boldsymbol{J}\,\dot{\boldsymbol{q}})_q\,\dot{\boldsymbol{q}} = \begin{pmatrix} 0 & 0 & -r_1\cos\varphi_1 & 0 & 0 & -r_2\cos\varphi_2 \\ 0 & 0 & r_1\sin\varphi_1 & 0 & 0 & r_2\sin\varphi_2 \\ 0 & 0 & 0 & 0 & 0 & 0 \end{pmatrix} \begin{pmatrix} \dot{x}_1 \\ \dot{y}_1 \\ \dot{\varphi}_1 \\ \dot{x}_2 \\ \dot{y}_2 \\ \dot{\varphi}_2 \end{pmatrix}^2$$

Damit lautet die Bindungsgleichung für die Beschleunigungen

$$\ddot{\boldsymbol{C}} = \underbrace{\begin{pmatrix} -1 & 0 & r_1\sin\varphi_1 & 1 & 0 & r_2\sin\varphi_2 \\ 0 & -1 & -r_1\cos\varphi_1 & 0 & 1 & -r_2\cos\varphi_2 \\ 0 & 0 & -1 & 0 & 0 & 1 \end{pmatrix}}_{\boldsymbol{J}} \underbrace{\begin{pmatrix} \ddot{x}_1 \\ \ddot{y}_1 \\ \ddot{\varphi}_1 \\ \ddot{x}_2 \\ \ddot{y}_2 \\ \ddot{\varphi}_2 \end{pmatrix}}_{\ddot{\boldsymbol{q}}} + \underbrace{\begin{pmatrix} 0 & 0 & -r_1\cos\varphi_1 & 0 & 0 & -r_2\cos\varphi_2 \\ 0 & 0 & r_1\sin\varphi_1 & 0 & 0 & r_2\sin\varphi_2 \\ 0 & 0 & 0 & 0 & 0 & 0 \end{pmatrix} \begin{pmatrix} \dot{x}_1 \\ \dot{y}_1 \\ \dot{\varphi}_1 \\ \dot{x}_2 \\ \dot{y}_2 \\ \dot{\varphi}_2 \end{pmatrix}^2}_{(\boldsymbol{J}\,\dot{\boldsymbol{q}})_q\,\dot{\boldsymbol{q}}} = \begin{pmatrix} 0 \\ 0 \\ 0 \end{pmatrix}$$

Auch hier berücksichtigen wir nun die Unbeweglichkeit von Glied 1

$$\dot{x}_1 = \dot{y}_1 = \dot{\varphi}_1 = \ddot{x}_1 = \ddot{y}_1 = \ddot{\varphi}_1 = 0$$

und erhalten damit

$$\begin{pmatrix} 1 & 0 & r_2\sin\varphi_2 \\ 0 & 1 & -r_2\cos\varphi_2 \\ 0 & 0 & 1 \end{pmatrix} \begin{pmatrix} \ddot{x}_2 \\ \ddot{y}_2 \\ \ddot{\varphi}_2 \end{pmatrix} + \begin{pmatrix} 0 & 0 & -r_2\cos\varphi_2 \\ 0 & 0 & r_2\sin\varphi_2 \\ 0 & 0 & 0 \end{pmatrix} \begin{pmatrix} \dot{x}_2 \\ \dot{y}_2 \\ \dot{\varphi}_2 \end{pmatrix}^2 = \begin{pmatrix} 0 \\ 0 \\ 0 \end{pmatrix}$$

und daraus die gesuchten Beschleunigungen des Glieds 2.

$$\ddot{\boldsymbol{q}}_2 = \begin{pmatrix} \ddot{x}_2 \\ \ddot{y}_2 \\ \ddot{\varphi}_2 \end{pmatrix} = \begin{pmatrix} -\ddot{\varphi}_2 r_2 \sin\varphi_2 - \dot{\varphi}_2^2 r_2 \cos\varphi_2 \\ \ddot{\varphi}_2 r_2 \cos\varphi_2 - \dot{\varphi}_2^2 r_2 \sin\varphi_2 \\ 0 \end{pmatrix} = \omega_0^2 \begin{pmatrix} -b\sqrt{3} \\ -b \\ 0 \end{pmatrix}$$

11.3 Dynamik ebener starrer Körper

Wir betrachten weiterhin eine Bindung zwischen den beiden beteiligten Körpern *i* und *j*. Jene sind massebehaftet und möglicherweise durch äußere Belastungen $\boldsymbol{Q}_a$, sowie jeweils paarweise entgegengesetzt durch Bindungskräfte $\boldsymbol{Q}_c$ beansprucht[73].

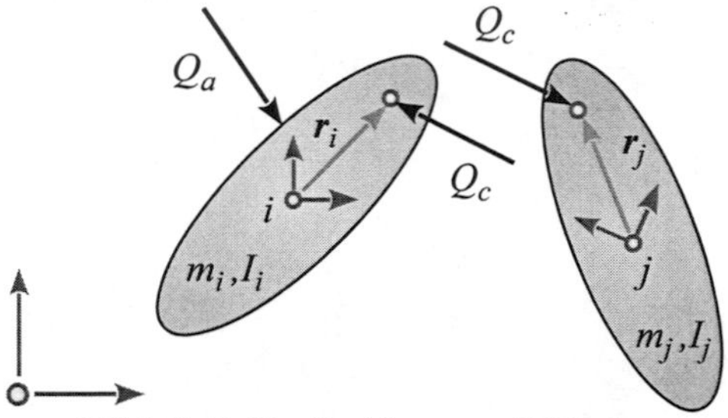

Bild 11.2: Kraftwirkung auf Glieder

Das lokale Koordinatensystem falle zunächst – ohne Beschränkung der Allgemeinheit – mit dem Massenmittelpunkt des betrachteten Körpers zusammen. Damit lauten die *Newton-Euler Gleichungen* in der Fassung von *D'Alembert*.

$$\boldsymbol{M}\,\ddot{\boldsymbol{q}} - \boldsymbol{Q}_a - \boldsymbol{Q}_c = \boldsymbol{0} \tag{11.6}$$

Die äußeren Belastungen und die Gelenklasten sind die jeweiligen, auf den lokalen Ursprung (Körperschwerpunkt) reduzierten Kräfte und Momente[74]. Die Massenmatrix $\boldsymbol{M}_i$ ist im ebenen Fall eine Diagonalmatrix, besetzt mit der Masse m_i und dem Massenträgheitsmoment[75] I_i des Körpers.

$$\boldsymbol{M}_i = \begin{pmatrix} m_i & 0 & 0 \\ 0 & m_i & 0 \\ 0 & 0 & I_i \end{pmatrix} \tag{11.7}$$

Wie bei den generalisierten Koordinaten fassen wir die Massenmatrix für beide Körper zusammen.

$$\boldsymbol{M} = \begin{pmatrix} \boldsymbol{M}_i & \boldsymbol{0} \\ \boldsymbol{0} & \boldsymbol{M}_j \end{pmatrix} \tag{11.8}$$

73 Die Belastungen $\boldsymbol{Q}$ sind generalisierte Kräfte – in Richtung der generalisierten Koordinaten.

74 Diese Reduktion von Kräften und Momenten auf einen bestimmten Punkt wird in der *technischen Mechanik* als *Dyname* bezeichnet.

75 Im vorliegenden Kontext wird das *Massenträgheitsmoment* mit *I* bezeichnet. Der Bezeichner *J* ist bereits durch die Jacobi-Matrix belegt und eine Verwechslung mit dem Flächenmoment 2. Grades ist nicht zu befürchten.

Während der Betrachtung der kinetische Energie E_K eines Körpers fordern wir, dass die Bindungskräfte $\boldsymbol{Q}_c$ ihm weder Energie zu- noch abführen.

$$E_k = \frac{1}{2}(\boldsymbol{M}\,\dot{\boldsymbol{q}})^T\,\dot{\boldsymbol{q}} \tag{11.9}$$

Die Differentiation der Energie nach der Zeit liefert die Leistung P

$$P = \dot{E}_k = (\boldsymbol{M}\,\ddot{\boldsymbol{q}})^T\,\dot{\boldsymbol{q}} \tag{11.10}$$

Unter Verwendung der Newton-Euler Gleichung (11.6) ergibt sich daraus die Beziehung,

$$P = \boldsymbol{Q}_a^T\,\dot{\boldsymbol{q}} + \boldsymbol{Q}_c^T\,\dot{\boldsymbol{q}} \tag{11.11}$$

deren zweiter Summand $\boldsymbol{Q}_c^T\,\dot{\boldsymbol{q}}$ jederzeit verschwinden muss, wenn gemäß obiger Forderung Bindungskräfte keine Arbeit verrichten dürfen[76]. Dies bedeutet gleichzeitig, dass jene Bindungskräfte jederzeit orthogonal zur Bewegungsrichtung der Bindung orientiert sind. Das ist allerdings äquivalent zur Formulierung.

$$\boldsymbol{Q}_c = \boldsymbol{J}^T\boldsymbol{\lambda} \tag{11.12}$$

Hierbei wird die Tatsache genutzt, dass die Spalten der Jacobi-Matrix die Richtungen der möglichen Kraftübertragung einer Bindung beinhalten. Der Vektor $\boldsymbol{\lambda}$ wird aus den sogenannten *Lagrange-Multiplikatoren*[77] gebildet und repräsentiert die unbekannten Kräfte in der vorliegenden Bindung [Fau99,Wit01].

Das Einsetzen der Beziehung (11.12) in (11.6) führt schließlich zur Gleichung der gebundenen Starrkörperbewegung.

$$\boldsymbol{M}\,\ddot{\boldsymbol{q}} = \boldsymbol{Q}_a + \boldsymbol{J}^T\boldsymbol{\lambda} \tag{11.13}$$

Diese Gleichung wird mit dem kinematischen Ausdruck für die Beschleunigungen (11.5) kombiniert und nach den Unbekannten aufgelöst.

$$\begin{pmatrix} \boldsymbol{M} & -\boldsymbol{J}^T \\ \boldsymbol{J}^T & \boldsymbol{0} \end{pmatrix} \begin{pmatrix} \ddot{\boldsymbol{q}} \\ \boldsymbol{\lambda} \end{pmatrix} = \begin{pmatrix} \boldsymbol{Q}_a \\ -(((\boldsymbol{J}\,\dot{\boldsymbol{q}})_q + 2\,\boldsymbol{J}_t)\,\dot{\boldsymbol{q}} + \boldsymbol{C}_{tt}) \end{pmatrix} \tag{11.14}$$

Wir erhalten ein gemischtes System aus Differentialgleichungen und algebraischen Gleichungen[78], dessen Lösung den Beschleunigungszustand $\ddot{\boldsymbol{q}}$ eines Mechanismus infolge der äußeren Belastung $\boldsymbol{Q}_a$ sowie die Bindungskräfte $\boldsymbol{J}^T\boldsymbol{\lambda}$ liefert.

76 Diese Forderung erfüllt wiederum das Prinzip der virtuellen Arbeit.

77 Joseph-Louis de Lagrange (1736-1813), italienischer Mathematiker und Astronom. Der Vektor seiner *Lagrange-Multiplikatoren* hat die Dimension der Bindungsgleichung.

78 Auch genannt *DAE*, differential algebraic equations.

Beispiel 11.2

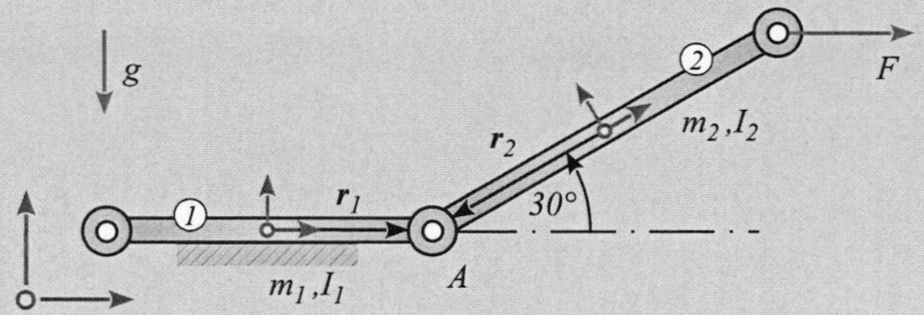

In Fortsetzung des Beispiels 11.1, in dem die kinematischen Verhältnisse der beiden Glieder über die Bindungsgleichung ermittelt worden sind, berücksichtigen wir nun zusätzlich Gliedmassen, Schwerkraft und äußere Kräfte, um daraus die im Gelenk *A* wirkenden Kräfte und Momente zu ermitteln.

Geg.: $m_1 = m, m_2 = 2\,m, I_1 = \frac{1}{3} mb^2, I_2 = \frac{4}{3} mb^2, F = 4\,mg$

Geometrie und Kinematik – insbesondere die Beschleunigungen $\ddot{\boldsymbol{q}}$ – sind bereits bekannt. Ausgehend von Gleichung (11.13) wollen wir nun die Gelenkbelastung $\boldsymbol{Q}_{(A)} = \boldsymbol{J}^T \boldsymbol{\lambda}$ bestimmen.

$$\boldsymbol{J}^T \boldsymbol{\lambda} = \boldsymbol{M}\,\ddot{\boldsymbol{q}} - \boldsymbol{Q}_a$$

Wir beschränken uns dabei auf den Teil des Gleichungssystems, der das Glied 2 betrifft.

$$\boldsymbol{J}^T \boldsymbol{\lambda} = \begin{pmatrix} 2m & 0 & 0 \\ 0 & 2m & 0 \\ 0 & 0 & \frac{4}{3} mb^2 \end{pmatrix} \begin{pmatrix} \ddot{x}_2 \\ \ddot{y}_2 \\ \ddot{\varphi}_2 \end{pmatrix} - \begin{pmatrix} 4mg \\ -2\,mg \\ -4\,mg \cdot 2b \sin \varphi_2 \end{pmatrix}$$

Die Verwendung der bereits ermittelten Beschleunigungen führt auf

$$\boldsymbol{J}^T \boldsymbol{\lambda} = \begin{pmatrix} -2\sqrt{3}\,m\,\omega_0^2 b - 4\,mg \\ -2\,m\omega_0^2 b + 2\,mg \\ 4\,mg\,b \end{pmatrix}$$

und damit haben wir nach Gleichung (11.12) die Kräfte in der Bindung, die als *Dyname* bezüglich des Ursprungs / Schwerpunkts zu interpretieren sind.

Die vorangegangenen Beispiele zeigen einen vergleichsweise hohen Schreibaufwand selbst bei diesem sehr einfachen mechanischen Modell. Die verwendete Vorgehensweise ist ausdrücklich nicht zur Handrechnung geeignet. Verdeutlicht werden soll daran vielmehr die prinzipielle Arbeitsweise dieses hochgradig formalisierten Verfahrens, das sich vor allem zur Umsetzung in Algorithmen zwecks Rechnerunterstützung eignet.

Das Gleichungssystem (11.14) wird sich zudem nur in ganz einfachen Fällen analytisch lösen lassen. Primär dient es vielmehr als Grundlage zur Anwendung numerischer Lösungsverfahren. Hierzu existieren bereits eine Reihe unterschiedlicher Methoden, auf deren Basis vor allem Mehrkörpersysteme[79] implementiert sind.

Ein alternativer Ansatz geht jedoch nicht über den Beschleunigungszustand gemäß Gleichung (11.14), sondern startet vom Geschwindigkeitszustand. Solche *impulsbasierte Verfahren* sind recht effizient und bilden deshalb die Grundlage für Physik-Engines.

11.4 Impulsbasierter Lösungsansatz

Wir gehen von der Geschwindigkeitsform der Bindungsgleichung (11.4) aus und nehmen einen Geschwindigkeitszustand $\dot{\boldsymbol{q}}$ an, der *momentan nicht* mit dieser Gleichung verträglich ist.

$$\boldsymbol{J}\dot{\boldsymbol{q}}+\boldsymbol{C}_t \neq \boldsymbol{0}$$

Um diesen Defekt zu beheben, suchen wir eine entsprechende Geschwindigkeitsdifferenz $\delta\dot{\boldsymbol{q}}$ und freuen uns dann über

$$\boldsymbol{J}(\dot{\boldsymbol{q}}+\delta\dot{\boldsymbol{q}})+\boldsymbol{C}_t = \boldsymbol{0} \tag{11.15}$$

Zudem approximieren wir die Beschleunigung $\ddot{\boldsymbol{q}}$ mittels Differenzenquotienten

$$\ddot{\boldsymbol{q}}=\frac{\delta\dot{\boldsymbol{q}}}{\delta t} \tag{11.16}$$

und verwenden diesen in Gleichung (11.13). Diese Maßnahme führt auf den korrektiven Gesamtimpuls mit einem zugehörigen Zeitschritt δt.

$$\boldsymbol{M}\delta\dot{\boldsymbol{q}}=(\boldsymbol{Q}_a+\boldsymbol{J}^T\boldsymbol{\lambda})\delta t \tag{11.17}$$

Die Multiplikation dieser Gleichung mit der inversen Massenmatrix $\boldsymbol{M}^{-1}$ von links, sowie die beidseitige Addition von $\dot{\boldsymbol{q}}$ resultiert in

$$\dot{\boldsymbol{q}}+\delta\dot{\boldsymbol{q}}=\boldsymbol{M}^{-1}(\boldsymbol{Q}_a+\boldsymbol{J}^T\boldsymbol{\lambda})\delta t+\dot{\boldsymbol{q}}$$

Eine anschließende Multiplikation mit der *Jacobimatrix* $\boldsymbol{J}$ und beidseitige Addition von $\boldsymbol{C}_t$ ergibt eine Beziehung, deren linke Seite

$$\underbrace{\boldsymbol{J}(\dot{\boldsymbol{q}}+\delta\dot{\boldsymbol{q}})+\boldsymbol{C}_t}_{\boldsymbol{0}}=\boldsymbol{J}\boldsymbol{M}^{-1}(\boldsymbol{Q}_a+\boldsymbol{J}^T\boldsymbol{\lambda})\delta t+\boldsymbol{J}\dot{\boldsymbol{q}}+\boldsymbol{C}_t$$

79 Genauer *Mehrkörpersimulationssystem MKS* bzw. *Multi Body Systems* MBS

vereinbarungsgemäß Gleichung (11.4) verschwindet. Hieraus kann nunmehr der *korrektive Impuls der Bindungskräfte* $\boldsymbol{\lambda}\,\delta t$ isoliert werden.

$$\boldsymbol{\lambda}\,\delta t = -(\boldsymbol{J}\boldsymbol{M}^{-1}\boldsymbol{J}^T)^{-1}(\boldsymbol{J}\,\dot{\boldsymbol{q}} + \boldsymbol{C}_t + \boldsymbol{J}\boldsymbol{M}^{-1}\boldsymbol{Q}_a\,\delta t) \qquad (11.18)$$

Dieser Impuls wirkt in der betrachteten Bindung im Sinne von *actio = reactio* entgegengesetzt gleich auf beide beteiligten Körper und bewirkt eine Korrektur deren Geschwindigkeitszustands $\delta\dot{\boldsymbol{q}}$ gemäß Gleichung (11.15),

$$\delta\dot{\boldsymbol{q}} = \boldsymbol{M}^{-1}(\boldsymbol{Q}_a + \boldsymbol{J}^T\boldsymbol{\lambda})\,\delta t \qquad (11.19)$$

die ursprünglich gesucht war, um die Geschwindigkeitsform der Bindungsgleichung (11.15) zu erfüllen. Gleichung (11.12) liefert zudem mit den nun bekannten *Lagrange-Multiplikatoren* $\boldsymbol{\lambda}$ die Gelenkkräfte und (11.16) die Beschleunigungen $\ddot{\boldsymbol{q}}$.

Es steht somit ein mathematisches Modell zur Verfügung, das den konsistenten Geschwindigkeitszustand eines Systems starrer Körper mittels korrektiver Impulse herstellt. Dabei ist ausdrücklich anzumerken, dass die Körperlagen hierfür zwar benötigt, jedoch nicht beeinflusst werden.

Im weiteren Verlauf der numerischen Analyse ist nun – ausgehend vom bekannten Geschwindigkeitszustand – der zugehörige Lagezustand zu bestimmen. Dieser Schritt erfolgt durch numerische Integration. Hierbei hat sich im wissenschaftlich technischen Umfeld das *Runge-Kutta Verfahren* (RK4) bewährt. Physik Engines bedienen sich wegen ihrer Echtzeitanforderungen allerdings häufig der weniger aufwendigen *semi-impliziten Euler Methode*[80] – einem leichtgewichtigen Einschritt-Verfahren [Ben07, Lac07].

Die Simulation findet dabei zu diskreten Zeitpunkten mit meist konstanter Schrittweite δt statt. Das in den Geschwindigkeiten lineare Gleichungssystem wird dabei entweder mittels *direkter Verfahren (*Gauss Elimination, LU-Zerlegung) oder *iterativer Verfahren* (Gauss-Seidel Iteration) gelöst [Ben07]. Jene weitere Vorgehensweise sei hier lediglich skizziert. Eine tiefer gehende Betrachtung diesbezüglich, sowie die Beschreibung einer Implementierung ist in [Go11] zu finden.

11.5 Zusammenfassung

Es werden die Grundlagen für eine allgemeine Vorgehensweise zur numerischen Behandlung gebundener, ebener starrer Körper gelegt. Diese basieren auf den *Newton-Euler Gleichungen* in Form von Bindungsgleichungen. Sowohl bei der Beschreibung der kinematischen, als auch der kinetischen Verhältnisse spielt die *Jacobi-Matrix* eine zentrale Rolle. Von den verschiedenen Möglichkeiten, das Gleichungssystem (11.14) zu lösen, wird der geschwindigkeitszentrierte, impulsbasierte Ansatz näher beleuchtet. Diese leichtgewichtige Methode wird vor allem bei der Implementierung von Physik-Engines mit Echtzeitanforderungen gewählt.

80 Auch *symplektische Euler-Methode* oder *Euler-Cromer Verfahren.*

12 Aufgaben

12.2. Kinematische Ketten

Aufgabe 2.1 Koppelrastgetriebe

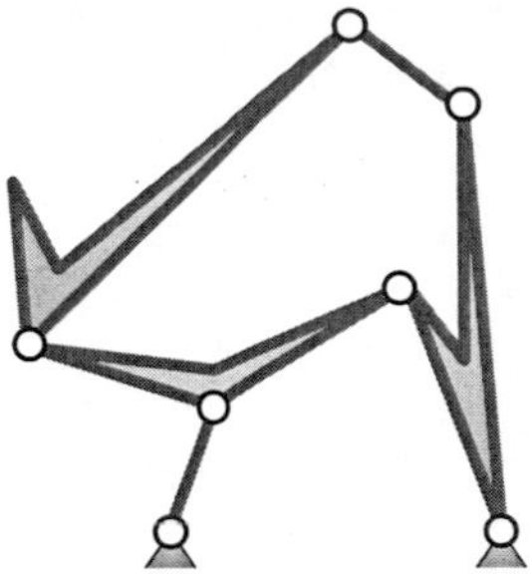

Für den abgebildeten Mechanismus *(Koppelrastgetriebe von Kurt Hain)* ist dessen Freiheitsgrad, die Maschenzahl und die zugehörige kinematische Kette gesucht.

Aufgabc 2.2 Schaufelbagger

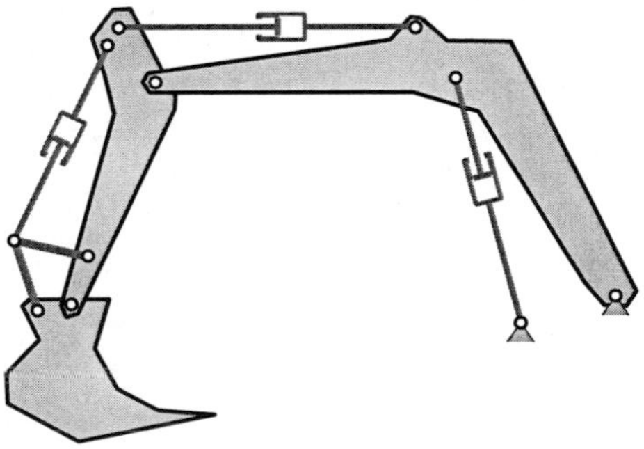

Für den Schaufelbagger ist der Freiheitsgrad, die Maschenzahl und die kinematische Kette zu ermitteln.

a) Ohne Hubzylinder
b) Mit Hubzylinder

Hinweis: Fassen Sie für b) die Hubzylinder als Schubgelenke auf.

Aufgabe 2.3 Typenhebelmechanismen

Welchen Freiheitsgrad, welche Maschenzahl und welche kinematische Kette besitzen diese Typenhebelmechanismen einer mechanischen Schreibmaschine? Wie sieht jeweils die zugehörige kinematische Kette aus?

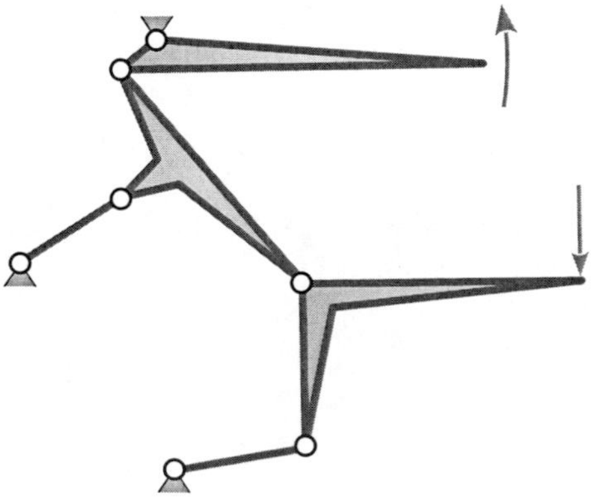

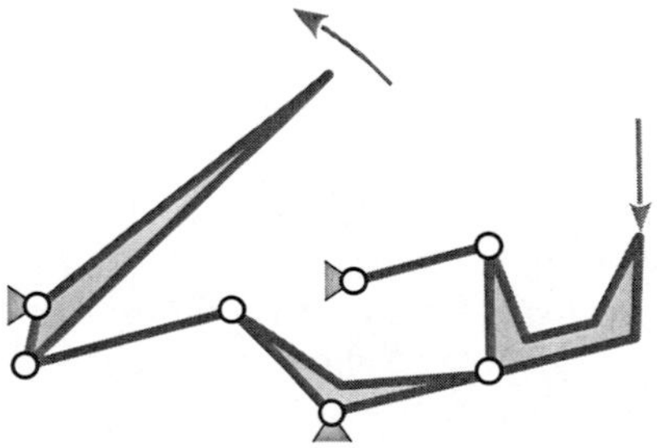

Aufgabe 2.4 Wagner Mechanismus

Für das *Wagner-Getriebe* einer Typenhebel-Schreibmaschine ist Freiheitsgrad, Maschenzahl und kinematische Kette zu bestimmen.

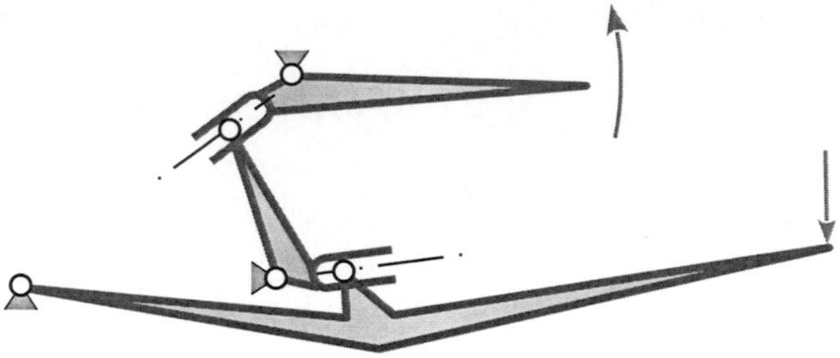

Aufgabe 2.5 Musgrave[81] Mechanismus

Für den abgebildeten Mechanismus zur Dampfmaschinensteuerung ist dessen Freiheitsgrad, die Anzahl der Maschen und die zugehörige kinematische Kette gesucht. In dem Mechanismus sind dann alle *einwertigen* Gelenke durch *zweiwertige* zu ersetzen. Wie sieht nun die kinematische Kette aus?

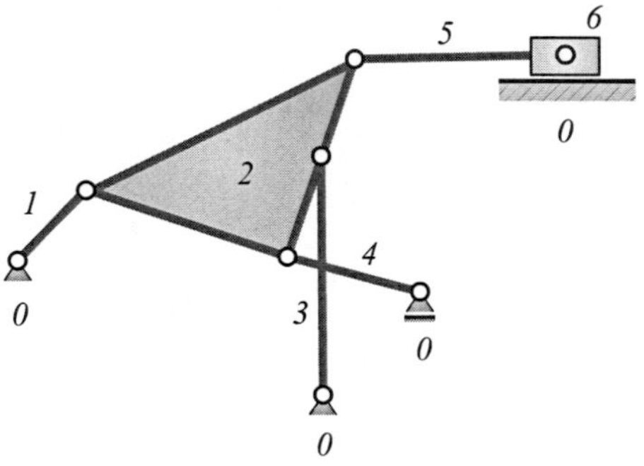

Aufgabe 2.6 Roberts Ersatzgetriebe

Für den abgebildeten Mechanismus aus *Ersatzgetrieben nach Roberts* ist dessen Freiheitsgrad und die zugehörige kinematische Kette gesucht. Dabei sind Mehrfachgelenke zu berücksichtigen. Wie sieht die kinematische Kette ohne Verwendung von Mehrfachgelenken aus?

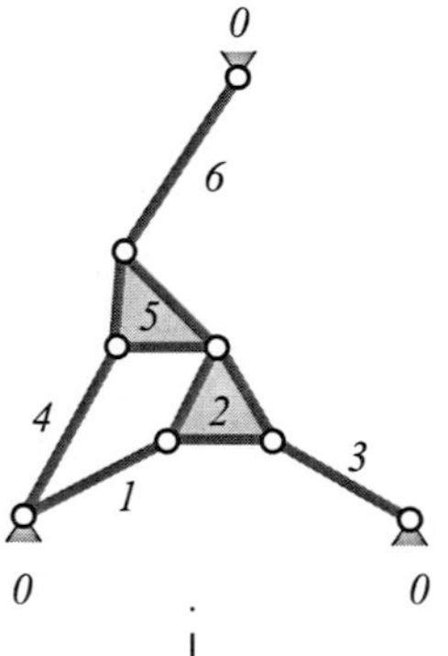

Aufgabe 2.7 Geradführungsgetriebe

Ermitteln Sie den Laufgrad dieses exakten Geradführungsgetriebes. Welche Wertigkeit ordnen Sie dabei der Bindung zwischen den beiden Zahnrädern zu? Diskutieren Sie die Möglichkeiten anhand ihrer Ergebnisse. Erläutern Sie Ihre Erkenntnis. Skizzieren Sie die kinematische Kette zu Ihrer Lösung.

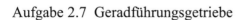

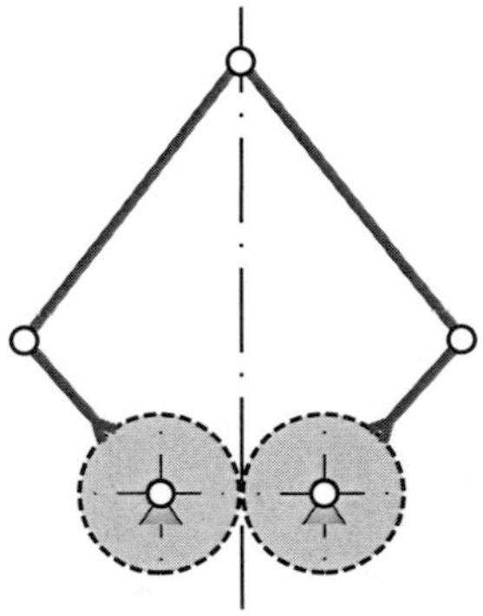

81 John Musgrave & Sons Ltd. (1889-1933)

Aufgabe 2.8 Freiheitsgrade von Mechanismen

Welchen Freiheitsgrad und welche Maschenzahl besitzen diese Mechanismen? Skizzieren Sie die zugehörigen kinematischen Ketten. Vermeiden Sie dabei die Verwendung von Mehrfachgelenken.

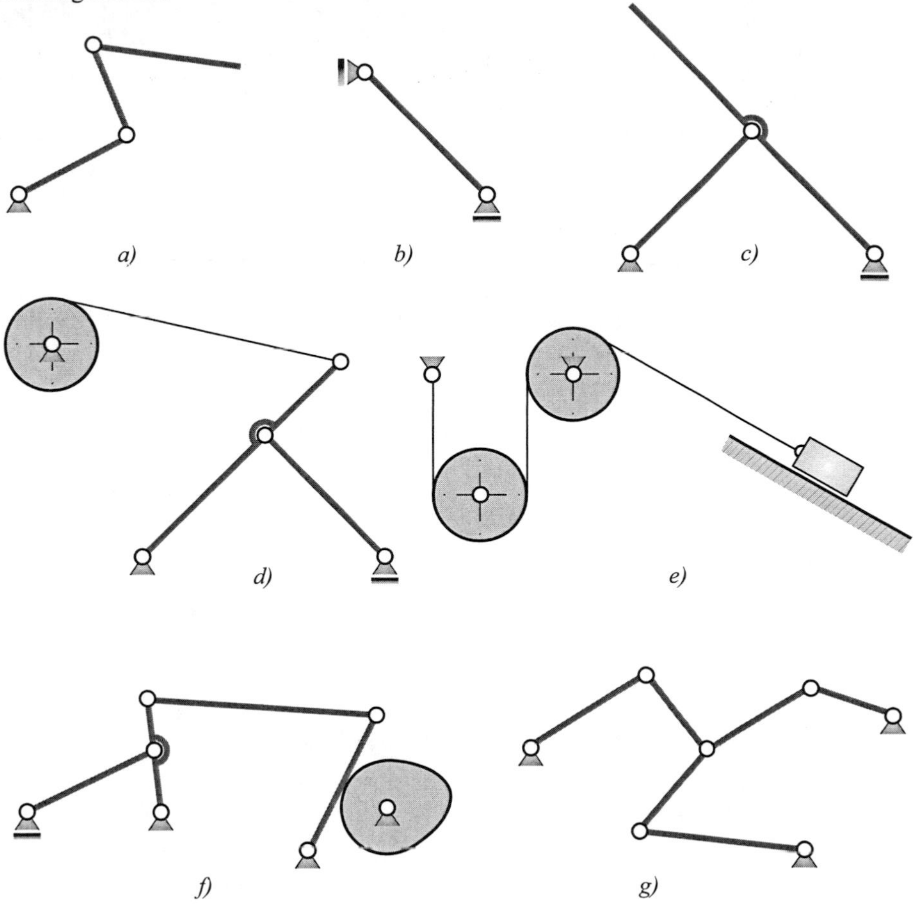

Aufgabe 2.9 Schubschleife

Betrachten Sie die Schubschleife. Ermitteln Sie den Freiheitsgrad und die kinematische Kette,

a) wie abgebildet.
b) so abgeändert, dass ausschließlich einwertige Gelenke verwendet werden.
c) so abgeändert, dass ausschließlich zweiwertige Gelenke verwendet werden.

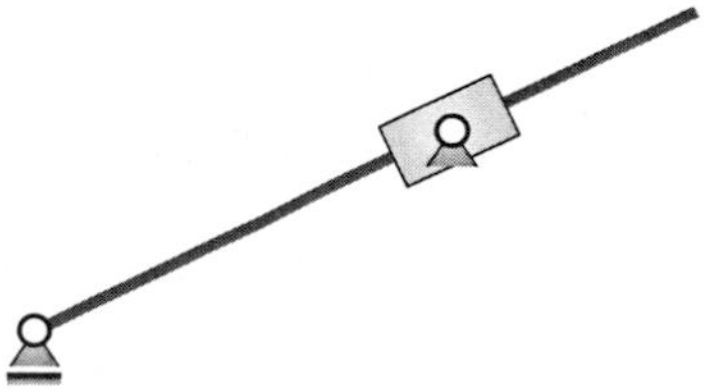

Aufgabe 2.10 Gleitender Stab an Kreiskontur

Ermitteln Sie für das mechanische System den Freiheitsgrad und die kinematische Kette

a) wie abgebildet.
b) so abgeändert, dass ausschließlich Dreh- und Schubgelenke verwendet werden.

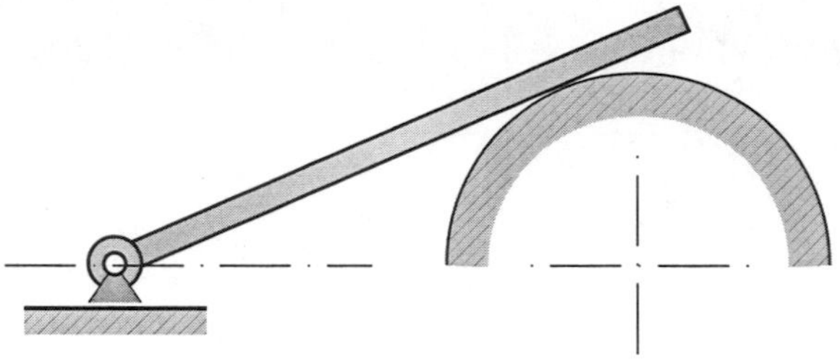

Aufgabe 2.10 Seil / Rolle / Masse - Systeme

Ermitteln Sie für die Seil/Rolle-Systeme den Freiheitsgrad und die kinematischen Ketten. Ändern Sie nun die Mechanismen mit möglichst wenigen Maßnahmen derart, dass Zwanglauf erreicht wird.

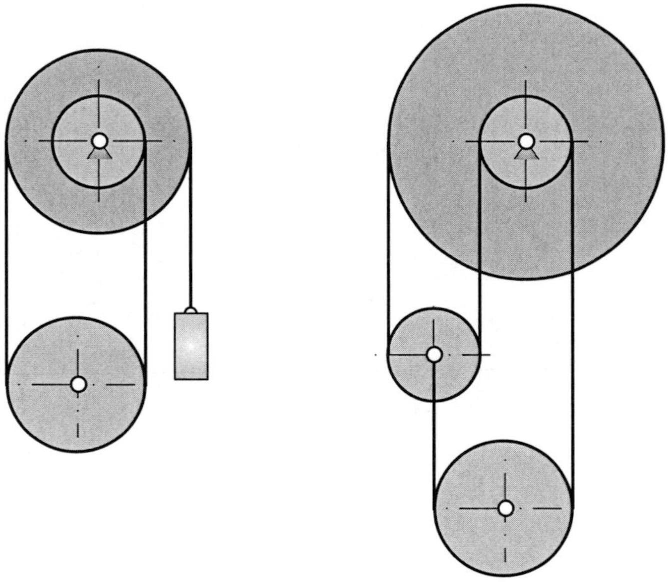

Aufgabe 2.11 Getriebe mit Laufgrad $F = 2$

Verstellgetriebe haben den Freiheitsgrad *zwei*. Dabei wird ein Freiheitsgrad für den Antrieb, der zweite für die Verstellbewegung genutzt.

Diskutieren Sie allgemein kinematische Ketten mit dem Laufgrad F=2. Verwenden Sie dazu die Gleichungen (2.1) – (2.5). Welche Glied / Gelenk – Konstellationen sind für Einfache solcher Getriebe unter ausschließlicher Verwendung *zweiwertiger* Gelenke möglich bzw. notwendig? Skizzieren Sie hierfür *fünf* dazugehörige kinematische Ketten.

12.3 Viergelenkkette

Aufgabe 3.1 Umlauffähigkeit von Viergelenkgetrieben

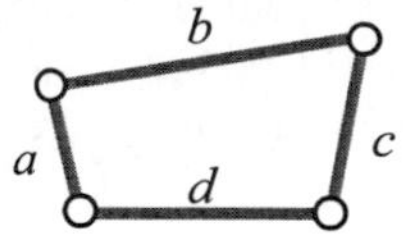

Klassifizieren Sie die Getriebe der Viergelenkkette mit den gegebenen Abmessungen *(Längeneinheit irrelevant)*.

i	a	b	c	d	Umlauffähigkeit	Typ
1	10	100	70	80		
2	30	60	30	60		
3	20	80	50	40		
4	25	40	75	50		
5	20	50	80	50		
6	20	10	60	40		
7	15	15	55	55		
8	40	25	50	20		
9	30	50	50	30		

Aufgabe 3.2 Gelenkvierecke

Prüfen Sie die Umlauffähigkeit der Gelenkvierecke anhand der gegebenen Geometrie und klassifizieren Sie das jeweilige Getriebe.

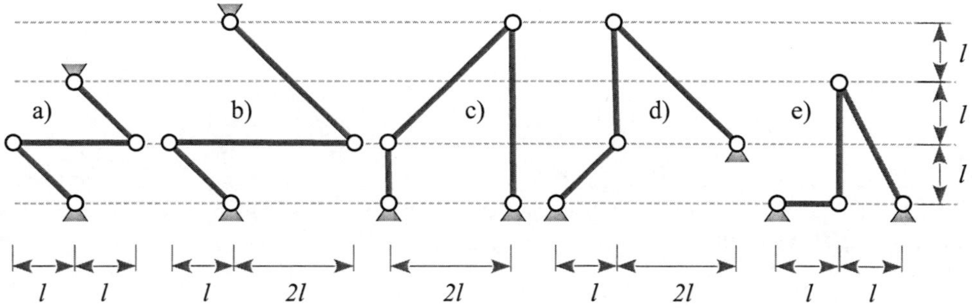

Aufgabe 3.3 Umkehrlagen der Kurbelschwinge

Zeichnen Sie die Kurbelschwinge mit den gegebenen Abmessungen in der Stellung mit dem Kurbelwinkel φ=90°. Prüfen Sie zunächst die Umlauffähigkeit. Ermitteln Sie dann die Kurbelwinkel φ_a , φ_i und die Schwingwinkel ψ_a, ψ_i der zugehörigen Umkehrlagen. Zeichnen Sie anschließend das Getriebe in diesen jeweiligen Umkehrlagen.

Geg.: *a = 20 mm, b = 30 mm, c = 50 mm, d = 50 mm*

Aufgabe 3.4 Schwingwinkelvorgabe

Bestimmen Sie die Schwingenlänge *c* einer gleichmäßig angetriebenen Kurbelschwinge für den Schwingwinkelbereich $\Delta\psi$ und ein gegebenes zeitliches Verhältnis von Hin- und Rückhub.

Geg.: $a=20\,cm, b=40\,cm, \frac{t_H}{t_R}=\frac{5}{4,}\Delta\psi=60\,°$

Aufgabe 3.5 Übertragungswinkel einer Kurbelschwinge

Ermitteln Sie die Übertragungswinkel μ_a , μ_i einer gegebenen Kurbelschwinge und beurteilen Sie das Übertragungsverhalten. Zeichnen Sie anschließend das Getriebe in seinen Steglagen.

Geg.: a = 25mm, b = 120 mm, c = 80 mm, d = 100 mm

Aufgabe 3.6 Zentrische Kurbelschwinge

Ändern Sie die Kurbellänge *a* und die Koppellänge *b* der gegebenen Kurbelschwinge so, dass eine zentrische Kurbelschwinge unter Beibehaltung des Schwingwinkelbereichs, der Schwingen- und Steglänge entsteht. Prüfen Sie zuvor und anschließend Umlauffähigkeit und die Übertragungswinkel.

Geg.: a = 25mm, b = 120 mm, c = 80 mm, d = 100 mm

Aufgabe 3.7 Auslegungsvorschrift für zentrische Kurbelschwinge

Bestimmen Sie eine allgemeine Beziehung der Gestelllänge *d* einer zentrischen Kurbelschwinge für die vorgegebenen Größen Kurbellänge *a,* Schwingwinkelbereich $\Delta\psi$ und Übertragungswinkel μ.

Aufgabe 3.8 Kniehebelpresse

Der Kniehebel *D-C-E* einer Presse soll durch eine vorgeschaltete, zentrische Kurbelschwinge angetrieben werden.

Bestimmen Sie

a) die Abmessungen *a, b, d* der zentrischen Kurbelschwinge.
b) den Gesamthub des Kolbens *E*.

Geg: $c = 200\ mm$, $\Delta\psi = 45°$, $e = c$

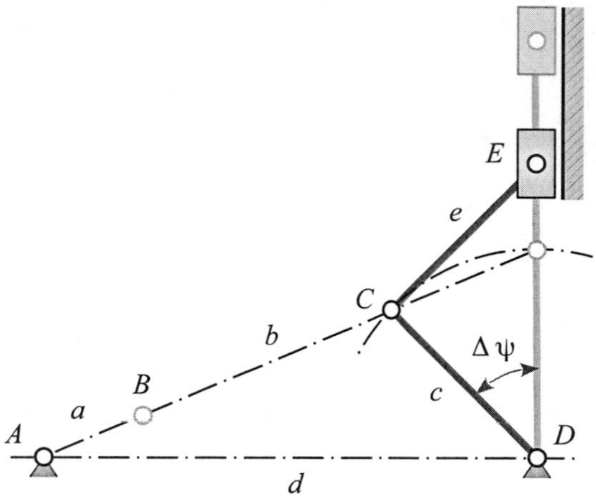

Aufgabe 3.9 Getriebe der Schubkurbelkette

Klassifizieren Sie die Getriebe der Schubkurbelkette, ermitteln Sie jeweils die Exzentrizität und prüfen Sie die Umlauffähigkeit.

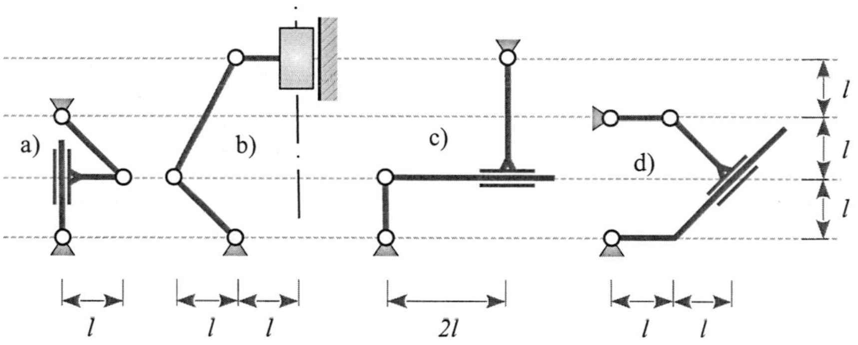

Aufgabe 3.10 Exzentrische Schubkurbel

Betrachten Sie eine exzentrische Schubkurbel mit der Kurbellänge *a*, der Koppellänge *b* und der Exzentrizität *e*. Bestimmen Sie

a) die Kurbelwinkel der Umkehrlagen.
b) Das Zeitverhältnis für Hin- und Rückweg bei gleichmäßigem Antrieb.
c) den gesamten Hubweg.
d) Den minimalen Übertragungswinkel.

Geg: *a*, *b*=3*a*, *e*=*a*

12.4 Vektoren

Aufgabe 4.1 Merkmale eines Vektors

Ermitteln Sie die Länge des Vektors $\boldsymbol{u}$, dessen Einheitsvektor und seinen Winkel zur positiven x-Achse.

Geg.: $\boldsymbol{u}=\begin{pmatrix} 2.5 \\ 10 \end{pmatrix} m$

Aufgabe 4.2 Vektorielle Betrachtung des Gelenkvierecks

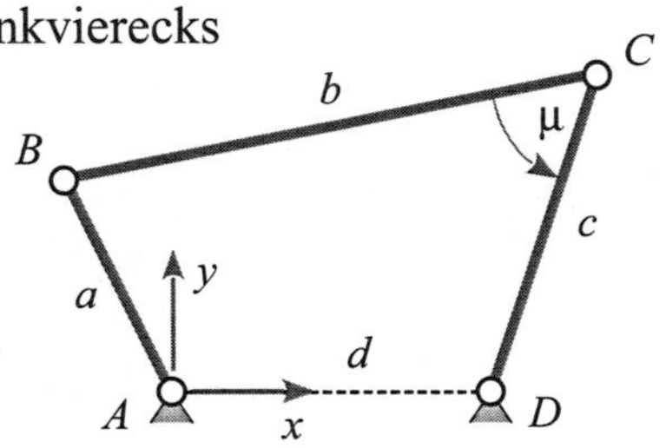

Gegeben ist eine Gelenkviereck mit den Koordinaten seiner Gelenkpunkte. Bestimmen Sie

a) die Gliedlängen *a, b, c, d.*
b) den Kurbelwinkel φ in der gegebenen Stellung.
c) die Umlauffähigkeit.
d) den Übertragungswinkel μ.

Geg.: $\boldsymbol{r}_A=\begin{pmatrix} 0 \\ 0 \end{pmatrix} cm, \boldsymbol{r}_B=\begin{pmatrix} -10 \\ 20 \end{pmatrix} cm, \boldsymbol{r}_C=\begin{pmatrix} 40 \\ 30 \end{pmatrix} cm, \boldsymbol{r}_D=\begin{pmatrix} 0 \\ 30 \end{pmatrix} cm$

Aufgabe 4.3 Vektorgleichungen

Gegeben sind zwei Vektorgleichungen in den Unbekannten $\boldsymbol{u}$ und $\boldsymbol{v}$.

$$3\boldsymbol{u}+2\tilde{\boldsymbol{v}} = 2\boldsymbol{e}_x$$
$$2\tilde{\boldsymbol{u}}-\boldsymbol{v} = \boldsymbol{e}_x$$

a) Bestimmen Sie die unbekannten Vektoren.
b) Ermitteln Sie den Winkel von $\boldsymbol{u}$ nach $\boldsymbol{v}$.

Aufgabe 4.4 Vektortransformation

Drehen Sie den Vektor $\boldsymbol{u}$ um den Winkel Δφ und skalieren Sie ihn anschließend mit dem Faktor *s*.

a) Wie lautet der Ergebnisvektor?
b) Zeigen Sie die Kommutativität von Drehung und Skalierung.
c) Wie lautet die Ähnlichkeitsabbildung in Matrixform?

Geg.: $\boldsymbol{u}, \Delta\varphi=30°, s=3$

Aufgabe 4.5 Vektorgleichung

Gegeben ist die Vektorgleichung

$$\lambda \boldsymbol{u} + a\,\boldsymbol{e}_y - \mu \tilde{\boldsymbol{u}} - b\,\boldsymbol{e}_x = \boldsymbol{0}$$

Geg.: $\boldsymbol{u} = \begin{pmatrix} \cos\varphi \\ \sin\varphi \end{pmatrix}, \varphi = 60°, a = 400\,mm, b = 700\,mm$

Ges:

a) Ermitteln Sie die Parameter λ und μ.
b) Lösen Sie die Aufgabe zeichnerisch.

Aufgabe 4.6 Geschlossener Vektorzug

Drei Vektoren ***a***, ***b*** und ***c*** bilden einen geschlossenen Vektorzug. Von ***a*** ist lediglich der Betrag *a* bekannt und von ***b*** der Winkel β, den er mit der positiven x–Achse einschließt.

c) Ermitteln Sie die Vektoren ***a*** und ***b***.
d) Lösen Sie die Aufgabe zeichnerisch.

Geg.: $a = 17\,cm, \beta = 60°, \boldsymbol{c} = \begin{pmatrix} -8 \\ 3 \end{pmatrix} cm$

12.5 Ebene Starrkörperkinematik

Aufgabe 5.1 Drehpol

Zwei Positionen eines Getriebeglieds sind gegeben.

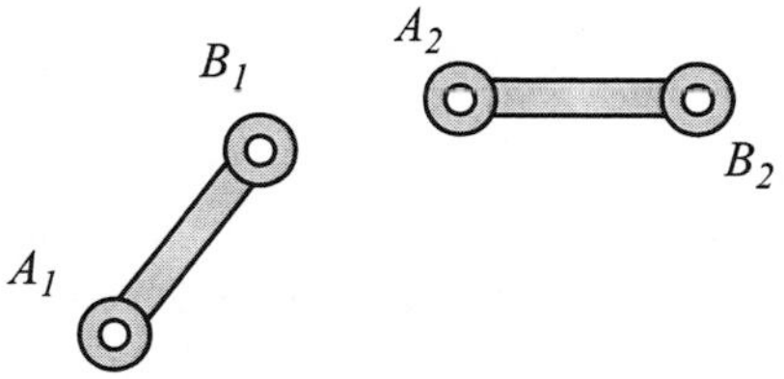

Geg.: $\boldsymbol{r}_{A_1 A_2} = \begin{pmatrix} 30 \\ 20 \end{pmatrix} mm, \varphi_1 = 60°, \varphi_2 = 0°$

Ermitteln Sie die Lage des Drehpols

a) zeichnerisch.
b) rechnerisch vektoriell.

Aufgabe 5.2 Geschwindigkeitszustand eines Getriebeglieds

Ein Getriebeglied besitzt die Winkelgeschwindigkeit ω und im Punkt A die Geschwindigkeit $\boldsymbol{v}_A$.

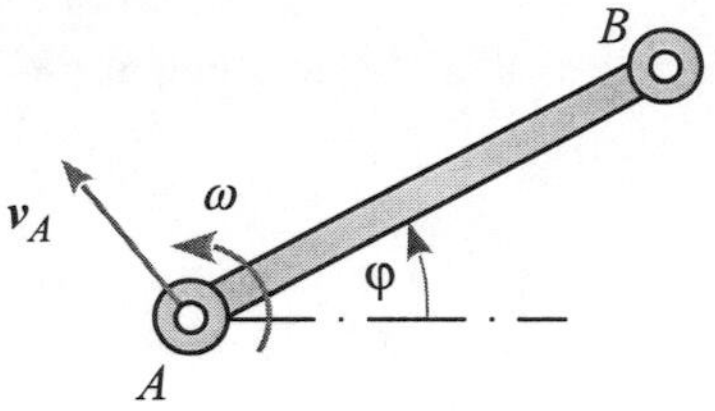

Geg.: $r_{AB}=2m, \varphi=30°, \omega=2\frac{rad}{s}, \boldsymbol{v}_A=\begin{pmatrix}-0.2\\0.3\end{pmatrix}\frac{m}{s}$

Ges.:

a) Geschwindigkeit des Punkts B.
b) Lage eines Gliedpunkts C mit dem Betrag der Geschwindigkeit von Punkt B in positive x-Richtung zeigend.

Aufgabe 5.3 Kinematik des Wälzlagers

Der Innenring eines Wälzlagers dreht sich mit der Winkelgeschwindigkeit ω_i und dessen Außenring gleichgerichtet mit ω_a.

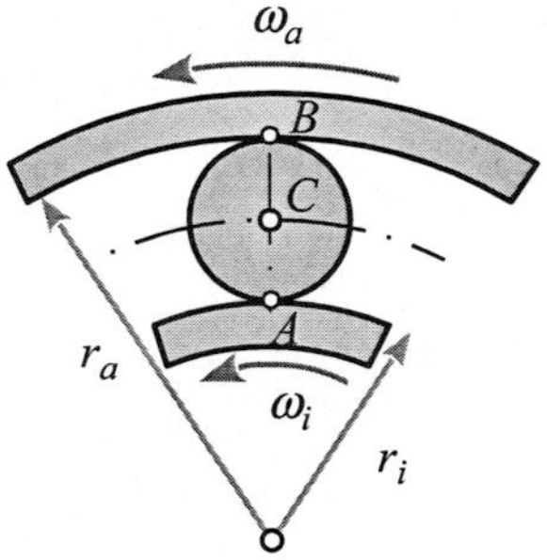

a) Welche Geschwindigkeit besitzen die Berührpunkte ***A*** und ***B*** des Wälzkörpers?
b) Welche Geschwindigkeit besitzt der Mittelpunkt ***C*** des Wälzkörpers?
c) Welche Winkelgeschwindigkeit ω_i muss der Innenring haben, damit der Mittelpunkt ***C*** ruht?
d) Bei welcher Winkelgeschwindigkeit ω_i vollführt der Wälzkörper eine reine Translation?

Geg.: $r_i=3r, r_a=5r, \omega_i=2\omega, \omega_a=\omega$

Aufgabe 5.4 Jojo

Ein Jojo bewegt sich an einem feststehenden Seil abwärts. Der Mittelpunkt der Rolle besitzt momentan die Geschwindigkeit $\boldsymbol{v}$ und konstant die halbe Erdbeschleunigung. Der Seilablaufpunkt A ist geschwindigkeitslos. Die Richtung des Seils kann stets als vertikal angenommen werden.

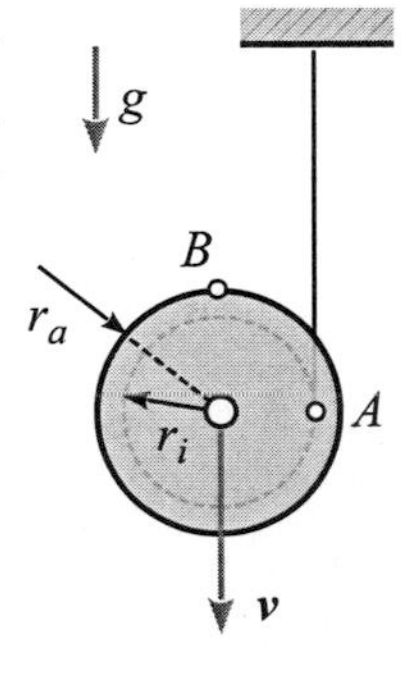

Geg.: $v, a, r_i=4a, r_a=5a$

Ges.:

a) Geschwindigkeit des Punkts B.
b) Beschleunigung des Punkts A.
c) Beschleunigung des Punkts B.
d) Ruck des Punkts B.

Aufgabe 5.5 Beschleunigtes Getriebeglied

Der Punkt A eines binären Glieds wird horizontal beschleunigt. Gleichzeitig erfährt es eine Winkelbeschleunigung $\dot{\omega}$. Geometrie, Lage und augenblicklicher Geschwindigkeitszustand sind bekannt.

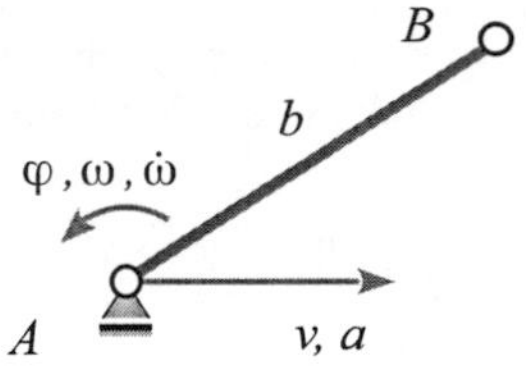

Ermitteln Sie Geschwindigkeit, Beschleunigung und Ruck des Gliedpunkts B.

Geg.: $b=100\,mm, \varphi=30°, \omega=2\frac{rad}{s}, \dot{\omega}=1\frac{rad}{s^2}, v=3\frac{m}{s}, a=2\frac{m}{s^2}$

Aufgabe 5.6 Stange / Schieber

Ein Gleitstein *2* bewegt sich entlang der mit konstanter Winkelgeschwindigkeit drehenden Stange *1* nach außen.

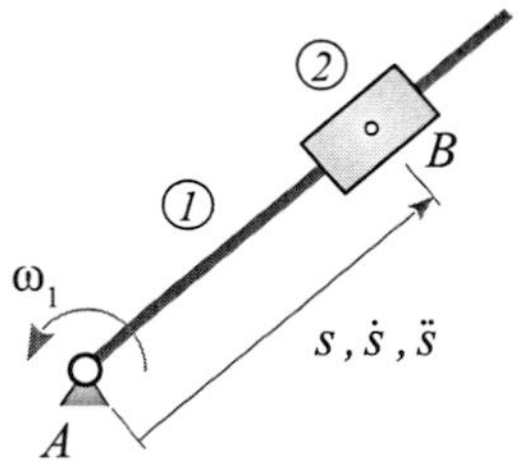

Geg.: $\omega_{10}=const, \dot{s}=const$

Ges.:

a) Absolutgeschwindigkeit $\boldsymbol{v}_B$
b) Coriolisbeschleunigung $\boldsymbol{v}_{Bcor}$
c) Absolutbeschleunigung $\boldsymbol{a}_B$
d) Winkelbeschleunigung $\dot{\omega}_{10}$ so, dass die Coriolisbeschleunigung verschwindet.

12.6 Getriebekinematik

Aufgabe 6.1 Doppelschieber

Der horizontale Schieber des Doppelschiebers bewege sich mit konstanter Geschwindigkeit $\dot{s}$. Ermitteln Sie

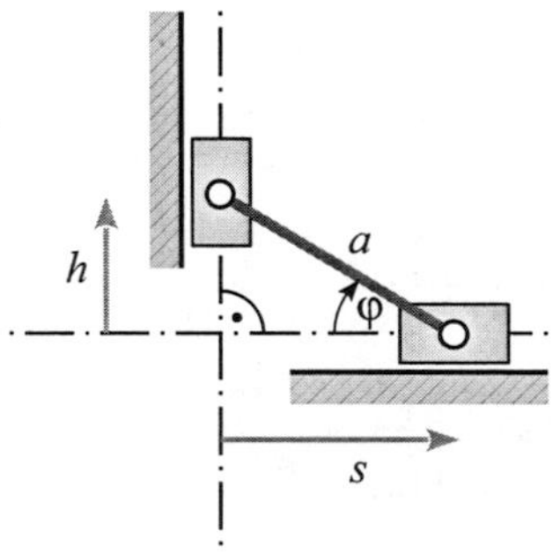

a) die Übertragungsfunktionen $h(s), h'(s), h''(s)$.
b) die Geschwindigkeit und Beschleunigung des vertikalen Schiebers für $s=0$.
c) Die Übertragungsfunktionen $\varphi(s), \varphi'(s)$

Geg.: a

Aufgabe 6.2 Kurbelschleife

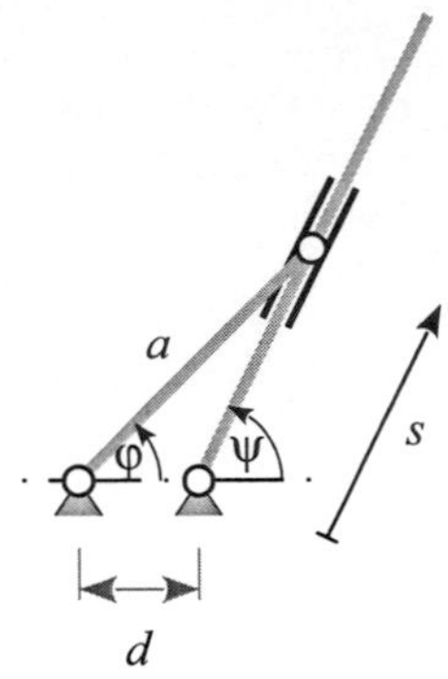

Die Kurbel der Kurbelschleife dreht mit konstanter Winkelgeschwindigkeit $\dot{\varphi}$. Ermitteln Sie

a) die Übertragungsfunktionen $s(\varphi), s'(\varphi), s''(\varphi)$.
b) die Geschwindigkeit und Beschleunigung des vertikalen Schiebers für *s=0*.
c) Die Übertragungsfunktionen $\psi(\varphi), \psi'(\varphi)$

Geg.: $a, d=\frac{a}{2}$

Aufgabe 6.3 Stellantrieb

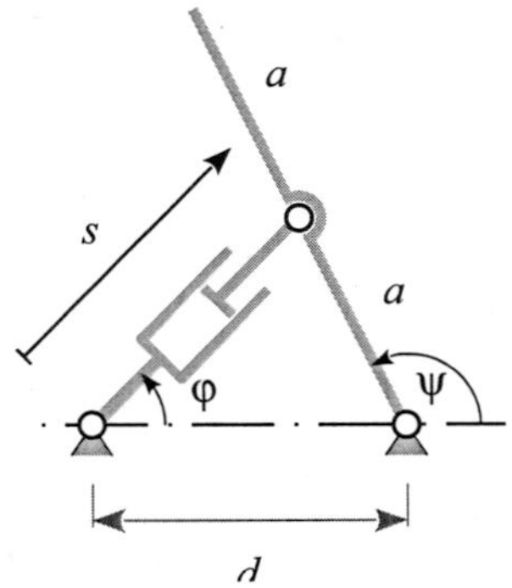

Der Zylinder eines Stellgetriebes fährt mit konstanter Geschwindigkeit $\dot{s}$ aus. Ermitteln Sie

a) die Übertragungsfunktionen $\psi(s), \psi'(s)$.
b) Die Übertragungsfunktionen $\varphi(s), \varphi'(s)$

Geg.: $a, d=a$

Aufgabe 6.4 Schubschleife

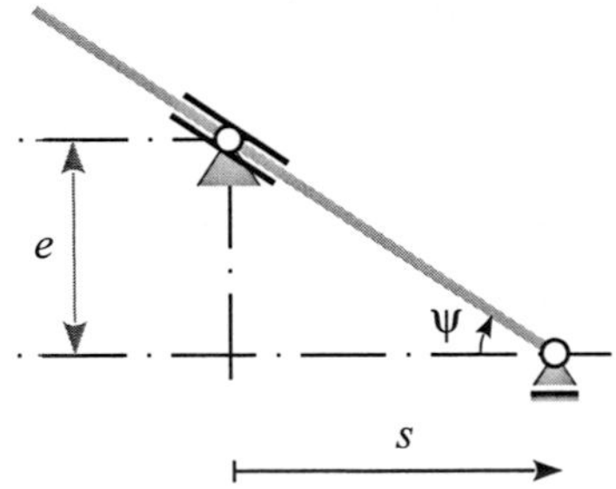

Der Schieber einer Schubschleife bewegt sich mit konstanter Geschwindigkeit $\dot{s}$ aus. Ermitteln Sie die Übertragungsfunktionen $\psi(s), \psi'(s), \psi''(s)$.

Geg.: *e*

Aufgabe 6.5 Viergelenkgetriebe

Ein Viergelenkgetriebe ist in einer bestimmten Lage gegeben durch die Koordinaten seiner vier Punkte $\boldsymbol{A}, \boldsymbol{A}_0, \boldsymbol{B}, \boldsymbol{B}_0$.

a) Zeichnen Sie das Getriebe in der angegebenen Stellung.
b) Ermitteln Sie alle Gliedlängen *a, b, c, d*.
c) Prüfen Sie die Umlauffähigkeit.

Geg.: $\boldsymbol{A}_0=\begin{pmatrix}0\\0\end{pmatrix}cm, \boldsymbol{A}=\begin{pmatrix}-1\\2\end{pmatrix}cm, \boldsymbol{B}=\begin{pmatrix}4\\3\end{pmatrix}cm, \boldsymbol{B}_0=\begin{pmatrix}3\\0\end{pmatrix}cm$

Aufgabe 6.6 Analyse einer Kurbelschwinge

Eine Kurbelschwinge ist in einer bestimmten Lage gegeben durch die Koordinaten seiner vier Gelenkpunkte $\boldsymbol{A}$, $\boldsymbol{A}_0$, $\boldsymbol{B}$, $\boldsymbol{B}_0$, sowie den Koppelpunkt $\boldsymbol{C}$.

a) Zeichnen Sie das Getriebe in der angegebenen Stellung.
b) Ermitteln Sie die Gliedlängen *a, b, c, d*.
c) Zeichnen Sie das Getriebe in je drei benachbarten Kurbelwinkelschritten von 30°.
d) Approximieren Sie die zugehörige Koppelkurve von **C**.

Geg.: $\boldsymbol{A}_0=\begin{pmatrix}0\\0\end{pmatrix}cm,\ \boldsymbol{A}=\begin{pmatrix}0\\2\end{pmatrix}cm,\ \boldsymbol{B}=\begin{pmatrix}3\\3\end{pmatrix}cm,\ \boldsymbol{B}_0=\begin{pmatrix}5\\0\end{pmatrix}cm,\ \boldsymbol{C}=\begin{pmatrix}2\\4\end{pmatrix}cm$

12.7 Pole

Aufgabe 7.1 Momentanpole

Ermitteln Sie zeichnerisch die Momentanpole der "hellen" Glieder (*2* und *3*) in den dargestellten Mechanismen.

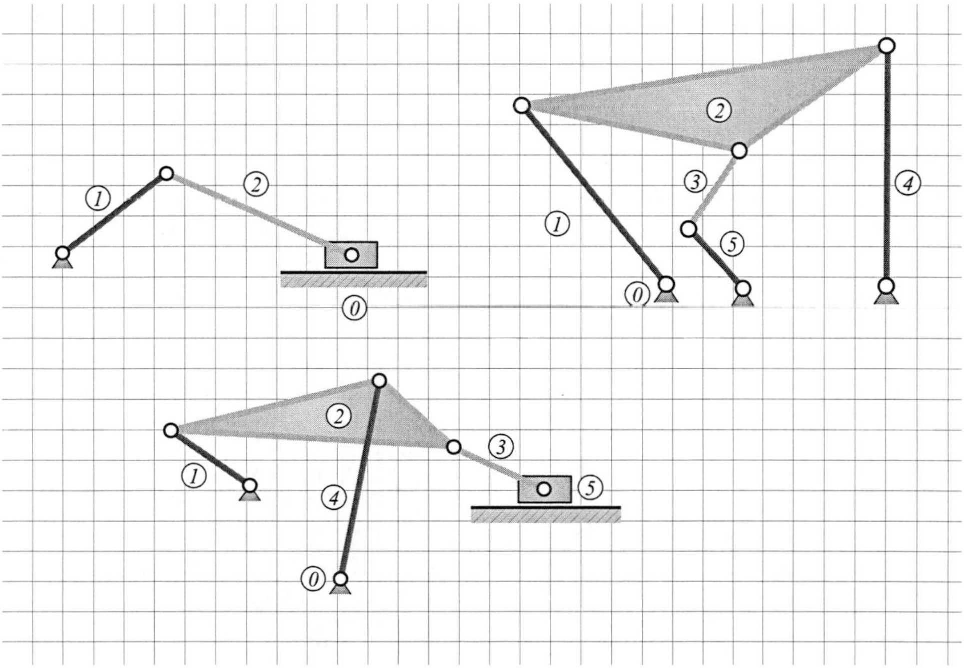

Aufgabe 7.2 Momentanpol eines Körpers

Ermitteln Sie analytisch die Lage des Momentanpols und die augenblickliche Drehzahl des nebenstehenden Körpers aus seiner Punktgeschwindigkeit in A und der Bewegungsrichtung $\boldsymbol{e}_B$ in B.

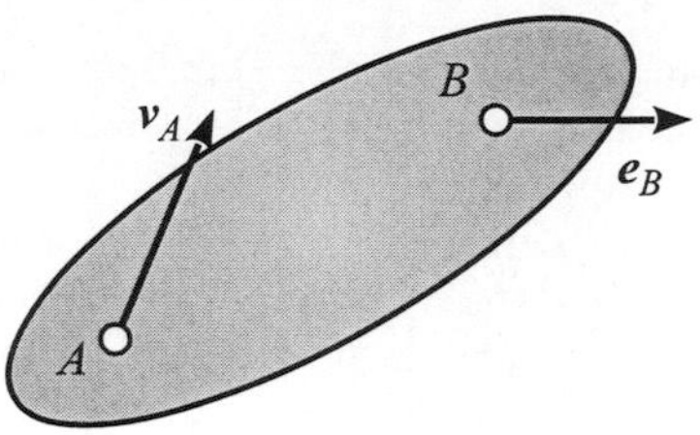

Geg.: $\boldsymbol{r}_A=\begin{pmatrix}1\\2\end{pmatrix}m, \boldsymbol{r}_B=\begin{pmatrix}4\\2\end{pmatrix}m, \boldsymbol{v}_A=\begin{pmatrix}1\\2\end{pmatrix}\frac{m}{s}, \boldsymbol{e}_B=\begin{pmatrix}1\\0\end{pmatrix}$

Aufgabe 7.3 Rohrbogenausbau

Wie muss nebenstehender Rohrbogen bewegt werden, damit die Flanschbohrungen in A und B leichtgängig axial von den angedeuteten feststehenden Schraubgewinden weggeführt werden?

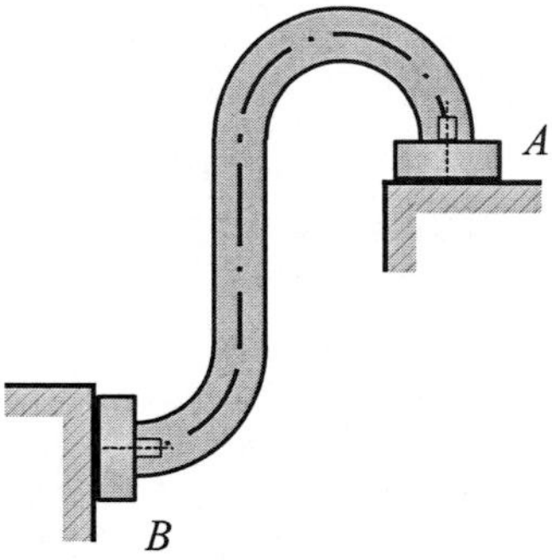

Aufgabe 7.4 Exzentrische Schubkurbel

Eine exzentrische Kurbelschwinge wir mit konstanter Winkelgeschwindigkeit ω angetrieben. Ermitteln Sie für das Koppelglied *2*

a) die Lage des Geschwindigkeitspols
b) die Polbeschleunigung
c) die Lage des Beschleunigungspols
d) die Lage des Ruckpols

Geg.: b, ω

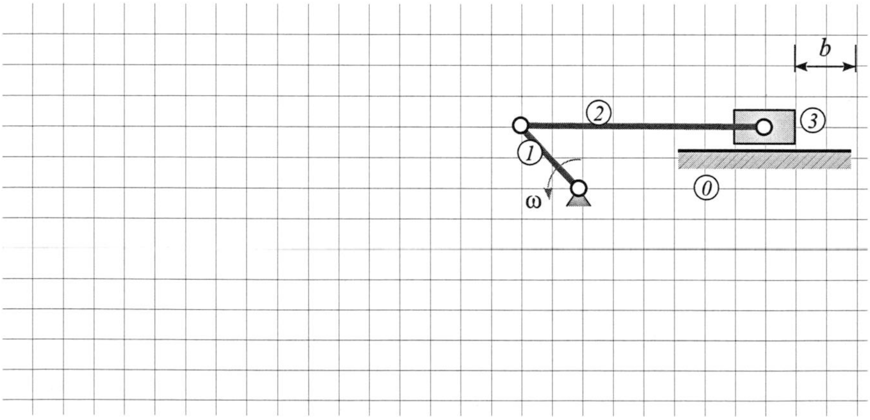

Aufgabe 7.5 Sechsgliedrige Koppelgetriebe

Ermitteln Sie zeichnerisch die Relativpole mittels Polpolygon und Polmatrix.

a) Pole *14* und *25,* sowie die Übersetzung i_{31}

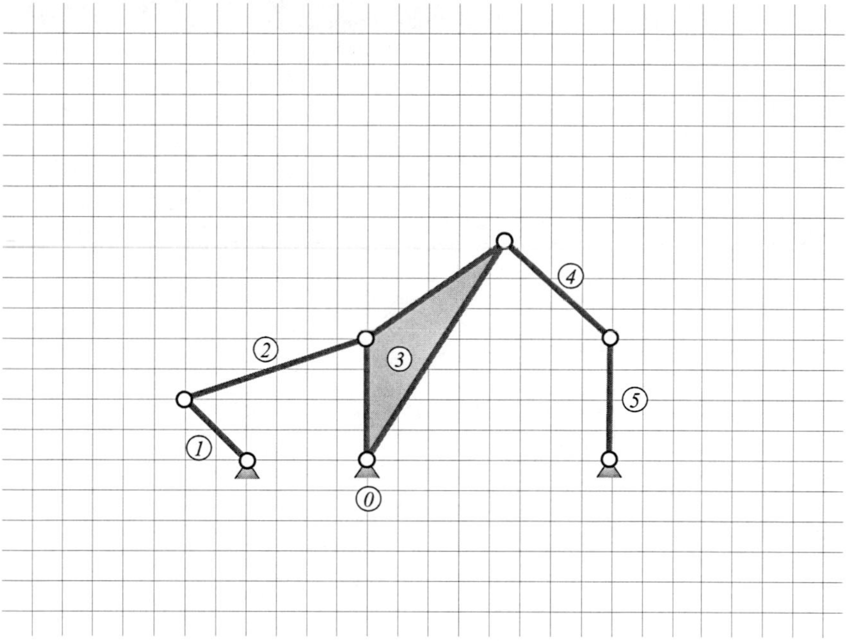

b) Pole *02, 13, 04, 14* und *25,* sowie die Übersetzung i_{41}

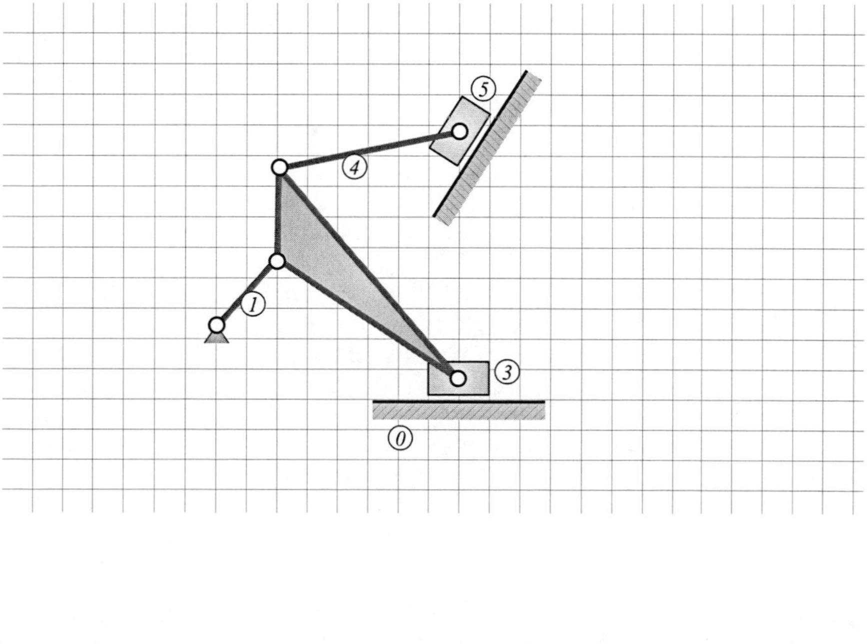

12.8 Krümmungsverhältnisse

Aufgabe 8.1 Gestellpunktsuche

Von einer Kurbelschwinge ist die Winkelgeschwindigkeit ω der Kurbel *1* sowie die Lage des Momentanpols *P* der Koppel *2* gegeben. Bestimmen Sie die Lage des Gestellpunkts B_0, wenn die Schwinge *3* denselben Betrag der Winkelgeschwindigkeit der Koppel haben soll.

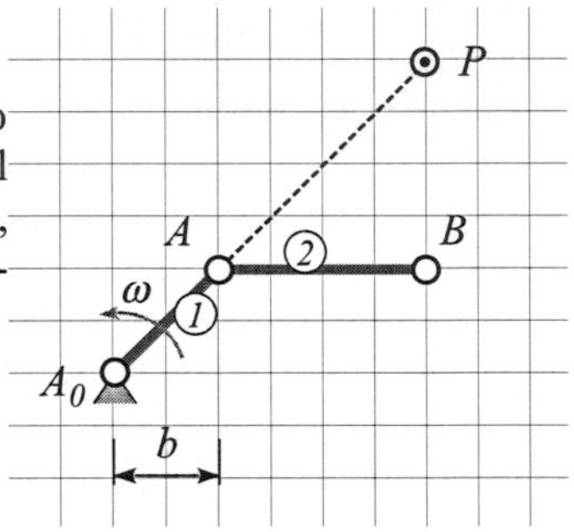

Geg.: *b*, ω

Aufgabe 8.2 Wendepol der Kurbelschwinge

Bestimmen Sie für eine Kurbelschwinge in der gezeigten Stellung mit gegebener Geometrie und Antriebswinkelgeschwindigkeit ω

a) die Polbeschleunigung.
b) Die Lage des Wendepols
   1. mittels kinematischer Größen.
   2. rein geometrisch.

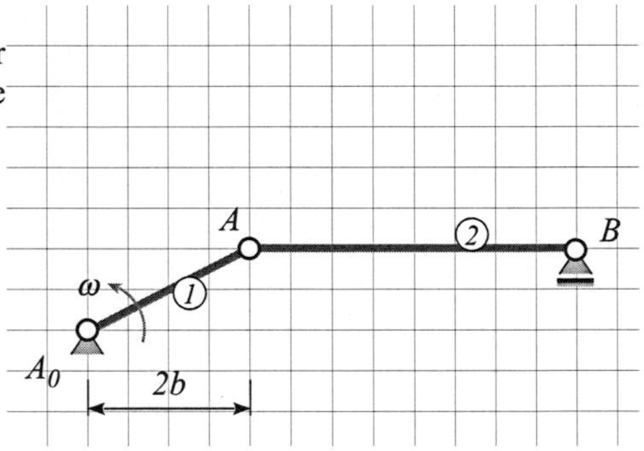

Geg.: *b*, ω

Aufgabe 8.3 Polermittlung

Von einem bewegten Getriebeglied sind in der momentanen Stellung die Lagen von Momentanpol und Wendepol und zusätzlich das Verhältnis $\frac{\dot{\omega}}{\omega^2}$ bekannt. Bestimmen Sie die Lagen von Beschleunigungspol *Q* und Tangentialpol *T*.

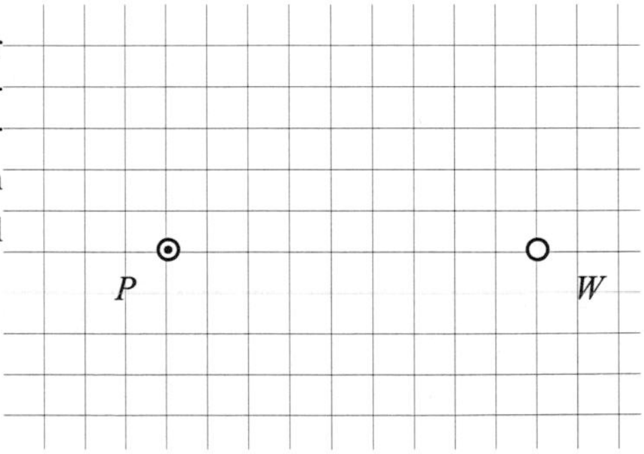

Geg.: $\frac{\dot{\omega}}{\omega^2} = \frac{1}{3}$

(Hinweis: Nehmen Sie die Gesetzmäßigkeiten im Dreieck des Bildes 8.7 zur Hilfe.)

Aufgabe 8.4 Pole eines umlaufenden Rades

Bestimmen Sie die Lagen der Pole *P, W, Q, T* des auf der Bahn mit konstanter Winkelgeschwindigkeit ω abwälzenden, umlaufenden Rades.

Geg: r, ω

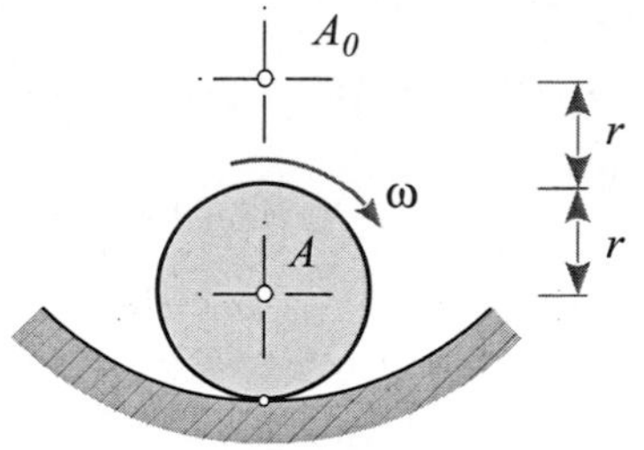

Aufgabe 8.5 Wendekreis einer Kurbelschwinge in Strecklage

Die Kurbel *1* einer Kurbelschwinge läuft mit konstanter Winkelgeschwindigkeit ω um und befindet sich momentan mit der Koppel in der Strecklage. Ermitteln Sie

a) den Wendekreis der Koppel *2*.
b) den Krümmungsmittelpunkt C_0 des Koppelpunkts *C*.

Geg: b, ω

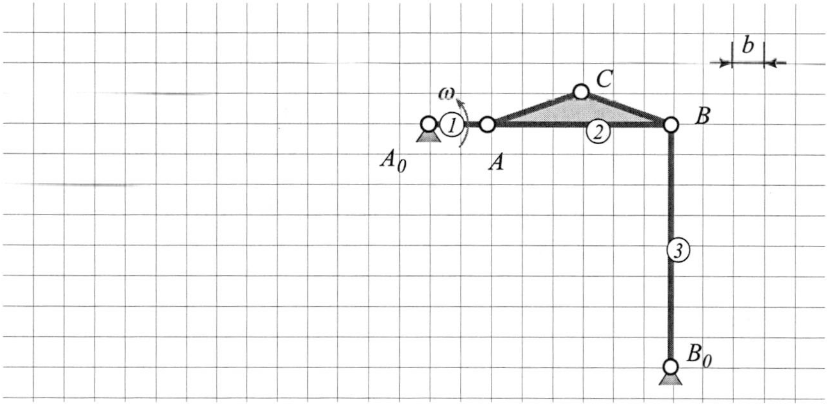

12.9 Kraftanalyse

Aufgabe 9.1 Belastete Kurbelschwinge

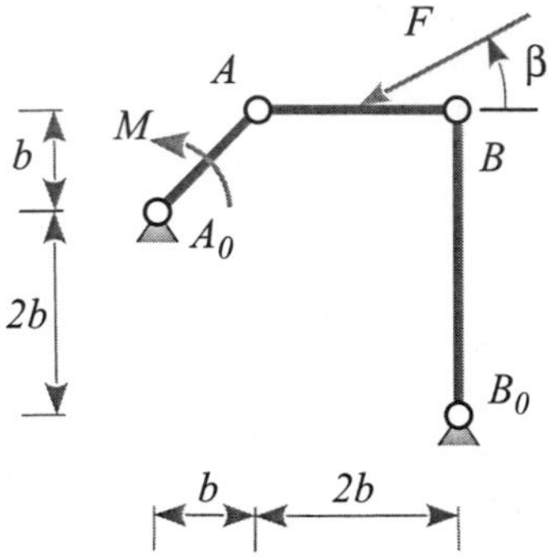

Die Koppel der nebenstehenden Kurbelschwinge wird durch eine Einzelkraft F belastet. Ermitteln Sie

a) alle Gelenkkräfte.
b) das Antriebsmoment M nach dem Leistungssatz.
c) den Winkel β, für den das Antriebsmoment verschwindet.

Geg.: b, β = 30°

Aufgabe 9.2 Belasteter serieller Doppelschieber

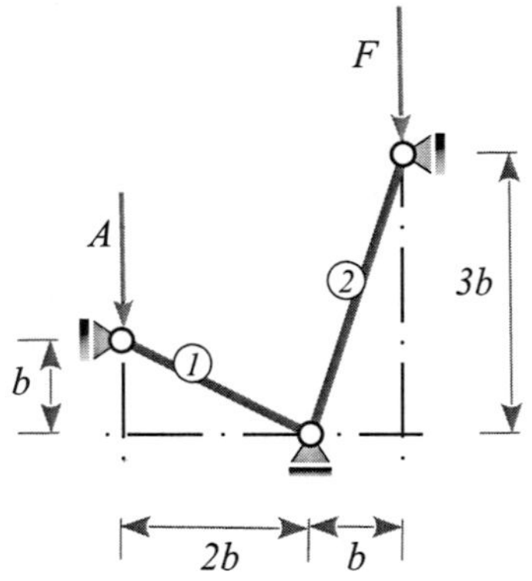

Der rechte Lagerpunkt zweier seriell verbundener Doppelschieber wird durch eine vertikale Kraft F belastet. Ermitteln Sie die Gleichgewicht haltende Antriebskraft A nach dem Leistungsprinzip.

Geg.: b, F

Aufgabe 9.3 Nürnberger Schere

Die Nürnberger Schere wirkt in linearer Weise weg- und kraftverstärkend.

Um der äußeren Kraft F in der gezeichneten Stellung das Gleichgewicht zu halten, wird

a) eine horizontale Druckfeder ($l_0 = 4b$)
b) eine vertikale Zugfeder ($l_0 = b$)

in das erste Segment eingebaut. Ermitteln Sie die Federkonstante c für die beiden Fälle.

Geg.: b

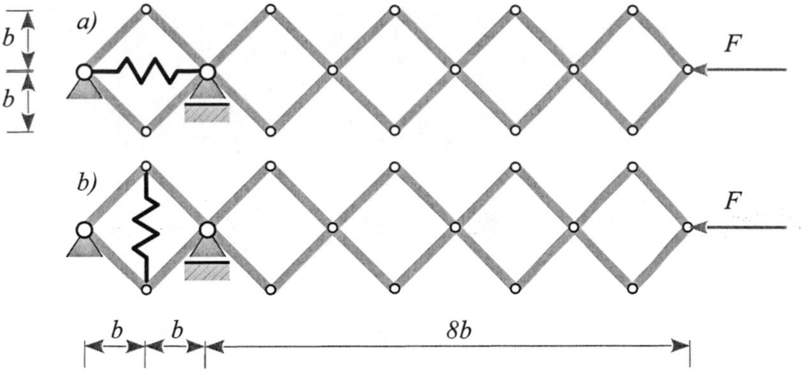

Aufgabe 9.4 Pendelwaage

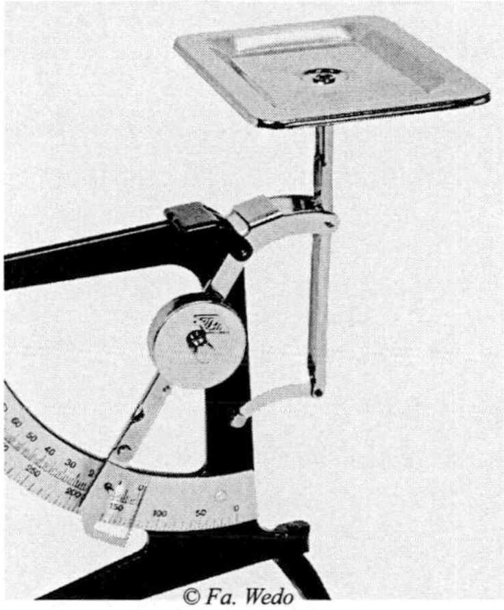

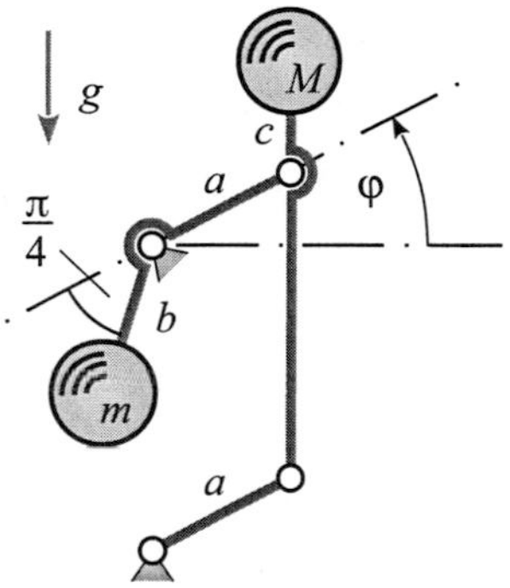

Die Pendelwaage basiert auf einem Parallelogrammlenker. An dessen vertikal nach oben verlängerter Koppel befindet sich der Wägeteller. Die obere Schwinge ist über den Gestellpunkt hinaus verlängert, um 45° abgewinkelt und mit einer Referenzmasse *m* versehen.

Bei unbelasteter Waage ($\varphi_0 = 45\,°$) hängt die Referenzmasse nahezu unterhalb des oberen Gestellpunkts. Bei Auflegen einer Wägemasse *M* auf den Teller stellt sich eine Gleichgewichtslage ein, deren Wert φ über die Stellung der abgewinkelten Schwinge in Verbindung mit einer Skala abgelesen wird.

Geg.: $M, m, a, b = \sqrt{2}\,a$

Ges.:
a) Gleichgewichtswinkellage φ in Abhängigkeit von der Wägemasse *M*.
b) Notwendige Wägemasse *M* für $\varphi = 0$.
c) Stabilität der Gleichgewichtslage.

Aufgabe 9.5 Dezimalwaage

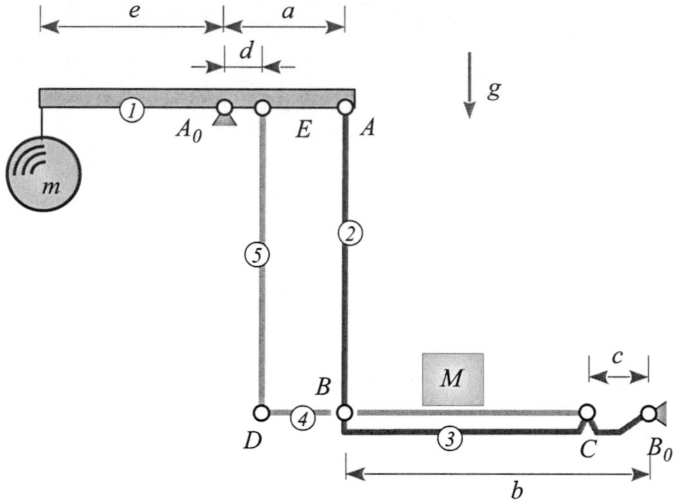

Die Dezimalwaage (Sackwaage) dient dem Wägen großer Massen M mittels sehr viel kleinerer Referenzmassen m. Die geometrischen Verhältnisse sind so auszulegen, dass der Wägetisch 4 stets horizontal ausgerichtet bleibt.

Geg.: a, b, c

Ges.:

a) d so, dass Tisch 4 immer waagerecht bleibt.
b) Zeigen Sie, dass die Lage der Wägemasse auf dem Tisch beliebig ist.
c) Das Verhältnis von Wägemasse M zu Referenzmasse m.

Aufgabe 9.6 Jahrmarkt Karussell

Der Gondelträger *1* eines Karussells dreht sich mit konstanter Winkelgeschwindigkeit $\dot{\varphi}$. Die Gondel *2* ist mit einer Person der Masse m besetzt und läuft mit ebenfalls konstanter Winkelgeschwindigkeit $\dot{\psi}$ bezüglich des Gondelträgers um. Vernachlässigen Sie den Einfluss aller anderen Massen und bestimmen Sie die Kraft im Lagerpunkt B und die Momente in den Lagern A und B, um die gegebene Bewegung zu gewährleisten.

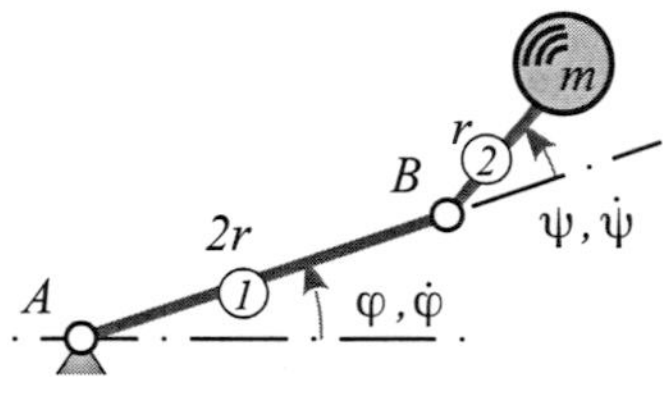

Geg.: $r, \varphi, \dot{\varphi}, \psi = 2\varphi, \dot{\varphi} = 2\dot{\varphi}$

12.10 Maßsynthese

Aufgabe 10.1 Klappsitz

Für die zwei Endlagen eines PKW-Klappsitzes sind Drehpol und die Gestellpunkte eines Gelenkvierecks in Bodennähe zu ermitteln.

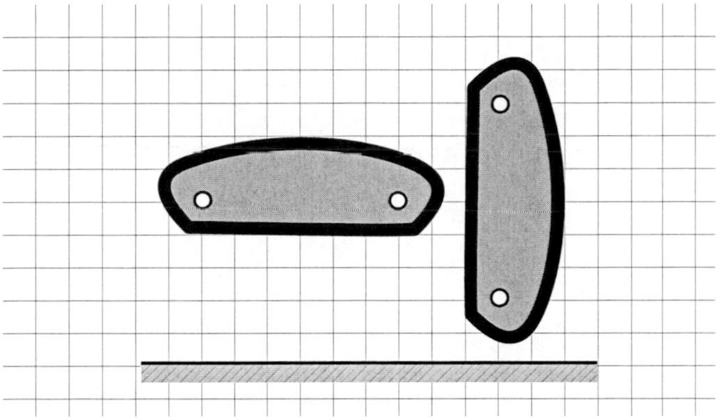

Aufgabe 10.2 Laufschienenloses Garagentor

Für ein laufschienenloses Garagentor sind die Lagen der Gestellpunkte eines Gelenkvierecks innerhalb der Garage zu bestimmen. Prüfen Sie die Kollisionsfreiheit des Torblatts durch Einzeichnen einer Mittelstellung.

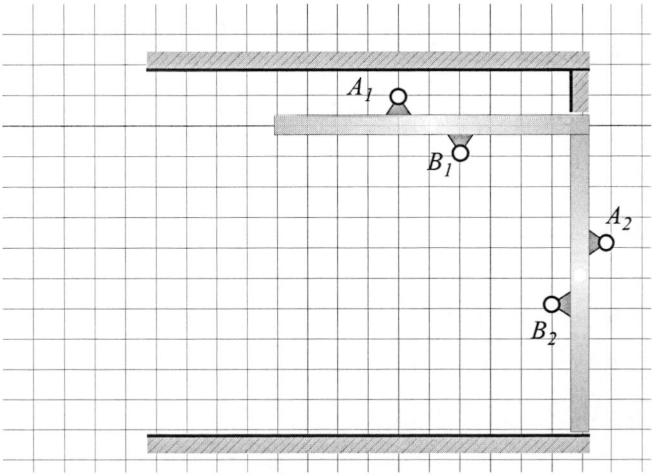

Aufgabe 10.3 Hörsaal-Klapptisch

Ein Hörsaal-Klapptisch soll mittels eines Viergelenkgetriebes in die bekannten zwei unterschiedliche Positionen gebracht werden. Skizzieren Sie die Positionen als Vorgabe. Achten Sie auf die Lagen der Gestellpunkte in der Nähe der Rückenlehne des Sitzes davor. Überprüfen Sie die gefundenen Getriebe auf Kollisionsfreiheit mit der Rückenlehne.

Aufgabe 10.4 Dreilagen Vorgabe

Drei Stellungen der Koppel eines Viergelenkgetriebes sind mit den Koppelpunkten A und B gegeben. Ermitteln Sie die Gestellpunkte A_0 und B_0.

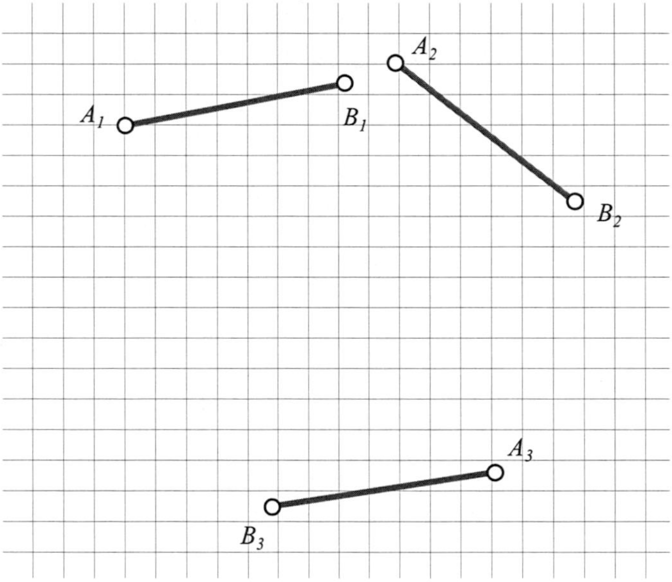

Aufgabe 10.5 Zuordnung zweier Winkel

Dem Winkelbereich $\Delta\varphi$ der Kurbel einer Kurbelschwinge ist der Winkelbereich $\Delta\psi$ der Schwinge im Gleichlauf zugeordnet. Bestimmen Sie die Getriebeabmessungen bei gegebener Kurbellänge a.

Geg: $a = 0.3\ m, \Delta\varphi = 60°, \Delta\psi = 45°$

Aufgabe 10.6 Winkelvorgabe mit Umkehrlage

Ermitteln Sie die fehlenden Abmessungen einer Kurbelschwinge bei gegebener Länge a der Kurbel. Dabei ist dem Winkelbereich $\Delta\varphi$ der Kurbel der Winkelbereich $\Delta\psi$ der Schwinge im Gleichlauf zugeordnet. Die Umkehrlage (Strecklage) begrenzt diese Winkelbereiche.

Geg: $a = 0.3\ m, \Delta\varphi = 60°, \Delta\psi = 45°$

Aufgabe 10.7 Umkehrlagenvorgabe einer Kurbelschwinge

Neben den Längen a und c von Kurbel und Schwinge ist der Schwingwinkelbereich $\Delta\psi$ der Schwinge sowie bei gleichmäßig angetriebener Kurbel das zeitliche Verhältnis von Hinweg und Rückweg der Schwinge gegeben.

Geg: $a = 200\,mm,\ c = 350\,mm,\ \Delta\psi = 120°,\ \frac{t_H}{t_r} = \frac{13}{11}$

Ges.:

a) Kurbelwinkeldifferenz α.
b) Koppellänge b.
c) Gestelllänge d.
d) Minimaler Übertragungswinkel μ.

Aufgabe 10.8 Ersatzgetriebe nach Roberts

Ermitteln Sie für das gegebene Gelenkviereck

a) zeichnerisch die beiden Ersatzgetriebe nach Roberts.
b) rechnerisch die Lage des Gestellpunkts C_0.

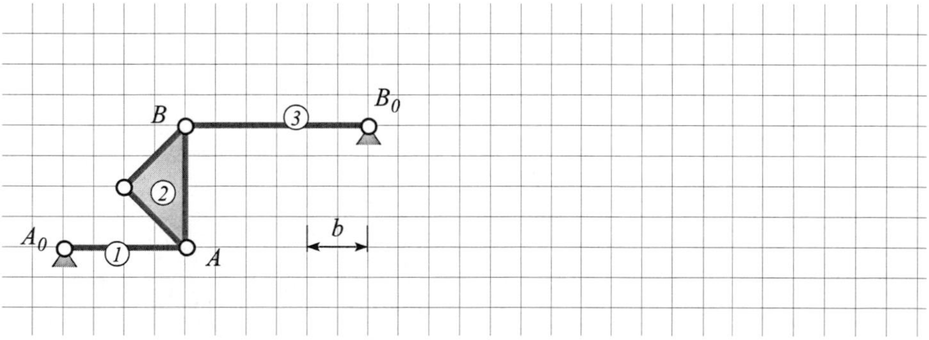

Aufgabe 10.9 Ersatzviergelenkgetriebe

Bestimmen Sie – ausgehend vom gegebenen Gelenkviereck – die Gliedlängen der Ersatzgetriebe nach dem Roberts'schen Satz

a) rechnerisch als Vielfaches der gegebenen Längeneinheit.
b) zeichnerisch konstruktiv.

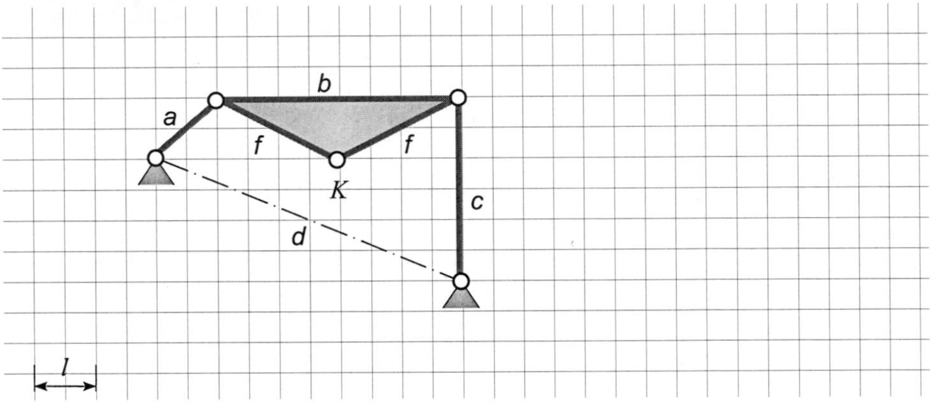

Aufgabe 10.8 Geradführungsgetriebe

Bestimmen Sie zum gegebenen Gelenkviereck

a) auf der vertikalen Symmetrielinie die Lage des Koppelpunkts K mit Geradführungseigenschaften.
b) die zugehörigen Roberts'schen Ersatzgetriebe

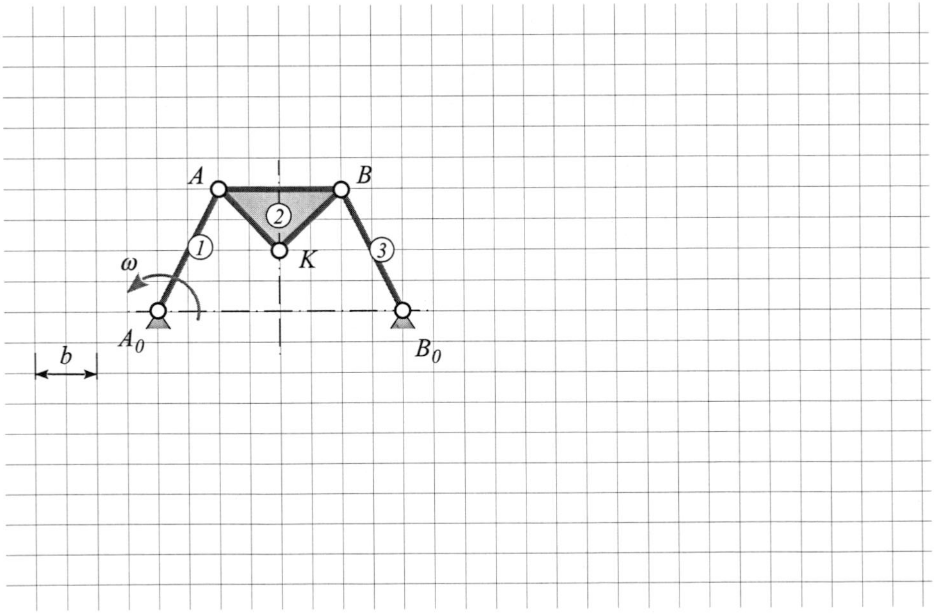

Anhang

Bildreferenz

Wildgänse (kinematische Kette):	Sandra Iwobi
Stonehenge (Viergelenkkette):	m.o.d. / Pixelio
Löwenzahn (Vektoren):	Frank Müller
Eiszapfen (Starrkörperkinematik):	Gerd Bierling
Weberknecht (Getriebekinematik):	Uwe Vogel
Hurricane Isabel (Pole der ebenen Bewegung):	NASA ISS
Schlingpflanze (Krümmung):	Maren Beßler / Pixelio
Ziegenböcke (Kraftverhältnisse):	Dieter Schütz. / Pixelio
Pillendreher (Maßsysnthese):	Jürgen & Christiane Sohns
Brandung (Numerische Mechanismenanalyse)	Janusz Klosowski. / Pixelio

Ebene Vektoralgebra

kartesischer Vektor	$\boldsymbol{u}=\begin{pmatrix}u_x\\u_y\end{pmatrix}$	Einheitsvektoren	$\boldsymbol{e}_x=\begin{pmatrix}1\\0\end{pmatrix};\quad \boldsymbol{e}_y=\begin{pmatrix}0\\1\end{pmatrix}$
Betrag	$u=\sqrt{u_x^2+u_y^2}$		$\boldsymbol{e}_u=\boldsymbol{e}_\varphi=\begin{pmatrix}\cos\varphi\\\sin\varphi\end{pmatrix}$
Winkel mit x-Achse	$\tan\varphi=\frac{u_y}{u_x}$		$e^2=1$
	$\boldsymbol{u}=u\,\boldsymbol{e}_u$		$\boldsymbol{e}_u=\frac{\boldsymbol{u}}{u}$
2D-Matrix	$\boldsymbol{A}=\begin{pmatrix}a & b\\c & d\end{pmatrix}$	Ähnlichkeitstransformation	$\boldsymbol{C}=\begin{pmatrix}a & -b\\b & a\end{pmatrix}$
Inverse	$\boldsymbol{A}^{-1}=\frac{1}{ad-bc}\begin{pmatrix}d & -b\\-c & a\end{pmatrix}$		$\boldsymbol{C}^{-1}=\frac{1}{a^2+b^2}\begin{pmatrix}a & b\\-b & a\end{pmatrix}$
Einheitsmatrix	$\boldsymbol{I}=\begin{pmatrix}1 & 0\\0 & 1\end{pmatrix}$	Schiefsymm. Einheitsmatrix (Drehoperator)	$\tilde{\boldsymbol{I}}=\begin{pmatrix}0 & -1\\1 & 0\end{pmatrix}$
			$\tilde{\boldsymbol{I}}^{-1}=\tilde{\boldsymbol{I}}^T=-\tilde{\boldsymbol{I}}$
Rotationsmatrix	$\boldsymbol{R}=\begin{pmatrix}\cos\varphi & -\sin\varphi\\\sin\varphi & \cos\varphi\end{pmatrix}$		$\tilde{\boldsymbol{I}}^2=-\boldsymbol{I}$
Skalierungsmatrix	$\boldsymbol{S}=\begin{pmatrix}s_x & 0\\0 & s_y\end{pmatrix}$	gedrehter Vektor	$\tilde{\boldsymbol{u}}=\tilde{\boldsymbol{I}}\,\boldsymbol{u}=\begin{pmatrix}-u_y\\u_x\end{pmatrix}$
			$\tilde{\tilde{\boldsymbol{u}}}=-\boldsymbol{u}$
Skalarprodukt	$\boldsymbol{u}\boldsymbol{v}=u_x v_x+u_y v_y$	gedrehte Vektoren	$\widetilde{\boldsymbol{u}+\boldsymbol{v}}=\tilde{\boldsymbol{u}}+\tilde{\boldsymbol{v}}$
	$\boldsymbol{u}\boldsymbol{v}=u\cdot v\cos\alpha$		$\tilde{\boldsymbol{u}}\boldsymbol{u}=\boldsymbol{u}\tilde{\boldsymbol{u}}=0$
	$\boldsymbol{u}\boldsymbol{v}=u\,v\,\boldsymbol{e}_\varphi\boldsymbol{e}_\psi$		$\tilde{\boldsymbol{u}}\boldsymbol{v}=u_x v_y-u_y v_x$
	$\boldsymbol{u}\boldsymbol{e}_\varphi=u$		$\tilde{\boldsymbol{u}}\boldsymbol{v}=u\cdot v\sin\alpha$
	$\boldsymbol{e}_\varphi\boldsymbol{e}_\psi=\cos(\psi-\varphi)$		$\boldsymbol{u}\tilde{\boldsymbol{v}}=-\tilde{\boldsymbol{u}}\boldsymbol{v}$
Lagrange Identität			$\frac{\tilde{\boldsymbol{u}}\boldsymbol{v}}{\boldsymbol{u}\boldsymbol{v}}=\tan\alpha$
	$(\tilde{\boldsymbol{a}}\boldsymbol{b})\cdot(\tilde{\boldsymbol{c}}\boldsymbol{d})=$ $(\boldsymbol{a}\boldsymbol{c})(\boldsymbol{b}\boldsymbol{d})-(\boldsymbol{b}\boldsymbol{c})(\boldsymbol{a}\boldsymbol{d})$		$\tilde{\boldsymbol{e}}_\varphi\boldsymbol{e}_\psi=\sin(\psi-\varphi)$
			$\frac{\tilde{\boldsymbol{e}}_\varphi\boldsymbol{e}_\psi}{\boldsymbol{e}_\varphi\boldsymbol{e}_\psi}=\tan(\psi-\varphi)$
Gleichung umstellen	$a\boldsymbol{u}+b\tilde{\boldsymbol{u}}=\boldsymbol{v}$ $\downarrow$ $a\boldsymbol{v}-b\tilde{\boldsymbol{v}}=(a^2+b^2)\boldsymbol{u}$		
Differentiation	$\dot{\boldsymbol{R}}(\varphi)=\dot{\varphi}\,\tilde{\boldsymbol{I}}\boldsymbol{R}=\dot{\varphi}\,\boldsymbol{R}\tilde{\boldsymbol{I}}$	Differentiation	$\dot{\boldsymbol{u}}=\dot{u}\,\boldsymbol{e}_u+\dot{\varphi}\,\tilde{\boldsymbol{u}}$

Literatur

[Ben07] : Jan Bender, *Impulsbasierte Dynamiksimulation von Mehrkörpersystemen in der virtuellen Realität*, Dissertation, Fakultät für Informatik, 2007

[Bey58] : R. Beyer, *Kinematisch-Getriebeanalytisches Praktikum*, Springer, Berlin, 1958

[Bla56] : W. Blaschke, H.R. Müller, *Ebene Kinematik*, Oldenbourg, München, 1956

[Bra78] : Dittrich, Günter; Braune, Reinhard, *Getriebetechnik in Beispielen ; Grundlagen und 46 Aufgaben aus der Praxis*, Oldenbourg, 1987

[Bro79] : L.N. Bronstein, K.A. Semendjajew, *Taschenbuch der Mathematik*, Teubner, 1979

[Diz65] : Dizioglu, B., *Getriebelehre Grundlagen*, Vieweg, Braunschweig, 1965

[Diz66] : Dizioglu, B., *Getriebelehre Dynamik*, Vieweg, Braunschweig, 1966

[Diz67] : Dizioglu, B., *Getriebelehre Maßbestimmung*, Vieweg, Braunschweig, 1967

[Drsg89] : Dresig, H.; Vulfson, I.I., *Dynamik der Mechanismen*, Deutscher Verlag der Wissenschaften, Berlin, 1989

[Fau99] : Francois Faure, *Fast Refinable Equation Solution for Articulated Solid Synamics*, Volume 5, Number 3, page 268- 276, IEEE Transactions on visualisation and Computer Graphics, , 1999

[Go11] : Stefan Gössner, *Eine Physik-Engine zur webbasierten Mechanismensimulation – Ergebnisse einer Studie*, 9. Kolloquium Getriebetechnik, Chemnitz 2011

[Go92] : Stefan Gössner, *Ein kinematisches Modell zur Analyse materialflußtechnischer Bewegungsabläufe*, Praxiswissen, Dortmund, 1992

[Gro06] : Dietmar Gross, Werner Hauger, Jörg Schröder, Wolfgang Wall, *Technische Mechanik 3: Kinetik* ,Springer, Berlin, 2006

[Gru17] : M. F. Grübler, *Getriebelehre – Eine Theorie des Zwangslaufes und der ebenen Mechanismen*, Reprint, VDM Müller [Reprint], Saarbrücken, 2007

[Hag09] : L. Hagedorn, A. Rankers, W. Thonfeld, *Konstruktive Getriebelehre*, Springer, Berlin, 2009.

[Hai63] : Kurt Hain, *Getriebelehre – Grundlagen und Anwendungen*, Carl Hanser, München, 1963

[Har64] : R.S. Hartenberg, J. Denavit, *Kinematic Synthesis Of Linkages*, McGraw-Hill, New York, 1964

[Hib06] : R.C. Hibbeler, *Technische Mechanik 3 – Dynamik*, Pearson, 2006

[Hol10] : Günther Holzmann, Heinz Meyer, Georg Schumpich, *Technische Mechanik Kinematik und Kinetik*, Vieweg+Teubner, 2010

[Ker07] : H.Kerle, R.Pittschellis, B.Corves, *Einführung in die Getriebelehre*, Teubner, Wiesbaden, 2007

[Kra51] : Robert Kraus, *Getriebelehre*, Technik, Berlin, 1951

[Kra87] : Otto Kraemer, *Getriebelehre*, G. Braun, Karlsruhe, 1987

[Lac07] : Claude Lacoursiere, *Ghosts and Machines: Regularized Variational Methods for Interactive Simulations of Multibodies with DryFrictional Contacts*, PhD Thesis, Department of Computing Science, Umea University, Sweden, 2007

[Mod95] : Kurt Luck, Karl-Heinz Modeler, *Getriebetechnik Analyse, Synthese, Optimierung*, Springer, Berlin/Heidelberg, 1995

[Nik88] : Parviz E. Nikravesh, *Computer-Aided Analysis of Mechanical Systems*, Prentice-Hall, New Jersey, 1988

[Pau86] : R.P. Paul, *Robot Manipulators – Mathematics, Programming and Control*, MIT, Massachusetts, 1986.

[Pel59] : Werner Pelzer, *Über die Kinematik affin-veränderlicher ebener Systeme*, Collectanea Mathematica, 1959.

[Reu74] : Franz Reuleaux, *Theoretische Kinematik: Grundzüge einer Theorie des Maschinenwesens*, Friedrich Vieweg und Sohn, Braunschweig, 1874

[Rob88] : Roberson,R., Schwertassek,R., *Dynamics of Multibody Systems*, Springer-Verlag, Berlin, 1988.

[Sie90] : Schielen,W., *Multibody Systems Handbook*, Springer-Verlag, Berlin, 1990.

[Slu08] : O. Schlüter, *Die gleichmäßige Approximation von Geraden und Kreisbögen durch symmetrische Koppelkurven viergliedriger Gelenkgetriebe*, VDI, 2008

[Ste93] : W. Steinhilper, H. Hennerici, S. Britz, *Kinematische Grundlagen ebener Mechanismen und Getriebe*, Vogel, 1993

[VDI2120] : VDI-Richtline 2120, *Vektorrechnung – Grundlagen für die praktische Anwendung*, VDI, Düsseldorf, 2005.

[VDI2127] : VDI-Richtline 2127, *Getriebetechnische Grundlagen*, VDI, Düsseldorf, 1993.

[VDI2130] : VDI-Richtline 2130, *Getriebe für Hub- und Schwingbewegungen,* VDI, Düsseldorf, 1984.

[VDI2145] : VDI-Richtline 2145, *Ebene viergliedrige Getriebe mit Dreh- und Schubgelen ken,* VDI, Düsseldorf, 1980.

[VDI2723] : VDI-Richtline 2723, *Vektorielle Methode zur Berechnung der Kinematik räumlicher Getriebe,* VDI, Düsseldorf, 1982.

[VDI2727] : VDI-Richtline 2727, *Lösung von Bewegungsaufgaben mit Getrieben,* VDI, Düsseldorf, 1991.

[VDI2728] : VDI-Richtline 2728, *Lösung von Bewegungsaufgaben mit symmetrischen Koppelkurven,* VDI, Düsseldorf, 1996.

[VDI2740] : VDI-Richtline 2740, *Getriebe zur Erzeugung zeitweiliger Synchronbewegung,* VDI, Düsseldorf, 1999.

[Vol72] : Volmer, J., *Getriebetechnik - Aufgabensammlung*,VEB Verlag Technik, Berlin, 1972

[Vol79] : Volmer, J., *Getriebetechnik - Koppelgetriebe*,VEB Verlag Technik, Berlin, 1979

[Vol89] : Volmer, J., *Getriebetechnik - Leitfaden*, Vieweg, Braunschweig/ Wiesbaden, 1989

[Wit01] : A. Witkin, D. Baraff, *Physically based Modelling*, Computer Graphics, 2001

[Wit77] : Wittenburg, J., *Dynamics of Systems of Rigid Bodies*, Teubner, Stuttgart, 1977.

Index